引领景观潮流
荟萃园林精品

艾景奖·园林景观大会

宇春年题

蒼奬力時景風
艾精作代園范
景名兒風林

主辰
深秋

孟兆梅

龚兵华　主　　编
王向荣　李存东　李建伟　陆伟宏　副主编
唐学山　总主编

THE　TH IDEA KING

Collection book of Awarded Works

第五届艾景奖
国际景观设计大奖获奖作品
—专业组—

艾景奖组委会　　编

江苏凤凰科学技术出版社

图书在版编目（CIP）数据

第五届艾景奖国际景观设计大奖获奖作品．专业组 /
艾景奖组委会编． -- 南京 ：江苏凤凰科学技术出版社，
2016.7
ISBN 978-7-5537-6547-1

Ⅰ．①第… Ⅱ．①国… Ⅲ．①景观设计－作品集－世
界－现代 Ⅳ．①TU986.2

中国版本图书馆CIP数据核字(2016)第139275号

第五届艾景奖国际景观设计大奖获奖作品·专业组

编　　　者	艾景奖组委会
项 目 策 划	凤凰空间/曹　蕾
责 任 编 辑	刘屹立
特 约 编 辑	曹　蕾
美 术 编 辑	张　璐　孙　庚

出 版 发 行	凤凰出版传媒股份有限公司
	江苏凤凰科学技术出版社
出版社地址	南京市湖南路1号A楼，邮编：210009
出版社网址	http://www.pspress.cn
总 　经 　销	天津凤凰空间文化传媒有限公司
总经销网址	http://www.ifengspace.cn
经 　　 　销	全国新华书店
印 　　 　刷	北京彩和坊印刷有限公司

开　　　本	965 mm×1270 mm　1／16
印　　　张	23
字　　　数	184 000
版　　　次	2016年7月第1版
印　　　次	2016年7月第1次印刷

标 准 书 号	ISBN 978-7-5537-6547-1
定　　　价	368.00元（精）

图书如有印装质量问题，可随时向销售部调换（电话：022-87893668）。

编委会

推进新常态下人居环境的绿色发展

原建设部宋春华副部长

大家好，首先祝贺第五届艾景奖颁奖盛典和国际园林景观规划设计大会在苏州这个园林城市、文化名城隆重开幕！

今天我要讲的有几个关键词：新常态、绿色发展、人居科学、海绵城市、艾景奖。

第一是经济新常态。大家知道，进入"十二五"时期，我们国家的经济发展步入到新常态，就是由高速增长转为中高速增长，2011年到2014年，也就是"十二五"的前四年，我们GDP年均增长8%，2015年上半年为7%，2015年第三季度为6.9%，预计整个"十二五"年均增长接近8%，但是不到8%。这对于我们来说就是中高速，但是与世界年均增长2.5%的水平相比，我们增速仍然是很高的，在世界主要经济体中也是名列前茅的。在增长速度换挡的同时，我们的结构在优化，增长的动力在转换，市场配置资源的作用在增强。增速减缓的主要原因是由于投资和出口增速在回落，消费增长仍然比较稳健。诚然，投资的放缓，必定对风景园林行业产生影响。我们要坚持创新驱动，加快新产业新业态、新产品、新模式的培育，这是我们风景园林持续发展的动力来源。

第二是关于绿色发展。最近，中央已经公布了关于"十三五"规划的建议，明确了到2025年，我们要全面建成小康社会的目标，"十三五"是关键的决胜阶段，为破解发展的难题，必须要牢固树立创新、协调、绿色、开放、共享的新的发展理念。这里面的绿色发展，是永续发展的必要条件和人民对美好生活追求的一种重要体现，必须坚持节约资源、保护环境的基本国策，加快建设资源节约型、环境友好型的社会，形成人与自然和谐发展的新格局。我们风景园林行业肩负重任，必须坚持以提高环境质量为核心，对生态环境，坚持保护优先，自然恢复为主，实施山、水、林、田、湖综合性的保护与修复，实行绿色规划施工标准，建设美丽中国，为全球生态安全做出我们的贡献。

第三是人居环境科学。《中国大百科全书》第三版的编辑工作已经启动。2015年7月，在清华召开的人居环境学科的编委会第一次会议上，人居环境学科主编吴良镛院士指出：经过20多年来的探索，现在将建筑学、城乡规划学、风景园林学三个学科联合起来命名为人居环境科学，符合学科的发展趋势，顺理成章。这三个学科原来就是一体的，他们之间有着密切的融合与交叉，建设美丽中国和优良的人居环境，必须依靠这三个学科的协同与配合，无论是我们搞风景园林的，还是从事建筑设计的、城乡规划设计的，都不能只从本专业相对狭窄的渠道去观察和思考问题，而要在人居环境这个大概念下，放宽视野，提升高度，在宏观理念和综合性方法的指导下，实现三个学科的相互渗透与互动，这样我们才能更好解决人居环境面临的问题。

第四是关于海绵城市。日前，国务院办公厅印发了关于促进海绵城市建设的指导意见。提出：要综合采用渗、滞、蓄、浸、用、排等措施，最大程度减少城市开发建设对城市生态环境的影响，要将70%的雨水就地消纳和利用。园林绿化设计，要适应这样一个新的要求，要采取有效的措施。比如说在小区建筑设计方面，如何改进屋顶绿化；在广场道路材料的选择上如何用一些渗水的材料，提高对雨水收纳的能力；公园绿地建设可以采取雨水花园、下凹式的绿地、人工湿地等措施，增强城市海绵体的功能。包括对区域性的水体应该恢复和保持这种自然的连通，以构建良性的城市水循环系统。

第五是关于艾景奖。新的时期，新的目标，新的任务，对我们风景园林行业提出了更高的要求，我们必须用新的理念、新的思路、新的方法去解决好面临的生态问题。同时也迫切需要搭建起交流互动的平台。我们高兴地看到艾景奖已经成功地举办了五届，在引领园林景观的设计潮流、展示优秀设计、推广园林精品、沟通行业信息、交流学术成果、举荐设计人才等方面取得了可喜的成果，成为规格高、规模大、影响广、国际化的品牌赛事，在园林景观领域产生了重要的影响。

希望我们的艾景奖能一如既往地以国际标准、国际惯例，坚持公平公正的原则，提高赛事的透明度和权威性，树立具有世界影响力的品牌形象，要一如既往地理清社会责任，发挥公益效益，继续为我们的园林景观设计师、为高校师生搭建展示才华的平台，为我们国家的风景园林事业及生态文明建设做出新的贡献。

谢谢大家。

宋春华副部长在第五届艾景奖国际园林景观规划设计大会上的致辞

诗意棲居境，生生不息景

孟兆祯　中国工程院院士

尊敬的各位同仁，尊敬的不远千里来到中国的外国同行大师们，对你们的到来表示诚挚的欢迎。

孔子在2000多年前就讲"有朋自远方来不亦乐乎"，我借用这句话对大家表示欢迎。今天我讲的主题是：诗意棲居境，生生不息景。

党中央强调生态优先，生生不息就是我们中华民族的生态观。第一个生是生物，第二个生是生物的生命，就是生物的生命持续发展，永远不息。诗言志，每个人活着都有志向。

生，引申为生命，人与生物的统称。生物与环境之环境称生态，良性循环的生态环境宜持续发展。人有自然和社会的双重性，不同于一般的生物，区别在于有社会性、有文化要求。人总是以人的要求对待宇宙，我们的宇宙观是"天人合一"。美学家李泽厚先生说中国园林是人的自然化和自然的人化。前一句是世界人民的共性，后一句是中华民族风景园林的特性。这是中华园林的特色，不但以人要求生态，还要以自然的人化要求生态，园林的综合效益为环境效益、社会效益和生产效益，生态是环境效益的根本，但不应孤立生态，甚至于把生态凌驾于综合效益之上，生态是物质的，也是精神的。"诗情画意造空间，综合效

益化诗篇，巧于因借彰地宜，人与天调境若仙。"这是我对我们中国风景园林的诗赞。

中华民族文化博大精深，源远流长，在文字还没有出现以前，就有历史传说。尧舜都说天地有大德而不言，大德曰生。意即天地就是自然，自然的大德在于提供给生物以良好的生态环境，这种历史传说是可信的。现在在北京紫禁城护城河西北角的北岸，还有一个木牌坊，这个木牌坊就是大德曰生，认为一切生命都是自然赐予的，自然大德，自然为什么有大德呢？就是物我交融，天人合一。我国生态的座右铭是"生生不息"，

《易经》说"生生之谓易"，指变化中新事物产生，为宇宙根本原理。《太极图说》"二气交感，化生万物，万物生生而变化无穷"。清代戴震说"气化流行"是生生不息的总过程。佛家谓"本无今有叫作生，而能生此生则名生生"，生生不息就是生物和生态环境持续发展，互相调和。生态主要因子是空气、水、太阳、植物和土壤，山水几乎包含所有这些因子，我国版图60%以上是山是水。

上古时没有河流，高山雪融泛漫而下造成洪灾。夏禹以疏导开江河导入海而治水成功。开河道之土沿岸推"九州山"，生民上山得生，这上升到哲学便成为"仁者乐山，

知者乐水。仁者动，知者静。知者乐、仁者寿"的哲理。

李冰父子传承并发展了禹治水的传统，在四川兴造都江堰治理岷江，至今仍有效。在理论上将疏浚发展为治水十字诀铭刻石上。"安流滇轨"，滇就是指必须为水流提供运行的轨道，就是河床。

岷江流量大，而水流急，尤以乐山一带最为严重。在自然河床容量不够的条件下开山辟人工河床，就是青衣江分散洪水。在都江堰也辟山开江，在以岷江为主流的内河上分开外河调剂水和沙。水土冲刷必然带来沙土，沉淀在河床底，从而缩小了过水断面。后面加了六个字，如何来管理，这六个字就是"深淘滩，低作堰"。这样就是中央号召的，让市民看得见山、望得见水，这个就成为我们治理水、管理水的要诀，至今都江堰还在使用。

杭州西湖之所以至今还存在，就是历代在治钱塘水时深掏湖底沉积泥滩的成果。水容大了就没有必要做高堤堰了，并利用疏浚的土营造了白堤、苏堤和湖中的三岛。不仅改善了游览交通，就地平衡突防，更重要的是划分了水空间，为西湖十景创造了"景以进出"的环境。这是唐宋元明清五个朝代形成的，长期的效益，这是集体的智慧。

古代设"壕塞官带"主管开湖职务。杭州州府官员的

考核也以治水为主要内容。因此，治水自古就是中国的国家大事。很多"地方志"上都有"国必依山川"的共识。并非山水服从城市建设，而是城市建设服从山水，自秦以来都有不同特色的"引水贯都"制。北京相对的主要因素是西依太行，东襟渤海，西有永定河，东贯潮白河，城市依托山水发展。

园林的理水要"疏水之去由，察水之来历"和"山不让土，水不择流"。苏州地下水位高，园中有和地面水相连的藕园，或与地下水相通的怡园。环秀山庄是飞雪泉、二纳降水并自东墙屋檐引水入池、三通地下水、四连西北墙邻家的井中凿墙脚洞引山溪贯洞下流入池。我们可以想象这个泉的水量是大的，压力是大的，可以把整体的水压成雾状，像雪一样，这对于考察古代、对于现实是很有意义的。

元代，郭守敬发现北京的水源在昌平神山百浮泉，为了接纳西山径流和保持高水位，不从清河地南下而径自西导至太行山下才径南流，广纳西山地面径流。至玉泉山再汇集西山地下泉水，开二池，一持高水位、一沉淀泥沙才汇到昆明湖作为北京的源头。

清代乾隆策划清漪园时，将翁山泊往东扩大至山水相映。原东堤龙王庙改为孤岛留湖中。在万寿山南面东段山

腰有广袤的石台伸向山湖间，是观生意。后溪河引湖水东进。在后山西谷口设桃花沟集中汇水北出。鉴于流量大、流速快的山洪有冲击河岸之忧，便将湖面扩到极大且呈喇叭形，缓和了水势。从水景而言，前面关隘将水面压缩到不足三米。到此忽而放开，极尽收放之能事，至东谷口同样山洪下泻之处。

后山西段小建筑群、组合单体结合。尤以赅春园中的清可轩借脉通太行山的一卷天然石壁为南墙，生态、景观两相宜。诗曰："乾隆十七年，恰当建三楹，石壁在其腹，山包屋亦包——颜曰清可轩，可意饶清淑。梦径披芬馨……"把真正的假山放在房间里面达到消暑的目的，乾隆为清可轩写了40多首诗，现在还有诗态两个字刻在石头上，充分说明了景为稳态的中华民族传统特色。

生物与环境的关系包含物质与精神。人养生必养心。人行事都基于感发，感发莫过于志。诗言志，中国园林诗意栖居以文载道，面文心。借景名、额题、楹联和摩崖石刻等建立游人和设计者交流的平台。

西湖十景题名前两字多是境，诗意的环境；后两字是景物的形象，西湖联曰：

鱼戏平湖穿越岫，雁鸣秋月写长天。

玉镜净无尘照葛岭苏堤万顷波澄天倒影……

冰壶……当头点缀湖山评级花鸟，……广注鱼虫。

虎跑泉联：

愿借吾师手中半叶……热。

理安寺联：

碧螺澄法雨，绿树荫清泉。

植物是园林要素，若要植物为人创造生态环境，人先要为植物创造生态发育的良好环境。诗意山水间架塑造。大地形形成大气候，小地形形成小气候。《广群芳谱》开卷便是天时谱，居此产生"花信风"。

扬州的个园以竹石感发四时季相，竹子生长，晚上能听得见竹子长的声音，一夜就可以长1厘米到2厘米。石涛四时论"春同莎草发，长共云水连"诗意。夏山"夏地树常荫，水边风最凉"。池荷清香由爬山洞抽送至山上亭中石桌空处，人们可坐享清香。

秋山"寒城意以眺，平楚正苍然"。用安徽产的宣石犹如石上覆雪，最后在冬景上有一个圆形的漏窗表示冬去春来，周而复始。冬天去了，还怕春天不来？所以养心为养生的最高境界。

有了物质生态自然山水环境，再融入诗意栖居之意陶冶精神，两全其美。一路沿溪花覆水，几家深树碧藏楼，绕屋一湾水绿，迎轩数朵峰青。体现了中华民族"景面文心"和"物我交融"的特色。中国生态文明源远流长、博大精深。

时下重点生态还在与水协调，汶川泥石流是地震的帮凶，基本原因是人居环境占领了泥石流的通道，泥石流没有轨道运行必然成灾。甘肃舟曲又一次剥夺了不少住民的生命。山城镇建设往往争占谷底平地，山谷是汇水线，首先要规划泥石流的通道。泥石流以水为动力，减少暴雨地面径流，主要靠种树木，胸径为十几厘米的乔木，每年可以吸收 100 公斤的降水，地上的腐殖层能够吸收大量的降水。海绵城市是依靠植物来吸收水，存在地下水银行。在有水源的前提下，人居环境高层要从谷底提升，广西北部少数民族择居小山顶而免遭洪水之灾。广西巴马还是世界著名的长寿乡，贯通境内的主要河道，取名"盘阳河"。

管子告诫世人，说人之所为"与天顺者天助之，与天逆者天违之。天之所助虽小尤大，天之所违虽成必败"。地球上水陆的比例是经过长期历史性顺应而形成的，而人之贪梦想土地增长。长江出海口多有泥沙沉积成陆地，如上海的崇明岛。上海的土地面积每年可以增加，但是还不满足自然的沉积，提出了促淤的政策，就是在向海水出口的一面筑石坝来稳定淤积的泥沙唯恐冲走，岛也因为人工促淤而日渐增大。

报载长江入海口漂浮物汇集不散，显示出出海口已经不通畅了，在黄浦江中还大量填江造陆，地面上设计建设很好的森林公园，实际上都是大量的泥沙填充出来的，这无疑是减少了黄浦江水道的容积。世界海平面 23 年升高 7 厘米，我国海平面升高值大于世界海平面升高的平均值，填江造陆的城市岂止于海，武汉的沿江公园也是淤填出来的，填陆越大江河容水量越小，于是形成了低流量，逼得我们加高堤坝。

现在的上海外滩与新中国建立初期相比，堤岸升高了多少？昔日可观江景，今则两米左右的堤，使人近江而不见江，违背了中央让市民看得见山、看得见水的精神。由于垫起地面，外滩沿江种植成了不通地气的屋顶花园，与人行道靠 2 米多高的台阶衔接。前不久挤死人主要是在台阶上，我们要痛定思痛。我在上海评为园林城市的会议上提出过外滩建设的异议。近年考察崇明岛，又写出了专题书面报告上呈，湿地开发主管单位负责人跟我们说，自开放以来数年统计，候鸟的种类和数量持续下降，要把候鸟的天堂变为人的天堂，已经说明了候鸟持续下降，为什么还要逆天而行呢？这样必然造成虽成必败的可悲下场，令全国人民心痛。

我国总的奋斗目标是建设具有中国特色的社会主义社会，因此，各行各业的建设都必须结合中国的特色，习古、研今，研今必习古，无古不成今。与时俱进，生生不息的生态观将永远持续发扬光大。

谢谢大家！

孟兆祯院士在第五届艾景奖国际园林景观规划设计大会上的主旨报告

北京东方园林生态股份有限公司

投资 / 工程 / 设计 / 苗木

— 让我们的家园更生态、更美丽

北京东方园林生态股份有限公司，致力于山水田林湖的治理和生态修复。
设计品牌集群整合全球最优秀的景观生态行业资源，
携手国内外顶级专家，打造战略合作平台，
拥有全产业链上最前端的核心技术。
已打造完成70多个城市的景观系统
和30多个城市的水生态系统。

以"让我们的家园更生态、更美丽"为己任，
致力于成为"全球景观生态行业的持续领跑者"，
多渠道、多层面、多角度地参与中国城市生态的建设大业。

— "三位一体"综合治理理念

创造性地提出了以水资源管理、水污染治理及水生态修复、水景观建设为核心的"三位一体"生态综合治理理念。

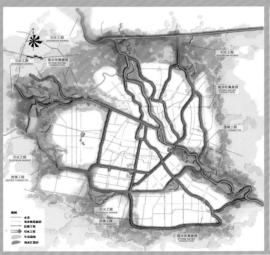

水资源管理系统　　　　　　　水污染治理和水生态修复系统　　　　　　　水景观建设系统

EDSA
O R I E N T

规 划 | 景 观 | 城市设计
Planning | Landscape Architecture | Urban Design

www.edsa.cn

景观统筹 ｜ 提升整体环境、解决"千城一面"的发展路径，是以景观引领城市整体发展的新路径，通过协调城市规划，建筑、交通、旅游等多个行业，促进城市文化、生产、生活等领域的共同发展。

关注我们，关注生态，关注城市。添加微信公众账号"EDSA景观视野"获得更多设计理念与企业动态等。

深交所创业板上市　代码：300197

SHENZHEN
TECHAND ECOLOGY
& ENVIRONMENT CO.,LTD.
深圳市铁汉生态环境股份有限公司

　　深圳市铁汉生态环境股份有限公司（以下简称"铁汉生态"）成立于2001年，是国家级高新技术企业、中国环保产业骨干企业、中国生态修复和环境建设领军企业。2011年在深交所上市，为创业板首家生态环境建设上市公司。

　　铁汉生态主营生态环保与景观旅游的建设与运营，业务涵盖生态修复与环境治理、生态景观、生态旅游、资源循环利用、苗木电商、家庭园艺等领域。目前已形成了集策划、规划、设计、研发、施工、苗木生产、资源循环利用，以及生态旅游运营、旅游综合体运营和城市环境设施运营等于一体的完整产业链，能够为客户提供一揽子生态环境建设与运营的整体解决方案。

　　公司拥有水污染防治工程设计甲级、环保工程专业承包一级、城市园林绿化一级、风景园林设计专项甲级，以及造林工程、旅游规划设计、污染防治工程等多项专业资质；拥有政府科技奖8项，申报国家专利78件，已获国家授权专利44件并主导多项标准的制定；下设北京、海南等27家分公司，现有员工2000余人。

　　凭借业界前列的综合实力，铁汉生态2011年被评为"中国创业板最具投资价值公司"，2012年获评"福布斯中国最佳潜力企业"，2013年获评"广东省最具核心竞争力企业"、"上市企业创业板综合实力十强"，2014年获评"深圳市综合实力百强企业"、"深圳市市长质量奖"、"广东省最佳雇主"，2015年荣获"广东省企业500强"。

微信扫一扫 了解更多

地址：深圳市福田区红荔西路8133号农科商务办公楼5-8楼
总机：0755-82927368　　　　传真：0755-82927550
业务电话：0755-82927368-8232
网址：www.sztechand.com

IDEA-KING ®

助力生态梦 参兴艾景奖

艾景奖·国际园林景观规划设计大赛历经五年，实现了质的飞跃，历届都以生态文明需要出发确立竞赛主题，明确生态、创新的竞赛主线。引领行业服务大局，关注民生，站在国家生态文明的高度，运用生态理念和创新手法，发掘时代设计精品，打造现代园林典范，勾勒一道人与自然和谐共融的绿色轨迹，对于融汇世界不同文化背景的设计理念，加强学科之间的学术交流，推广中国优秀传统思想下的现代景观设计理念均起到了重要作用。

2015 年 9 月，中国工程院院士孟兆祯为艾景奖题词"公正平台，公平竞赛"，得到了老一辈风景园林专家赞赏。艾景奖坚持走国际路线，严格按照国际规则和国际标准运营，秉承公平、公正、公开的原则，坚持公益理念，数度奖励在校大学生杰出选手，树立了艾景奖的廉明、严正、公益形象，形成了国际影响力，打造了艾景奖的权威性，树立起具有世界影响力的品牌形象。

关注官方微信

官方网站：WWW.IDEA-KING.ORG

第五届艾景奖现场回顾

宋春华

原建设部副部长

孟兆祯

中国工程院院士

北京林业大学园林学院教授

唐学山

北京林业大学园林学院教授

朱国强

苏州市旅游局局长

刘滨谊

同济大学建筑与城市规划学院教授

王向荣

北京林业大学园林学院副院长

成玉宁

东南大学建筑学院景观学系主任

李存东

中国建筑设计院副院长

中国公园协会秘书长

李建伟

EDSA Orient 总裁兼首席设计师

东方园林景观设计集团首席设计师

陆伟宏

同济大学设计集团景观工程设计院院长

陈伟元

深圳市铁汉生态环境股份有限公司副总
裁兼设计院院长

夏岩

夏岩园林文化艺术集团董事长兼总设计
师

何志森

RMIT 非正规工作室创始人兼设计总监

孙善坤

中国文化景观集团首席设计师

王尔琪

青岛花鸟园生态科技有限公司总经理

SueAnne Ware

纽卡斯尔大学建筑学院院长

Enric Batlle

加泰罗尼亚理工大学建筑学院景观系
主任

Virginia（Gini）Ann Lee

墨尔本大学景观学院院长

Laura Anna Pezzetti

米兰理工大学教授

Armando Oliver Suinaga

墨西哥 247 建筑事务所创始人兼设计总监

龚兵华

中国建筑学会景观生态学术委员会秘书长
北京绿色建筑产业联盟秘书长

Enric Batlle 荣获第五届艾景奖设计典范奖

成玉宁荣获第五届艾景奖设计典范奖

SueAnne Ware 荣获第五届艾景奖设计创新奖

刘滨谊荣获第五届艾景奖设计创新奖

王向荣荣获第五届艾景奖设计推动奖

Virginia（GINI）Ann Lee 荣获第五届艾景奖设计推动奖

从左往右分别是：龚兵华、孟兆祯院士、刘滨谊、GINI、成玉宁、Enric Batlle、SueAnne Ware、王向荣

成玉宁、SueAnne Ware、Enric batlle 给艾景奖基金捐赠出版书籍

宋春华副部长、朱国强局长与赞助商领奖代表合影留念

宋春华副部长给常山县颁发最佳石材
供应县奖

宋春华副部长给赞助单位夏岩集团颁奖

宋春华副部长给赞助单位铁汉生态颁奖

朱国强局长给常山景观石材小镇颁奖

朱国强局长给赞助企业中国文化景观
集团颁奖

朱国强局长给赞助企业欧量照明颁奖

李建伟总裁为获得艾景奖杰出奖代表
颁奖

陈伟元院长为获得艾景奖金奖学员颁奖

宋春华副部长为获得艾景奖大奖者颁奖

宋春华副部长为获得艾景奖资深景观
规划师者颁奖

孟兆祯院士为艾景奖获奖者颁奖

宋春华副部长为艾景奖设计杰出奖获奖
者颁奖

Enric Batlle、何志森为艾景奖获奖设
计师颁奖

成玉宁、金云峰为艾景奖获奖者颁奖

李建伟、李存东为艾景奖获奖者颁奖

苏安·维尔教授、路彬副主席为艾景
奖获奖者颁奖

唐学山教授、龚兵华秘书长为艾景奖获
奖设计师颁奖

赵晓龙主任、龚兵华秘书长为获奖学生
颁奖

前言

迎接人居环境事业的春天

景观是对人类世界观、价值观、伦理道德的反映，是人类情感在自然界的体现，是用艺术手法实现理想聚居环境的途径。出于对自然的敬畏和崇拜，严格遵循天地之格局与规律去笔耕园林，赋予了景观的神圣。

景观与城市的生态设计反映了人类的一种新的追求，它伴随着工业化的进程和后工业时代的到来而日趋重要。环境问题加速了生态文明建设的紧迫感，社会亟待探索一条代价小、效益好、排放低、可持续的发展新路，从传统工业文明向生态文明转型。

生态文明源于对发展的反思，从文明进步的新高度重新审视中国的发展，我们党把生态文明建设纳入中国特色社会主义"五位一体"布局。十八大报告中"努力建设美丽中国，实现中华民族永续发展"的生态文明目标，阐明了当局铿锵有力的施政立场。"保护生态环境就是保护生产力，改善生态环境就是发展生产力"，表达了以习近平同志为总书记的党中央以人为本、科学发展的鲜明态度。

艾景奖·国际园林景观规划设计大赛历经五年，实现从发展期向成熟期的过渡。每一届都从社会关注热点和生态文明建设的需要出发确立竞赛主题，明确生态、创新的竞赛主线。引领行业服务大局，关注民生，站在国家生态文明建设的高度，运用生态理念和创新手法，发掘时代设计精品，打造现代园林典范，勾勒一道人与自然和谐共融的绿色轨迹，对于融汇不同文化背景的设计理念，加强学科之间的学术交流，推广中国优秀传统思想下的现代景观设计理念均起到了重要作用。

第五届艾景奖评选活动紧紧围绕"可持续景观"主题，加大了对生态效应、科技人文、园林文化、社会效益等方面的全面考量，坚持生态优先、以人为本、公益思考、永续利用的原则。特别是考虑到生态文明建设必须是多学科、多行业相互配合，联合发力才能统一规划，科学定位，实现人居环境范围的跨界融合，协调发展。经中外专家组成的专家委员会层层筛选，获奖作品具有世界现代专业水准，对行业的发展具有很高的指导意义和很强的借鉴价值。因此，《第五届艾景奖·国际园林景观规划设计大赛获奖作品集》从专业性、艺术性、创新性、协调性等角度都有所突破，对于专业设计师和高校师生都有一定的参考价值。

风景园林是新型城镇化建设的重要组成部分，我们要充分发挥行业的引领作用，加强与人居环境各行业的密切协作，牢固树立城乡建设的生态观念、创新意识和协调发展思维，"像保护眼睛一样保护生态环境，像对待生命一样对待生态环境"，一个人居环境事业的春天即将到来。

奚兵华

中国建筑学会景观生态学术委员会秘书长
北京绿色建筑产业联盟秘书长

目录

IDEA-KING ®

专业组获奖作品

年度十佳景观设计

郑州市郑东新区龙湖沿湖园林景观设计

LongHu Open Space Landscape Design, Zhengzhou, Henan

单位名称：同济大学建筑设计研究院（集团）有限公司。委托单位：郑州市郑东新区管理管委会。主创姓名：陆伟宏。成员姓名：王准、杨惠珊、林楠、王洲洋、黄清、贺爽。设计时间：2012。项目地点：河南省郑州市郑东新区。项目规模：270 ha。项目类别：城市公共空间。造价：10.985亿元。

设计说明：

龙湖沿湖园林设计五年磨一剑，依据以下三大核心理念：

1. 秉承黑川纪章的规划概念，以黑川所提出的包含新陈代谢城市、环形城市、生态城市、共生城市等部分的共生思想为基本，构筑自然与城市交融的绿地格局。

2. 延续原 SWA 景观设计集团的概念方案，运用城市生态交错带的设计理念，规划统筹城市、水系及绿地布局，龙湖滨湖绿地如翡翠项链，通过湖滨散步道将龙湖周围 8 个绿色开放空间连为一体，形成龙湖片区核心的"城市绿肺"，营造城绿共生、水绿共生的景观格局。

3. 依据郑东新区管委会的宏观把控和实施指导，充分考虑城市建设、城市特色、城市景观。将景观作为一种城市元素融入公众视野，结合使用人群需求，将人文、地域汇入新的公共空间。

依据以上设计前提条件，龙湖沿湖园林景观设计延续环形共生思想，拓展生态交错带概念，创新融入中原山水格局，采用最新设计思维，演绎独特的龙湖共生生态绿地。运用海绵城市生态理论，提升水资源利用率，深层次利用众多环保材质，践行绿色、低碳、生态、环保概念，综合打造龙湖地区集市民休闲、生态调蓄、运动康体、城市名片等功能于一体的复合型综合城市绿地。

东商业公园鸟瞰图

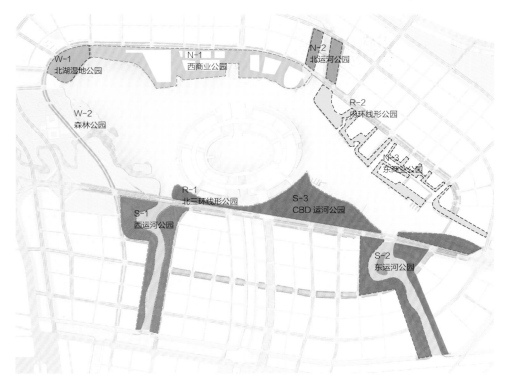

分区索引图

分项指标

设计范围		
编号	名称	面积
N-1	西商业公园	504769m²
N-2	北运河公园	125404m²
N-3	东商业公园	440887m²
S-1	西运河公园	319900m²
S-2	东运河公园	513144m²
S-3	CBD 运河公园	473930m²
W-1	北湖湿地公园	164390m²
W-2	森林公园	1347000m²
R-1	北三环道路	389881m²
R-2	内环道路	374000m²

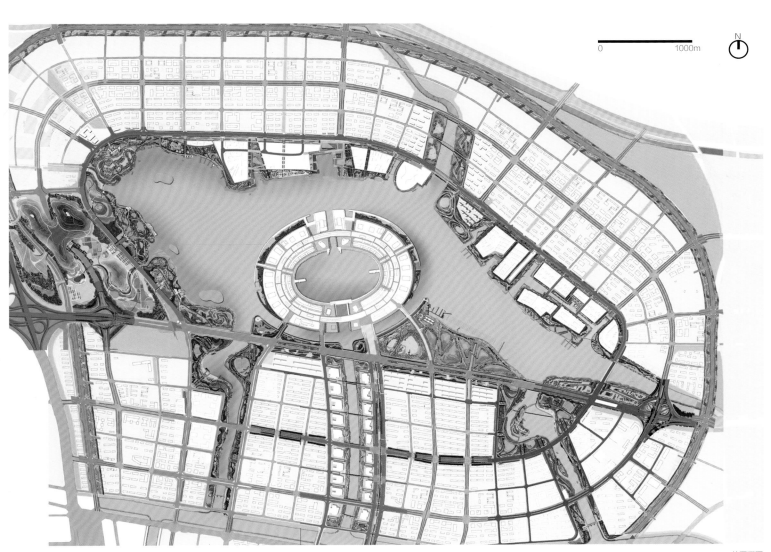

0　　　　1000m

N

总平面图

东运河体育公园效果图

北湖湿地公园鸟瞰图

北湖湿地公园效果图

西商业公园鸟瞰图

北运河公园鸟瞰图

西运河体育公园鸟瞰图

北入水口公园鸟瞰图

东商业公园鸟瞰图

东运河体育公园鸟瞰图

CBD运河公园鸟瞰图

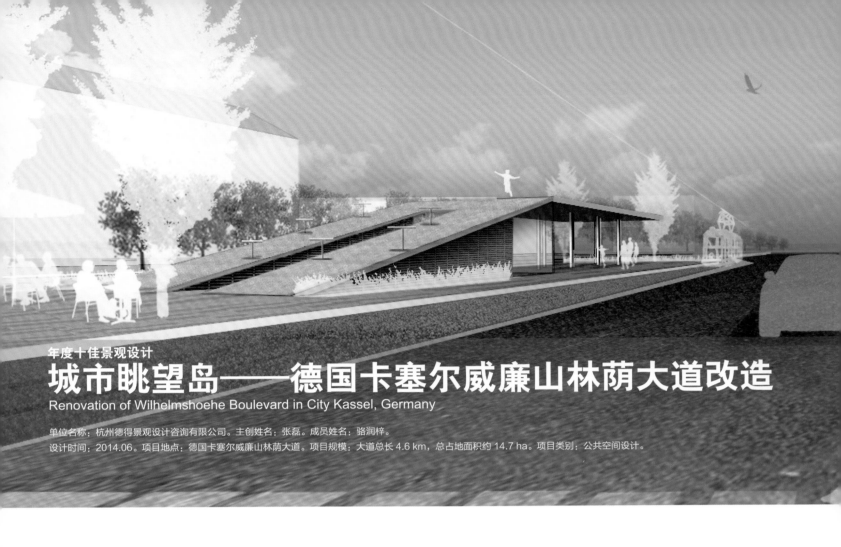

年度十佳景观设计

城市眺望岛——德国卡塞尔威廉山林荫大道改造

Renovation of Wilhelmshoehe Boulevard in City Kassel, Germany

单位名称：杭州德得景观设计咨询有限公司。主创姓名：张磊。成员姓名：骆润梓。
设计时间：2014.06。项目地点：德国卡塞尔威廉山林荫大道。项目规模：大道总长 4.6 km，总占地面积约 14.7 ha。项目类别：公共空间设计。

设计说明：

卡塞尔，一座位于德国中部黑森州的千年历史文化名城，格林童话的发源地，世界三大艺术展之一——卡塞尔文献展（Documenta）的举办地。18 世纪建成的大力神像（Herkules）坐落于城内海拔最高处的威廉山公园（Bergpark Wilhelmshöhe）内，这座俯视全城的世界文化瑰宝（UNESCO's World Heritage, 2013）是卡塞尔的象征，也是人们趋之若鹜的著名旅游景点。同时期建成的威廉山林荫大道（Wilhelmshöher Allee）贯穿了城市中轴，从卡塞尔内城直达山顶神像，中间为有轨电车轨道，双向四车道的设计使之成为城区内的交通主干线，道路两侧间隔有序的行道树也营造了内城到山顶的双向景观轴线。

由于二战后重建政策和有限的资金以及 20 世纪 50 年代德国城市规划风潮 "汽车主导城市"（Autogerechte Stadt）的影响，在卡塞尔城内建设了数条汽车主导的大型主干道路，威廉山林荫大道也是其中之一。它们的共同特征是宽阔的车行路面、宽度有限的绿化带和人行道设计。随着气候变迁的不断影响，人们逐渐提高环境保护意识，这条 "车行友好" 的大道现如今颇受压力。此次方案从人行安全、环境友好、城市交通空间布局、视觉体验等多个角度进行改善设计，使这条历史人文大道能够在功能、美学、空间利用上焕发新的活力，提升其作为世界文化遗产相应的城市面貌价值，倡导市民使用公共、慢行交通，让城市健康、充满活力的可持续发展得以实现。

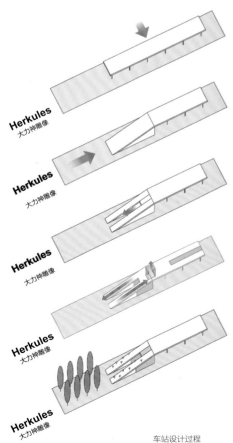

车站设计过程

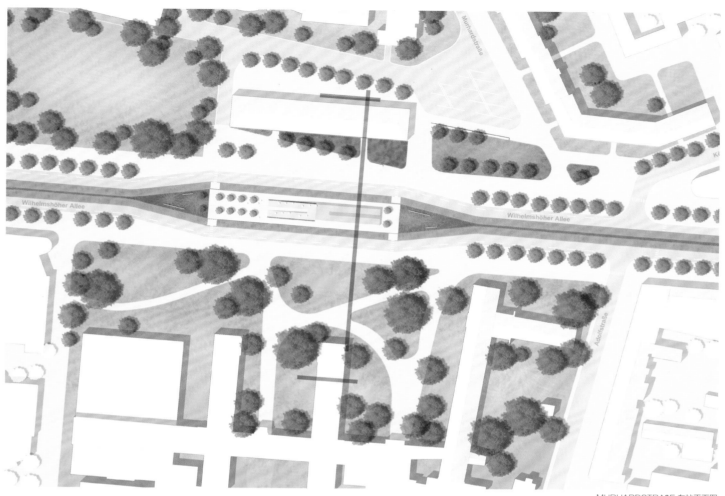

MURHARDSTRAßE 车站平面图

车站内部视觉轴线效果图

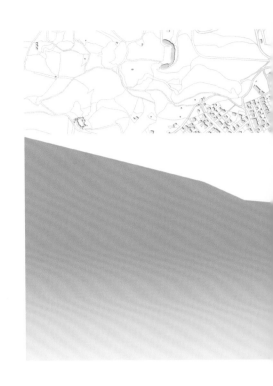

现状分析：

　　20 世纪 50 年代卡塞尔开始了战后大规模的城市建设，在保留部分历史建筑的基础上对威廉山大道两侧进行了大量的房屋、社区新建和改建活动，极大地改变了景观面貌。从 70 年代开始，政府对威廉山大道进行了改造，把原有的双向两车道拓宽至双向四车道。如今的威廉山大道两侧遍布着公司、酒店、咖啡馆等各种商业建筑，医院、公园、学校等公共设施以及格林兄弟广场（Brüder-Grimm-Platz）、卡塞尔大学电机 / 计算机校区（Universität Kassel Fachbereich Elektrotechnik / Informatik）、卡塞尔威廉山火车站（Bahnhof Kassel-Wilhelmshöhe）和一些历史建筑。虽然大道轴线景观气势宏伟，公共交通发达，行道树茂密，景色宜人，但依旧存在一些问题：整体面貌不一致，边界和区域划分不明确；人行空间因主车道的宽幅和停车位设置而被压缩；大道多处缺乏人行横穿的道路和路口，特别是在车站位置，对于上下车的乘客会存在安全隐患；同时街面绿植状况因受到时间和车流的影响显得状况不佳。

　　设计灵感：

　　方案的灵感来自游山时，如大力神般俯瞰威廉山林荫大道的情景。车流、人流如同在林间轻巧穿梭的溪川，树木掩映，顺流而下。有轨电车站如同水中的岛屿，人流或在此汇聚，或由此散向四方。在设计中，把每个有轨电车站视作一个个小岛，用流线型的车道设计表达一种流水绕岛而行、流向远方的意境。

　　方案：

　　卡塞尔人文景观得天独厚，作为城市主脉的威廉山林荫道既是交通干道，又是景观主轴，加上海拔上不同的高差，其景观价值不言而喻。然而繁忙的车流、狭窄的人行空间、两侧密集建筑群强烈地弱化了其景观体验。即便在德国景色最宜人的仲夏，游人休憩于露天咖啡吧，其视线也会被茂密的椴树列所阻碍。针对这些问题，方案对有轨电车站进行了改造设计，加强安全设计并融入不同功能，针对海拔高差创造了大道沿线一系列零售小站或迷你咖啡吧形式的休憩停留空间，车站顶部和内部的视觉体验空间以及两侧绕行式的车行道，自主降低车速从而提高了安全性。

绿化分析

	混合功能
	教育
	公共
	住宅
	零售业

建筑功能分析

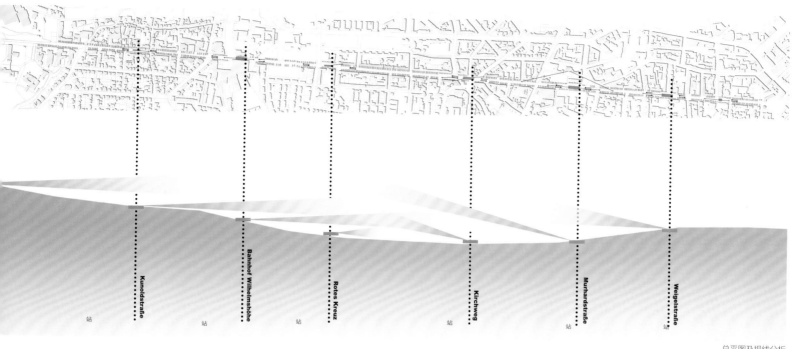

Kunoldstraße 站
Bahnhof Wilhelmshöhe 站
Rotes Kreuz 站
Kirchweg 站
Murhardstraße 站
Weigelstraße 站

总平图及视线分析

1790
1907
1943
2009

历史发展

| 绿地 | 人行道 | 自行车道 | 机动车道 | 有轨电车道 | 有轨电车站 | 有轨电车道 | 机动车道 | 自行车道 | 人行道 | 小广场 | 建筑 |

车站剖面图

MURHARDSTRAßE 车站夜景效果图

年度十佳景观设计

苏虞张公路快速通道(绕城高速—S340段)绿化景观工程
Suyuzhang Road Fast Track (Beltway -S340 Section) Landscape Engineering

单位名称：悉地（苏州）勘察设计顾问有限公司。

主创名称：易丹丹。成员姓名：王晓宇、施军、廖鹕、张雯雯。

设计成员：朱冠云、王晓宇、李政、孟华、施军、廖鹕、吴月霞、吴金全、沈晓禹、周雨濛、薛钱赟、张雯雯、冯坚、顾正明。

设计说明：

苏虞张公路一直是苏州市西北部地区一条重要的南北向快速通道，自2004年建成通车后，有效地加强了苏州城区与常熟、张家港两地的联系，对沿线地区的经济发展起到了非常重要的促进作用。

苏虞张公路快速化改造主要通过设置主线下穿、支线下穿、汽车通道、人行通道、修建集散道路、利用桥孔绕行和对交叉口进行渠化处理等方式对沿线平交道口进行合理的归并、改造和整理，实现主线快速化和行人车辆的安全化。本次改造主要设置主线下穿8处、支线下穿2处。全线原有各类平交口56个，改造后封闭交叉口35处，保留平面交叉口21个。

通过对苏虞张快速通道全线中央分隔带、侧分带、互通区（含跨线桥小及挡墙侧面）等进行景观绿化，不仅使其具有优美的流线型、新颖的构造物，而且具有令人赏心悦目的自然景观；不仅使司乘人员感到安全、舒适、快速、畅通，而且能使其有置身于舒适、优美的自然环境之中的感觉，进而提高公路的使用效率，发挥高速公路的功能。

本次苏虞张公路快速通道工程绿化及景观设计项目，我们提出的设计原则是：因地制宜为前提，环境保护为基础，美学理论为指导，可持续性为特色，兼顾效益为目的。设计重点分析及设计手法：

1. 景观小品设计：小品的设计除考虑其所表达的人文思想及艺术内涵之外，其材质的构成及整体构图的尺寸比例，也是设计的重点和难点。作为公路景观的组成部分，其材质需有较强的耐磨性并且易于养护和清洁，其尺度也应符合快速通行的欣赏习惯。

2. 跨线桥及下穿通道装饰设计：整个苏虞张快速通道的跨线桥及下穿通道一共有十几处之多，通过本次设计改造赋予其新的活力及内涵，使人们在通行过程中享受视觉的放松和乐趣。装饰以简洁的构图与鲜明的色彩构成对比强烈的视觉图案，凸显独特的地域特色和文化。

3. 绿化种植设计：绿地设计考虑适地适树的同时，采用标准段设计结合渐变段设计，按地域标段构成绿地系统的主体印象，选择了四季季相林的绿地主题。

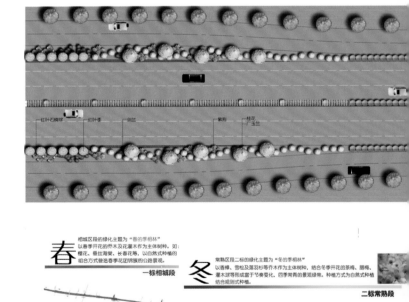

相城区段的绿化主题为"春的季相林"
以春季开花的乔木及花灌木作为主体树种。如：樱花、垂丝海棠、长春花等，以自然式种植的组合方式塑造春季花团锦簇的公路景观。

春 一标相城段

常熟区段二标的绿化主题为"冬的季相林"
以香樟、雪松及落羽杉等乔木作为主体树种，结合冬季开花的茶梅、腊梅、灌木球等形成蓬勃富有节奏变化。四季常青的景观绿带。种植方式为自然式种植结合规则式种植。

冬 二标常熟段

常熟区段三标的绿化主题为"夏的季相林"
以夏季开花的乔木及观花灌木作为主体树种。如：广玉兰、栀子花、黄杨等，以自然式种植结合规则式的种植方式塑造郁郁葱葱又不失柔美的景观绿带。

夏 三标常熟段

张家港区段的绿化主题为"秋的季相林"
以银杏、黄山栾树、榉树及红枫等秋叶色富于变化的乔灌木作为主体树种，以秋季绚烂的色彩装点快速路的色彩盛宴，以规则式种植为主的树阵强调块面的同时体现绿带气贯长虹的整体气势。

秋 四标张家港段

一标—花团锦簇的起始
四标—绚烂缤纷的收尾

年度十佳景观设计

郑州 360 商业广场
Zhengzhou 360 Commercial Plaza, China

单位名称：上海印派森园林景观股份有限公司。委托单位：河南新田置业。主创姓名：陈圣浩。成员姓名：Pisit Wongpisit、徐晓芳、蓝信超。
设计时间：2015。项目地点：河南 郑州。项目规模：1.2ha。项目类别：商业景观。造价：1 400 万元。

设计说明：

新田 360 太康路商业广场项目位于郑州市人民公园西南侧，因此景观设计将其定义为城市公园的延伸，试图将其打造为"全新的购物公园"，引导商业消费新实践。适宜的空间尺度是设计的灵魂，它能让空间变得有趣而舒适，尤其是针对本项目相对较小的商业空间，如何做到小而精，是本案的重点。

沿西太康路是商业街重要的展示界面，现代感极强的折线铺装的灵感来源于建筑。沿建筑边界的草坪绿化带弱化了建筑边界，也使由建筑内部向外看有良好的视线。商业街中间的特色水景可以让从道路转角进入的人们顺着水声往商业街中心走动。

西南转角则将成为商业广场重要的抵达点。在西太康路与彭公祠路交会处伫立一个巨大的、犹如钻石般的镜面雕塑，人们打扮时髦的身影倒映在镜面中，就像是万花筒里缤纷的颗粒，让人们眼花缭乱。即使是路人经过，也忍不住向内一窥究竟。夏日里，孩子们也会围绕着镜面雕塑在喷起的水柱中奔跑玩耍。一段奇幻特色的购物之旅即将展开。

效果图

效果图

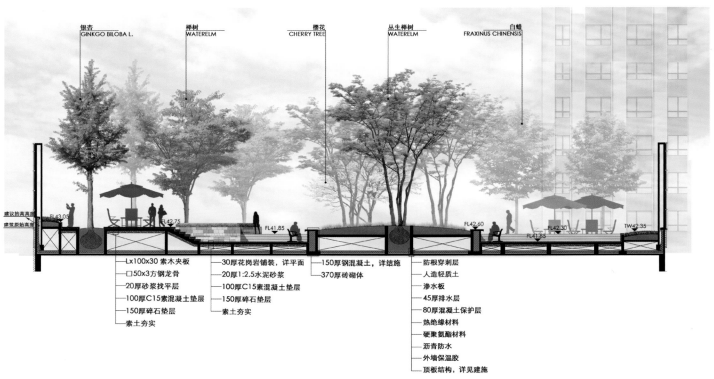

银杏
GINKGO BILOBA L.

榉树
WATERELM

樱花
CHERRY TREE

丛生榉树
WATERELM

白蜡
FRAXINUS CHINENSIS

建议抬高高度
建筑原始高度
FL43.05
FL42.75
FL41.85
FL42.60
FL42.30
FL41.85
TW42.35

- Lx100x30 素木夹板
- □50x3方钢龙骨
- 20厚砂浆找平层
- 100厚C15素混凝土垫层
- 150厚碎石垫层
- 素土夯实

- 30厚花岗岩铺装,详平面
- 20厚1:2.5水泥砂浆
- 100厚C15素混凝土垫层
- 150厚碎石垫层
- 素土夯实

- 150厚钢混凝土,详结施
- 370厚砖砌体

- 防根穿刺层
- 人造轻质土
- 渗水板
- 45厚排水层
- 80厚混凝土保护层
- 热绝缘材料
- 硬聚氨酯材料
- 沥青防水
- 外墙保温胶
- 顶板结构,详见建施

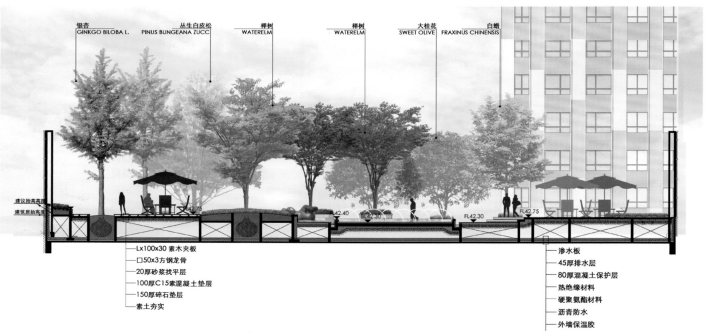

银杏
GINKGO BILOBA L.

丛生白皮松
PINUS BUNGEANA ZUCC

榉树
WATERELM

榉树
WATERELM

大桂花
SWEET OLIVE

白蜡
FRAXINUS CHINENSIS

建议抬高高度
建筑原始高度
FL42.75
FL42.40
FL42.30
FL42.30
FL42.75

- Lx100x30 素木夹板
- □50x3方钢龙骨
- 20厚砂浆找平层
- 100厚C15素混凝土垫层
- 150厚碎石垫层
- 素土夯实

- 渗水板
- 45厚排水层
- 80厚混凝土保护层
- 热绝缘材料
- 硬聚氨酯材料
- 沥青防水
- 外墙保温胶

郑州屋顶花园植栽

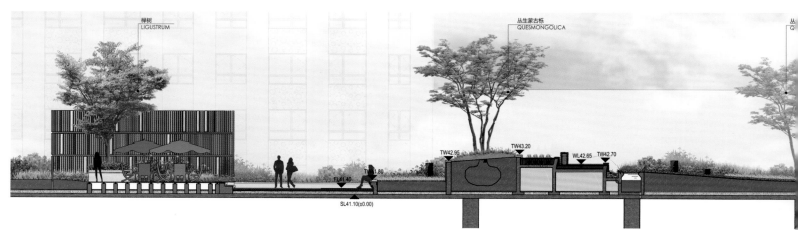

榉树
LIGUSTRUM

丛生蒙古栎
QUESMONGOLICA

TW42.95
TW43.20
WL42.65
TW42.70
TW41.80
FL41.40

SL41.10(±0.00)

效果图

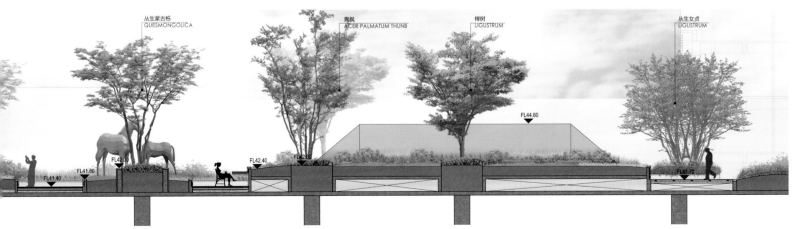

立面图

年度十佳景观设计

郑州中牟县大孟镇改造——街道景观规划设计

The Landscape Planning and Design of the Friendly City Streets, Zhengzhou.

单位名称：上海翰祥景观设计咨询有限公司。主创姓名：卢胤翰。成员姓名：刘彦君、黄存佑、彭树花、王信智、张清文。
设计时间：2012.06。项目地点：河南省中牟县大孟镇。项目规模：415 ha。项目类别：城市规划设计。

设计说明：

这是一座占地 4km² 的城镇开发项目，通过此项目旨在思考人与自然环境的可持续发展关系。与传统的规划方式相反，希望在回报社会发展的基础上，采用社区营造的观念进行设计规划。

城市交通的景观功能不仅是机动车辆顺畅的功能，而且与人们生活的周遭环境提倡慢系统、慢生活的方式息息相关。合理的街道是为所有不同年龄和能力的使用者设计的，包括行人、自行车、摩托车和公共交通的使用者，它是成功创造出综合使用的环境不可或缺的一部分。与美学、功能的结合能增加更多的公共活动空间，完善的循环式低底盘巴士路线、步行街道、自行车道系统，有效地保障交通安全及健全的城市市民慢系统，体现城市线性空间的乐趣和活力。

城市建设方法首先是定义市民在城市各部分的一种公共生活经验，空间的组成必须满足生活基本需求，而其中很重要的是社会互动。

低影响开发 (LID) 是一种基于生态理念的雨洪管理方法，倾向于在场地内通过植被处理以软质工程管理雨水。LID 的目标是采用雨水的渗透、过滤、储存和蒸发方法，维持一个场地开发前后的水文平衡，不同于雨水通过管道、汇水口、侧石和排水沟四处流水的常规"管道——水池"传输设施，LID 通过分布式地处理景观调解污染的雨水流。基础设施可以用低成本设计提供更大的生态和城市服务。通过低影响开发（LID），街道不再是生态负担，河流和湖泊的生态功能将会增强。

基地现况
━━ 基地位置

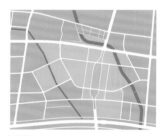

完整街道
━━ 居住区 ━━ 公园区 ━━ 生态区

自然生态系统
━━ 生态区

区域规划概念
━━ 住宅区 ━━ 商业区 ━━ 公园区 ━━ 教育区

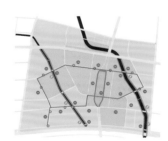

公交车系统
━━ 居住区 ━━ 自行车线路

自然生态系统
━━ 居住区 ━━ 公交车线路

分级路网架构
━━ 60m道路 ━━ 25m道路
━━ 30m道路 ━━ 20m道路 ━━ 15m道路

开放系统
━━ 中央公园 ━━ 安置区 ━━ 学校区 ━━ 商业区

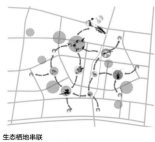

生态栖地串联
━━ 生态跳岛 ━━ 生态廊道

规划概念图

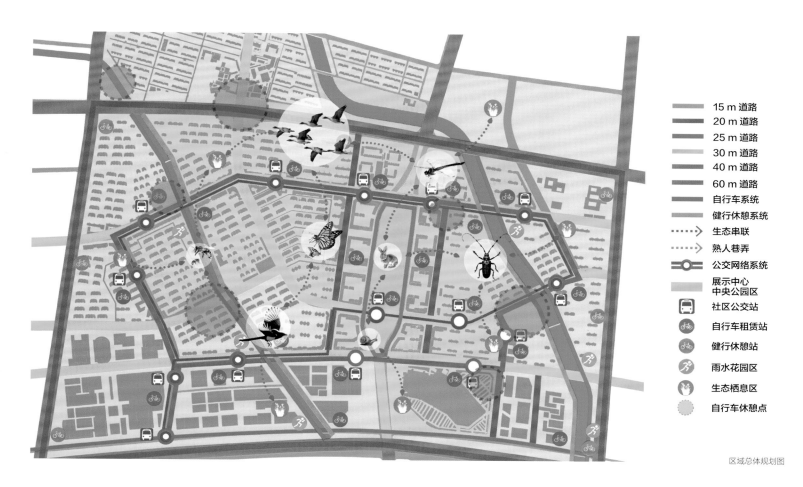

区域总体规划图

15 m 道路
20 m 道路
25 m 道路
30 m 道路
40 m 道路
60 m 道路
自行车系统
健行休憩系统
生态串联
熟人巷弄
公交网络系统
展示中心 中央公园区
社区公交站
自行车租赁站
健行休憩站
雨水花园区
生态栖息区
自行车休憩点

非机动车道	种植池 雨水花园	机动车道	种植池 雨水花园	非机动车道	人行道 透水铺面	种植池 雨水花园	人行道 透水铺面	住宅庭院 雨水花园	建筑雨水收集系统 雨水花园

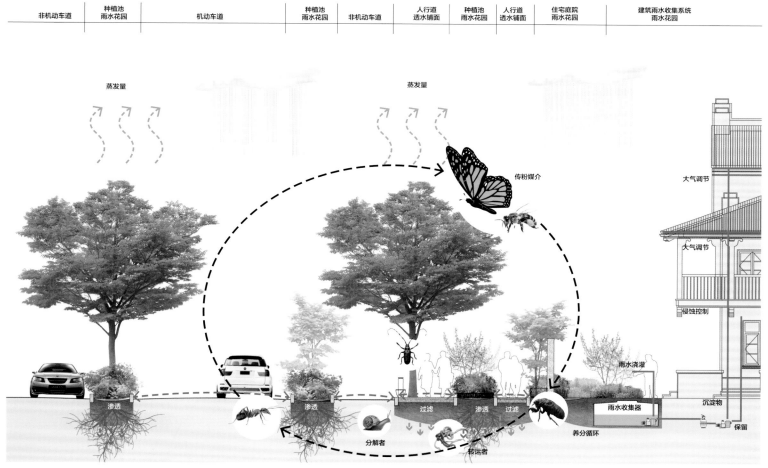

道路生态系统图

低冲击系统－雨水花园

滨水缓冲带是一种简单、成本低廉的通过乡土植物群落保护和改善水质的方式。缓动带在结构上能稳定河堤和湖岸从而防止侵蚀和塌陷。树木和灌木提供遮阴维持水生生物生存的稳定水温。缓动带宽度取决于周围的环境、土壤类型、汇水区域的尺度和坡度以及植被覆盖。缓冲带顶部由常年生长的草本和木本植物组成，减缓径流和吸收大部分的污染物；中部由慢生树木和灌木组成，为野生生物提供栖息地，同时吸收来自顶部的污染物；底部河边地带由速生、耐水湿的树木和芦草状植物组成，稳定堤岸，通过树荫降低水温，提供水生动植物稳定的环境。设计整体上加深池塘，为水生生物提供更多氧气，坡地水岸在过滤地表径流、还原水质的同时，也同样为动物们创造了栖息地。

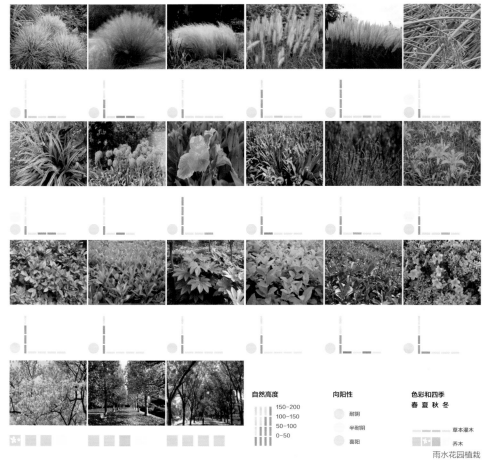

自然高度
150-200
100-150
50-100
0-50

向阳性
耐阴
半耐阴
喜阳

色彩和四季
春 夏 秋 冬
草本灌木
乔木

雨水花园植栽

生态雨水系统

人车共存系统

生态雨水街道系统

生态滞留系统

雨水回收系统

蒸发
植物枝叶拦截降水的现象。降雨过程中，首先在枝叶表面聚积起离散的水珠，继而水珠相互并连成为铺盖在枝叶上的水层，水层不断增厚，终因水层的重力超过枝叶与水的附着力，一部分穿过枝叶间隙落入地面，成为穿过林冠的降雨，另一部分沿枝干流达地面，只有存留在枝叶上的部分才成为植物截留。

雨水收集
屋顶雨水。屋顶雨水相对干净，杂质、泥沙及其他污染物少，可通过弃流和简单过滤后，直接排入蓄水系统，进行处理后使用，例如植栽浇灌用水、消防用水等。

地表径流
指降水后除直接蒸发、植物截留、渗入地下、填充洼地外，其余经流域地面汇入河槽，并沿河下泄的水流。对城市防洪、调节微气候、增加地下水有着重要的作用。

渗透
城市建设过程对周边环境最主要的影响就是水文循环过程，其过程不仅仅是降雨，还包括产汇流和土壤水气界面的影响。城市硬化面积加大，导致植被减少，同时新建成的管道系统会加快产汇流过程，不同水面积还会增加产流流量，导致河流的峰值流量增加，产流历程缩短，对下游造成冲击负荷，增加透水性铺装及绿地对增加雨水下渗有着积极作用。

生态雨水街道系统

利用景观自然界要素中的有机体，实现人工环境与自然界的物流、能流交换与循环，达到低维护、可持续发展的目的。在空间上包容城市中大部分的自然环境要素，其在改善地区自然环境、提高生态多样性、保护生态稳定性、改善城市生活的自然品质、提高环境的自净能力等方面是城市加强自身协调能力的重要途径。

生物廊道是生态串联中重要的组成部分，它具有一定宽度的条带状区域，除具有廊道的一般特点和功能外，还具有很多生态服务功能，能促进廊道内动植物沿廊道迁徙，达到连接破碎生境、防止种群隔离和保护生物多样性的目的，有利于动植物在这些植被斑块之间运动，增强隔离种群的连接度。生物通道主要针对野生动物活动过程中的公路、铁路、水渠等大型人工建筑所设置，有路上式、路下式、涉水涵洞和高架桥等形式。

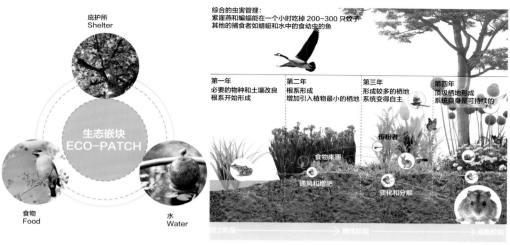

综合的虫害管理：
紫崖燕和蝙蝠能在一个小时吃掉200~300只蚊子
其他的捕食者如蜻蜓和水中的食幼虫的鱼

生态栖地系统

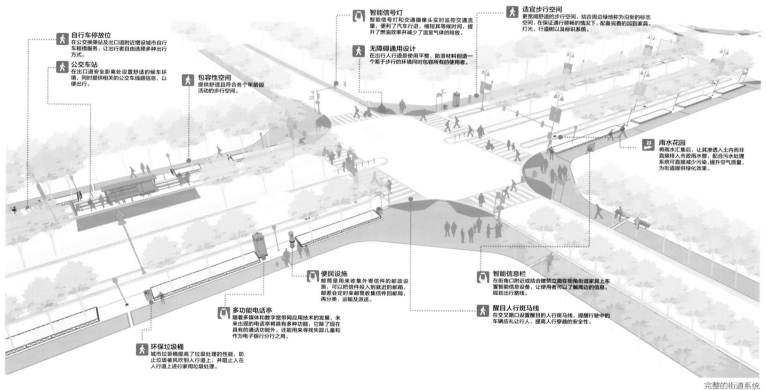

智能信号灯
智能信号灯和交通摄像头实时监控交通流量，便利了汽车行进，缩短其等候时间，提升了燃油效率并减少了温室气体的排放。

适宜步行空间
更宽阔舒适的步行空间，结合周边被称为沿街的标志空间，在保证通行顺畅的情况下，配备完善的加固家具、灯光、行道树以及标识系统。

自行车停放位
在公交换乘站及出口道附近增设城市自行车租借服务，让出行者自由选择多种出行方式。

公交车站
在出口道安全距离处设置舒适的候车环境，同时提供相关的公交车线路信息，以便出行。

包容性空间
提供舒适且符合各个年龄段活动的步行空间。

无障碍通用设计
在出行人行道是使用平整、防滑材料创造一个易于步行的环境同时包容所有的使用者。

雨水花园
将雨水汇集后，让其渗透入土内而非直接排入市政雨水管，配合污水处理系统可减少污染，提升空气质量，为街道提供绿化效果。

便民设施
邮筒是用来收集外寄信件的邮政设施，可以把信件投入到就近的邮箱，邮差会定时来邮筒收集信件回邮局，再分类、运输及派送。

智能信息栏
在街角口附近或结合建筑立面在街角街道家具上布置智能信息设备，让使用者可以了解周边的信息，规划出行路线。

多功能电话亭
随着多媒体和数字宽带网应用技术的发展，未来出现的电话亭将具有多种功能，它除了现在具有的通话功能外，还能用来寻找失踪儿童和作为电子银行分行之用。

醒目人行斑马线
在交叉路口设置醒目的人行斑马线，提醒行驶中的车辆应礼让行人，提高人行穿越的安全性。

环保垃圾桶
城市垃圾桶提高了垃圾处理的性能，防止垃圾被风吹到人行道上，并阻止人在人行道上进行家用垃圾处理。

完整的街道系统

慢系统－自行车道

街道家具具有"场所"意义的特征，与其所处的空间和场所密不可分，虽然作为次要功能和搭配的角色在尺度上较为小巧，但也是构成城市景观的重要因素。

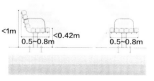

>0.6m

>1.8m

0.8~1m

<1m

0.5~0.8m

<0.42m

0.5~0.8m

街道家具

年度十佳景观设计

广西南宁青秀万达广场规划设计

Nanning Qingxiu Wanda Plaza, Guangxi

单位名称：PCDI 湃登国际。委托单位：万达商业规划研究院。主创姓名：牟晓榆。成员姓名：张宁、牟晓榆、蔡哲贤、聂蓉、刘妍、全晓菲、杨斌。设计时间：2012.10。
项目地点：广西壮族自治区南宁市青秀区贤宾路。项目规模：58 418.48 m²。项目类别：城市公共空间。

景观设计构想——民族文化的体现

提炼建筑语言，将壮族文化元素提取并运用到花池、水景等景观要素之中，蕴含文化特色的花坛造型简约，结合南方特有的植物，打造出具有南宁特色的植物群落。大商业景观水景、梯田跌水、雕塑的铜鼓造型、飘逸的壮锦，尽显欢腾与欣欣向荣的景象。南宁万达广场整体景观色调清新淡雅凸显浓烈的民族风情，以山水为背景，壮族的传统文化为点睛的设计符号，打造一个能传承地域特色文化的商业景观场所。大商业建筑主立面以现代、时尚的手法表现蜿蜒层叠的图形语言，在灵动飘逸的弧线中联想到南宁群山蜿蜒、青山秀美的景象。金街的建筑立面上增添了东南亚的特色风格，将其巧妙地运用在了铺装及小品之中。金街一条东南亚风情与当地文化历史"南宁十景"所提炼的"花洲夜月"、"象岭烟岚"、"望怀仙谷"、"锦屏指雀"相结合的特色街，通过一系列的特色小品展现出来，既塑造室外步行街的文化性，贴近当地文化，又便于群众记忆，成为旅游推广特色，吸引外来游客。铺装上将壮锦纹中的云纹、水纹、回纹提炼成铺装肌理线条。酒店部分以壮族文化元素为设计符号，在水景、雕塑小品以及灯具的设计上着重体现特色。

青山梭影织锦绣，立舟泛水游青山。传统与现代的结合便最好地诠释了万众期待的青秀万达。

商业外街实景

金街夜景

金街入口

金街夜景

总平面图

文华酒店全日餐庭院水景

文华酒店全日餐庭院

金街建筑外立面细节

文华酒店入口水景

商业外街主雕塑

　　南宁是一座历史悠久的古城，具有深厚的文化底蕴，是一个以壮族为主的多民族和睦相处的现代化城市。得天独厚的自然条件令南宁满城皆绿，四季常青，长久以来南宁形成了"青山环城、碧水绕城、绿树融城"的城市风格。壮族是以稻作著称的农耕民族，岁时节庆活动大多是随着生产季节和农作节奏来开展的。如迎春牛对歌、开耕节、牛魂节、拜秧节、谷魂节、糍粑节，古时还以收割庆丰收作为迎新岁节日，即所谓"壮年"。这些围绕着各个重要生活环节的仪俗，锣鼓声声，回音绕山谷，尽管表现为原始祭祀性的形式，但带有生产动员和期望丰稔的含义，寄托着对美好生活的祝愿，对调节劳动生活起到一定的积极作用。景观与建筑物作为整体进行考虑，突出硬质景观的整体感与大气，表现细部的精致；树木花草的设计要作为硬质景观场所的一个表现因素，精选品种与规格，精心布置，并体现整个场所环境的有机融合；充分考虑建筑结构构造做法，建成具备经营功能的运动、休闲场所。鲜明的艺术性和浓厚的文化内涵，打造引领现代人生活需求的现代景观，设计具有独特的艺术风格，强调唯一性的景观设计。

年度十佳景观设计

张掖市滨河小镇丝路金街及金街公园景观设计
Silk Road Golden Street and Golden Street Park Landscape Design of Riverside Town in Zhangye City.

单位名称：岭南园林设计有限公司。委托单位：甘肃智晟房地产开发有限责任公司。主创姓名：孙百宁。成员姓名：李博、范长喜、段艳林、马雪飞。设计时间：2015.01。项目地点：张掖市。项目规模：4.8 ha。项目类别：城市公共空间。造价：1 200 万元。

设计说明：

　　张掖市滨河小镇丝路金街及金街公园位于甘肃省张掖市甘州区西北部，紧邻 G321 高速路，交通便利，规划面积约为 4.8ha。商业街位于场地北偏中区域，围绕已建成小区，整体长度约 900 m，宽度约 20 ~ 40 m。金街公园位于整个场地的东边，呈长方形。长约 450 m，宽约 60 m。

　　丝路金街将建成集文化传承、旅游观光、休闲购物、丝路文化展示于一体的商业新发地。景观设计中运用大量飞天、丝绸、驼队、沙丘等文化元素，利用铜制景观轴线串联历史故事，利用设计手段营造一条具有旅游、购物、休闲、餐饮等多重功能互相融合的地标性商业街。通过对传统文化元素的提取，形成具有地域特色的空间景观，达到景以境出的设计效果，营造出具有丝绸之路特色的现代商业街。

　　金街公园以丝绸为设计元素，采用飘逸的流线设计使传统丝绸之路文化与现代城市韵律完美结合，使整个带状公园充满动感与活力。同时运用丰富的植物种类，营造出动、静等不同空间。靠近市政路一侧为景观展示空间，靠近居住区一侧主要为功能性空间，形成的双曲线空间满足了不同人群的使用需求。

　　本项目位于历史文化悠久的古城张掖，设计师在进行设计时不仅考虑到场地现状特点，而且注重其景观特色所蕴含的文化，从现状中寻找灵感，从文化中汲取养分，从生活中感悟成败。本项目的每一个景观节点、每一个构筑物、每一个雕塑小品、每一方草坪都是当地历史、工艺、风俗等的产物，都有生命，有它们存在的价值。

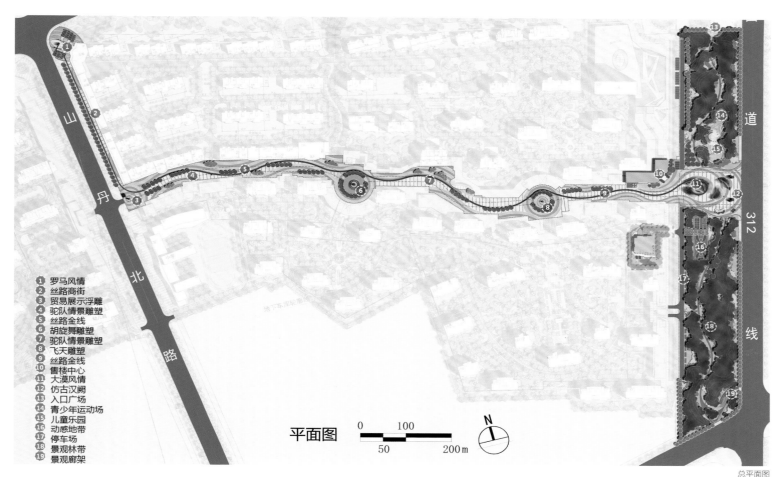

① 罗马风情
② 丝路商街
③ 贸易展示浮雕
④ 驼队情景雕塑
⑤ 丝路金线
⑥ 胡旋舞雕塑
⑦ 驼队情景雕塑
⑧ 飞天雕塑
⑨ 丝路金线
⑩ 售楼中心
⑪ 大漠风情
⑫ 仿古汉阙
⑬ 入口广场
⑭ 青少年运动场
⑮ 儿童乐园
⑯ 动感地带
⑰ 停车场
⑱ 景观林带
⑲ 景观廊架

平面图

0   100
50   200 m

N

总平面图

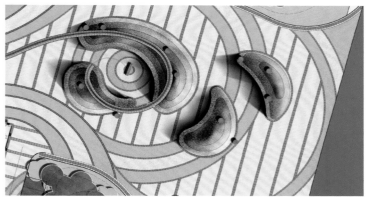

东入口平面图

东入口立面图

胡旋舞主题雕塑效果图

西入口贸易展示浮雕墙效果图

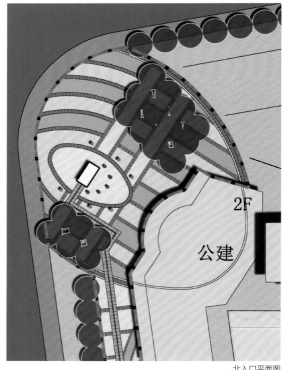

北入口平面图

罗马风格北入口广场效果图

金街公园儿童乐园效果图

北入口立面图

年度十佳景观设计

2014 年亚太经合组织会议（APEC）水立方晚宴景观改造设计——"浮动的水珠"

The Water Cube Landscape Innovation Design of 2014 Apec -"The Floating Beads"

单位名称：悉地（北京）国际建筑设计顾问有限公司。委托单位：北京市国有资产经营有限公司、北京国家游泳中心有限责任公司。主创姓名：苏健。成员姓名：潘云升、莘小菲、舒歆。
设计时间：2013.11。建成时间：2014.10。项目地点：北京市朝阳区。项目规模：30 000㎡。项目类别：广场设计。

设计说明：

水立方与鸟巢的总体设计在 2008 年奥运会之后成为全体中国人心目中的经典，2014 年适逢 APEC 会议在水立方召开，借这次会议，结合运营期间空间设计中的问题，本项目对水立方南、北广场空间进行升级改造。景观面积约 30 000 ㎡，其中北广场为 8490 ㎡，是本次开发的主要区域。

主旨：以 APEC 国际峰会为契机，重点着眼于未来发展中公共空间对市民的服务以及城市基础设施建设的可持续性，因此项目的设计重点来自两方面：① 延续水立方的建筑文脉，满足 APEC 会议期间的使用要求；② 节约投资，为会议后的室外空间利用提供机会。

理念：以水立方盒子的文化背景为出发点，以 "浮动的水珠" 为主题，用水珠造型的公共艺术品通过演绎水珠的不同形态组合来创造不同的室外空间，并用可移动、拆卸的车挡代替广场专为停车而铺设的植草砖，既能满足 APEC 会议期间的使用要求，也可以为后期广场的各种活动、夜间利用提供足够的场地。

设计创新：水珠的公共艺术品，有别于城市雕塑，更多是从长远的使用考虑，作为可变化的绿化装置和座椅，可以根据不同季节不同活动做即时的绿化搭配；在材料上，利用玻璃纤维材料，通过调整树脂、色浆的比例，利用低成本来实现较大体积的艺术装置的均匀透光性。

本项目难点是如何结合场地的使用功能演绎童话故事，设计时每个主题园都有自己独特的童话故事背景，节选其中典型的故事情节，将其转变为儿童参与的体验、历险、搜寻等各种活动，同时配合建筑及景观环境的营造，展示其童话氛围。

此外，本项目为山地性质的儿童公园，坡度较陡，面积较大，设计具有一定的挑战性，尤其是原有丘陵地形因公园周边地产开发的影响，受到严重破坏，有大量弃土堆积，弃土最深处约 45 m，破坏面积达到 75% 以上，如何处理大量的弃土及弃土区的景观，并按设计要求营造森林、湖泊、沙漠、草地、山丘等不同的自然环境，是该项目成败的关键。

北广场效果图

南广场夜景效果图

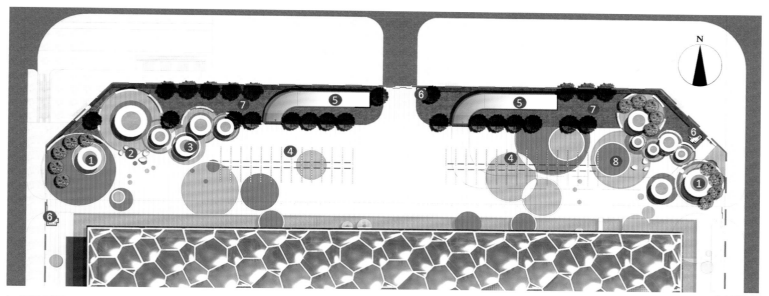

1、水珠种植装置　　5、地下停车入口
2、水滴座椅　　　　6、门岗
3、特色景观座椅　　7、绿地
4、保留停车位　　　8、LOGO

北广场平面图

北广场夜景鸟瞰图

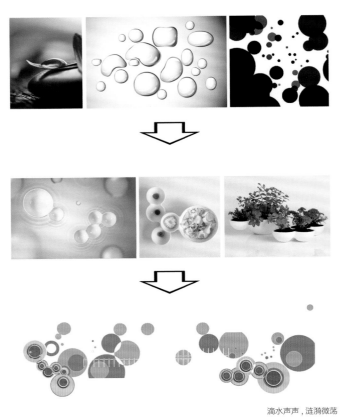

滴水声声，涟漪微荡

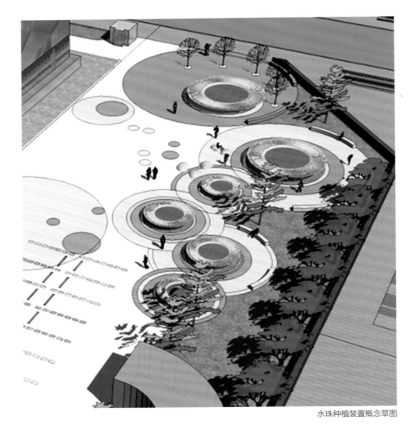

水珠种植装置概念草图

北广场效果图

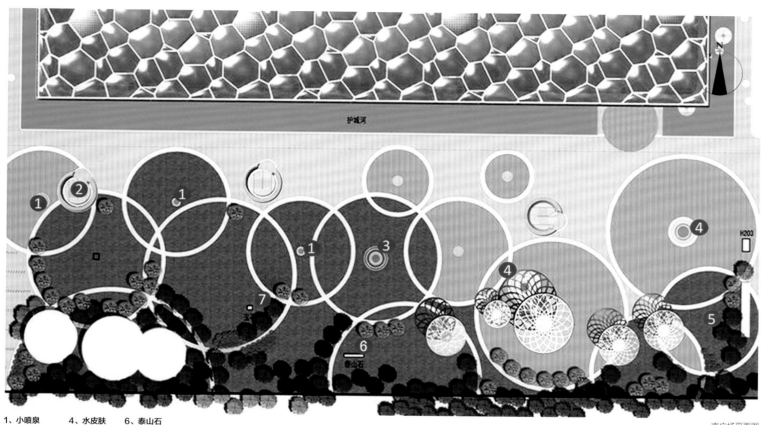

护城河

1、小喷泉　　4、水皮肤　　6、泰山石
2、地下入口　5、草坪　　　7、玉石
3、大喷泉

南广场平面图

南广场效果图

年度十佳景观设计

南京河西新城南部友谊路景观绿化方案设计
Youyi Road Landscape Greening

单位名称：中冶京诚工程技术有限公司。委托单位：南京河西新城区开发建设指挥部。主创姓名：邓涛。成员姓名：石露云、邢光超、邢飞龙、宋剑、高星。设计时间：2013。
项目地点：南京河西新城南部 / 项目规模：全长约 2.73km，规划红线宽 28 m。项目类别：城市公共空间。

设计说明：

秉持自然与生态并重、物质与文化共融、人与自然和谐共处三大理念，以基地现状和周边城市发展态势为依据，打造一个绿色滨水廊道，融合景观与文化的现代滨水公园，与周边的环境形成差异化和互补发展，同时赋予场地生态性功能，为市民提供一个放松身心、亲近自然的休闲场所。

通过合理的、可持续的土地开发策略提升河岸土地价值，使用本土生产的植栽、石材、木材等资源创造可持续性发展的河岸景观，在绿地空间设立商业赢利设施，包括商业、文化、娱乐及教育设施；加强开放空间的基础建设，尊重和改善生态环境，包括水文系统、植栽系统及动植物栖息地；加强道路与建筑之间的视觉与空间联系，建设雨水收集系统加强土壤的保水性，通过环境标示的引导与解说作用，吸引人们进入公园的天然空间。

植物配置体现四季分明、季相丰富的气候特征，树种规划强调乔、灌、草的多层次布局，强调秋色叶所占的比重，实现春花、夏荫、秋叶、冬枝的植物景观。采用绿化空间序列的营造，各区分别体现明显的季相植物景观，即横向上体现春夏秋冬四季植物的特征，纵向上穿插常绿和季相持续时间长的植物，使得四季植物景观柔和地渐变，相互独立的季相植物有机联系起来。

友谊路效果图

道路是地区发展的命脉、是一个城市的血脉，也是人们相互交往的纽带。城市的沟通需要道路来连接，有两道的道路景观直接反映了一个城市的精神面貌；城市道路景观间接地影响到开车人、行人工作生活的精神状态。因此，道路景观的好坏与否与人民群众的生活息息相关。在设计的时候考虑到城市道路景观主要组成部分，设置了硬质广场、小型构筑物等硬质景观，植物配置在创意的同时也考虑到当地的环境条件，以及附属配套：街具（坐凳、指示牌、垃圾桶等）、街头小品等。好的道路景观应该具备舒适性、生态性、人文性等特点。

采用城市设计的手法，以自然生态为背景，以弘扬南京历史文化和时代精神为目的，因地制宜充分利用优势条件，构建完整的滨水空间，完善整个城市的公共空间关系。

友谊路实景

友谊路断面

设计要求景观优先，同时满足道路与休闲绿地的建设要求，优化各功能片区的景观结构，充分发挥该区块在整个城市绿地系统中的重要作用，使友谊路成为河西的主要城市绿地，成为集文化活动、休闲观赏于一体的综合活动场所，体现河西城市风貌，使之成为河西的景观长廊，体现"城在园中，水在城中，楼在绿中，人在绿中"的人文精神，由此带动周边区块的环境层次和质量的提高。

友谊路的存在就是为了提升南京河西南部形象，迎接青奥会的召开，充分展示了南京河西的人文性。项目在业主的支持下顺利完成，也为将来整个河西南部的总体市政规划打下基础。

友谊路实景

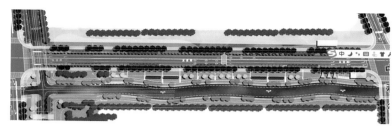

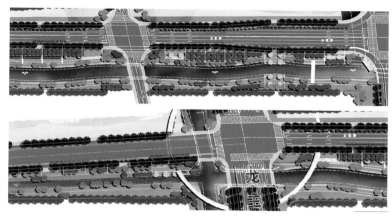

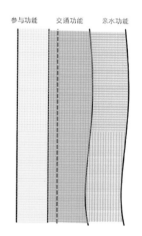

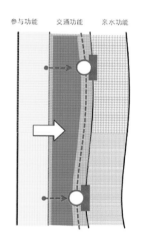

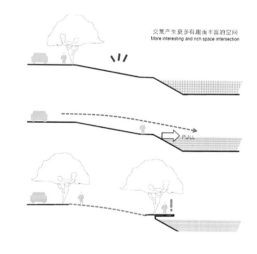

交集产生更多有趣丰富的空间
More interesting and rich space intersection

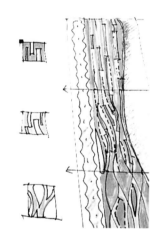

年度优秀景观设计

张家楼特色小镇综合环境设计

Zhangjialou Town, Qingdao, China

单位名称：青岛市原创工程设计有限公司。委托单位：青岛市黄岛区张家楼镇政府。主创姓名：刘海洲。成员姓名：刘琛、李宁、孙丽媛、张婕琼、彭际源、王道兵、曹忠元。
设计时间：2014。项目地点：青岛市黄岛区。项目类别：小城镇综合治理。

设计说明：

　　设计结合产业特色，体现地方特点。从张家楼镇的地方产业特色出发，以蓝莓入手，创造极具特色的"产业—景观"相结合的环境体验，以生态带动产业，以产业反哺生态，具有健康可持续的发展前景。

　　设计结合自然生态，创造多变空间。拓展传统天人合一的理念，挖掘地方特色，以自然景色为景观湿地的主调，将原有的景观地形、水系、树林改造、整合，通过不同的手法展现岛、水、树的概念，将整个环境融入大自然中。设计充分体现人与自然的和谐、岛与水的融合，创造出富于趣味的空间；利用移步换景的手法，以不同高差的观赏点和多条观景视线轴的设置，依据疏密有致的原则布置景观，使整个湿地景观的流线更富趣味。

　　设计结合现状，注重经济实用。河道环境提升最重要的一环就是对现状地貌和生态的保护，使设计对生态环境的干扰降到最低。因此有必要将现状环境把握清晰，遵循可持续生态原则的同时，达到经济实用的效果。

　　种植设计原则：① 充分利用现状植被。现状植被最符合本土生态系统，以此为基础的植被重建更利于生态修复的进行。② 适地适树与合理搭配。充分考虑到不同生境条件下，植物树种的选择和搭配，可以营造更好的景观效果以及减少维护成本。③ 完善植物生态系统，建立免维护生态景观。合理安排乔、灌、草的搭配模式，让植物景观自发地完成生态修复和景观可持续性发展，尽量形成免维护的生态景观。④ 以生产性园林为特色。在外围的密林组合区域以生产性果树为背景林，例如：柿树、蓝莓、樱桃、板栗等，通过合理的区段划分搭配，做到可观可赏，也能够产生良好的经济效益。

河道景观效果图

小镇入口效果图

河道景观平面图

艺术广场鸟瞰图

城镇改造实景图

年度优秀景观设计

攀枝花市金沙江大道东段景观改造

Landscape design of Jinsha River East Road in Panzhihua City

单位名称：西南大学园林景观规划设计研究院。委托单位：攀枝花市林业局。主创姓名：张建林。成员姓名：罗爱军、李圆圆、邢佑浩、于世祥。
设计时间：2012。项目地点：攀枝花市。项目规模：约 10 km。项目类别：道路绿化景观规划设计。

设计说明：

攀枝花金沙江大道是 20 世纪 60 年代攀枝花建市之初修建的唯一一条沿江交通干道,它是连接攀枝花火车站、市中心区和攀钢的纽带。近年来,攀枝花市提出将攀枝花打造成"阳光生态旅游度假区",逐步实现由"钢铁之城"向"旅游之城"的转型,在此背景下我们对金沙江大道东段开展了景观改造设计。

大道东段地处攀枝花市东区与仁和区连接处,沿金沙江南侧延伸,规划用地范围内最高海拔 1028 m,最低海拔 999 m,与金沙江最大高差约 40 m,最小高差约 15 m,起于阿基鲁大桥,止于倮果桥,全长约 10 km。山体、金沙江、植物、建筑、桥梁等现状要素,构成了大道东段不同的景观视觉的主体。在空间感受上,靠山一侧多为内向型空间,临江一侧受植物及建筑影响以外向型空间为主,内向型空间为辅。

根据大道的自然山水格局和植物景观现状,设计将城市的性格、金石文化融入道路景观,显山露水,突显"花枝丹霞喜迎宾,魔石绿链伴金沙"的文化主题。提出规整与自然相结合的设计模式,于有限的用地条件下实现景观资源的可持续利用;于自然山水之间创造丰富的植物空间,实现生态格局的可持续发展;融合攀枝花悠久的历史文化符号,实现文化脉络的可持续发展,整体形成"三段,五节点"的道路景观结构。"三段"分别为"迎宾序曲"—"渐入佳境"—"花城胜境",意在用循序渐进的景观与文化对入城者进行引导;"五节点"自入城方向依次为"锦凤迎宾"、"砚石生花"、"山花野趣"、"金果花浪"、"铁花溢彩",分别根据攀枝花特有的植物资源以及历史人文资源应情应景进行打造,如串珠般点缀在大道东段绿带之上。以此营造出大气舒展、山水相融、刚柔并济的城市景观大道。

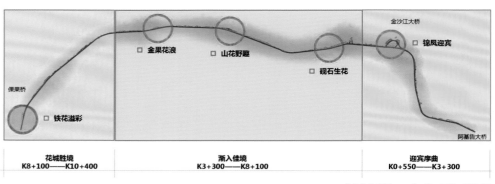

总体结构布局——"一带,三段,五节点"

景观实景

| 规整 | 自然 | 规整 | 自然 | 规整 | 自然 | 规整 | 自然 | 规整 |

木棉、芒果　　常绿落叶混交林：　　　　　　　　芒果　　　　　　　　　　木棉
　　　　　　　木棉、凤凰木、芒果、小叶榕、橡皮树等　（小叶榕是针对阿基鲁大桥至　（小叶榕是针对阿基鲁大桥至
　　　　　　　　　　　　　　　　　　　　　　　　高速路出口段）　　　　　高速路出口段）

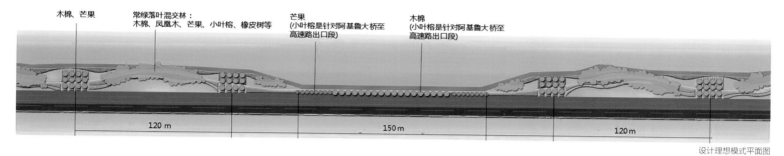

120 m　　　　　　　　　　　150 m　　　　　　　　120 m

设计理想模式平面图

设计理想模式地被图

自然山体　排水沟　车行道　　　　游步道

设计模式 1-1 剖面图（木棉／芒果）

设计模式立面图（木棉／芒果）

设计模式立面图（小叶榕／木棉）

年度优秀景观设计

融易大厦景观设计
Rong Yi Square Landscape Design

单位名称：惠州市风艺园林景观设计有限公司。主创姓名：郑艺坛。成员姓名：郑晓慧、李洁云、林颖杰。
设计时间：2014。项目地点：东莞松山湖高新区。项目规模：20 000 m²。项目类别：广场设计。造价：500 万元。容积率：1.797%。

设计说明：

设计理念——"蝶恋花"。

"独抱浓愁无好梦，夜阑犹剪灯花弄"，李清照的一首《蝶恋花》，道出了爱情中种种的难离难舍。

建筑为蝶，景观为花，蝴蝶与鲜花的天作之合成就了这座辉煌的广场景观。以蝴蝶对鲜花的爱慕、鲜花对蝴蝶的依恋，向世人安静讲述广场的现代爱情故事。

融易大厦——东莞市首座生态智能写字楼，位于松山湖高新区两岸生物技术产业合作基地内，由广东融易创业投资有限公司投资开发。规划总面积 20 000 m²，总建筑面积 45 155 m²；大厦层高 19 层，约 90 m，由一座塔楼和两座群楼构成，整体建筑外观宛如一只翩翩起舞的蝴蝶，处处洋溢着灵动生机。

整体园区设计，我们以"花瓣"为设计主基调，通过将不同形态的"花瓣"相结合，以呼应"蝶恋花"这一设计主题。设计上，着重呈现广场前的视觉效果与体验感受，在主入口处设计花状跌水景观，借此与蝶状建筑相结合；广场两侧阵列树池与景观灯柱更添加了广场的时尚大气。

此外，不仅从平面上运用"花瓣"，更从立面上将"花瓣"运用到极致。如景墙、园区里的软装、灯具等，都融合了设计理念，使得处处节点皆有故事，让在这片区里面工作休闲的人群，时刻拥有各式各样的感官享受。

广场效果图

平面图

鸟瞰图

年度优秀景观设计

山西浑源一德街景观设计
Yide Street, Hunyuan, Shanxi Provice, China

单位名称：北京纳墨园林景观规划设计有限公司。委托单位：凯德世家股份有限公司。主创姓名：郭鹏、闫洪勇、李秋雨。成员姓名：王胜男、谢荣展、聂亚丽、张丽云、程涛。
设计时间：2014。项目地点：山西浑源。项目类别：城市公共空间。

设计说明：

无论对于一德街项目还是对于纳墨团队，这都是一次非常规的设计。在原有规划及建筑设计已经完成的基础上，现场进入建筑主体施工阶段后，纳墨以景观设计团队的身份介入项目，对项目进行了重新审视，发现原欧式建筑形象方案与该街区旅游发展定位不符。凭借设计师的责任感与使命感，通过对项目的独立思考与科学分析，以民国风情民众商贸文化为线索和内涵，集合当地的集体记忆，提炼出"晋商往事、民间风情、浑源印象"等历史街区文化主题，并对项目建筑形象提出调整建议，以配合旅游发展定位。同时，结合本土文化挖掘与特色文博体系，完成了一德街特色文旅系统的规划与构建，为项目的可持续发展提出了新的思路和解决方案。

纳墨团队作为一德街项目后期发展的统领，在旅游核心吸引力的打造、文化挖掘的主题定位、服务设施与功能的调整与补充、建筑外立面的改造、VI系统、夜景照明、景观空间、氛围营建等方面，做了全面的统筹、设计与协调。

该规划与设计满足了当地政府的城市经营诉求、开发商的人文理想与经济需求，得到了投资者与运营商的认可，关注了游客的心理和行为体验，获得了当地居民的情感认同。

总之，关注建筑、环境、人文、心理，关注节能、环保，追求更大的社会生态可持续发展，建设融合、协调的城市公共空间，是项目规划设计自始至终的指引。上述理念在一德街项目规划设计与建设、发展中的实践，已经并且正在为项目赢得认可与关注。

驼帮文化墙

民国风情街

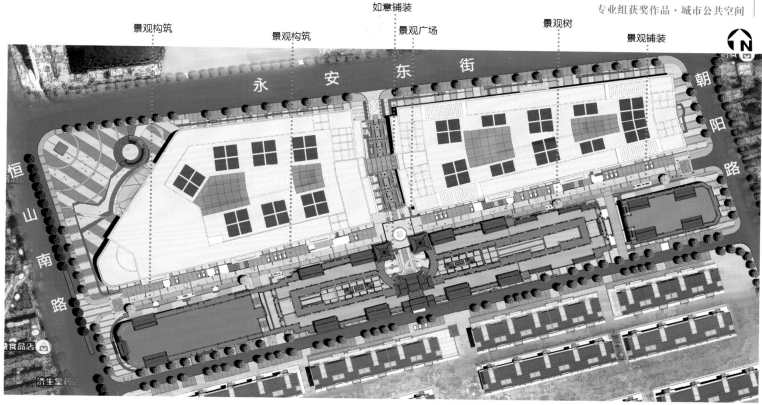

景观构筑　　景观构筑　　如意铺装　　景观广场　　景观树　　景观铺装

永 安 东 街

恒 山 南 路

朝 阳 路

总平面图

山西 · 浑源一德街特色文旅系统构建

【晋商往事】
运用圆雕、浮雕、文字、体验等形式，营造当时的商业特点和商业兴盛，展示晋商文化精髓。

【浑源印象】
步入"浑源印象"，阳光照射在柱子上出现的光影，交织在廊道中，配合柱廊上的老照片、老物件，给人留下的是那一时、那一刻的记忆。

【民间风情】
走在内街感受"民间风情"，各式各样的摆设，咖啡厅、茶舍、陈列柜、彩色玻璃、慵懒的阳光……让人感受到这是心里那一片宁静的天地。

【特色文博体系】
在建筑包裹下的，以钱庄文化、票号文化、驼帮文化、对外贸易、图章文化、美食文化等文化内涵打造细分的、差异化的晋地文化博物体系。

【传统文化挖掘】
传统文化广场作为人流汇集的特定空间，以典型的戏楼建筑风格和空间格局，形成戏曲、壁画、民俗演绎等的集聚区域，以动静相宜的形式，集中展示大浑源、大恒山文化艺术的璀璨。

转角街巷

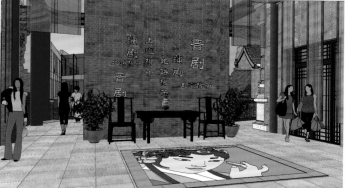

梨园戏台

特色坐凳

方言翻字牌构筑

传统行当印章梅花桩

街区入口导览标识

一德街导览牌

鸟瞰图

年度优秀景观设计

郑州滨河国际新城中央滨水商业区城市设计
Urban Design of Waterfront Recreational District Binhe New Town, Zhengzhou, China

单位名称：思朴（北京）国际城市规划设计有限公司。委托单位：中建（郑州）城市开发建设有限公司。主创姓名：李凤禹、李鸿、姚林君、乔鑫、刘来雨、王亚楠、李贺、李丹、刘朝裕、黄韬、杨迪。设计时间：2014。项目地点：郑州经开区滨河国际新城。项目规模：328ha。项目类别：城市公共空间设计。

设计说明：

滨水周边地区是城市最活跃的地区，是充满发展潜力的公共活动的焦点之地。

项目位于郑州市经开区核心区，西连机场高速，东接四港联City大道，交通便利，潮河从基地经过；正在修建的两湖一河将极大提升本项目的景观价值。

在"中部崛起"和"一带一路"的国家战略背景下，当地政府提出建设滨河国际新城的战略目标，并希望通过国际视野的城市设计提升本项目所在地的城市品质和整体形象。思朴国际（SPD）项目团队联合美国密歇根大学、北京建筑大学共同开展了国际滨水城市设计工作营，提出了不同情境的城市设计思路和方案，并在此基础上，提出"中央文化水廊，丝绸之路客厅"的项目愿景，并制定了5大城市设计策略：

链接：创造轨道交通站点与滨水空间之间的无缝连接。

渗透：创造以滨水空间为纽带渗入社区的绿色开放空间系统。

交互：创造连续、多样、包容、可参与的序列空间和场所。

筑境：创造一系列精彩宜人的城市人文场所。

增益：创造灵活、弹性、高收益的项目分期开发。

城市设计与景观设计聚焦在文化传承、可持续性、公共活力三个方面，通过商业业态、空间尺度和肌理、开放空间、建筑形态、景观风貌和交通动线的系统设计，优化了控规的土地利用，形成了文化舞台、艺术天地等一系列丰富多彩、引人入胜的城市场所和公共活动舞台，并在滨水空间的两侧尽可能塑造适合公众使用的运动、生态、娱乐、文化等休闲空间，聚集人气和形成城市魅力，提升周边地块的物业价值和生活品质。

设计中关注并考虑可持续的生态林地净化景观功能，考虑到郑州水街为人工引水，且水量较小，在设计中将灰水回收，收集自然净化雨水，减少饮用水的浪费，通过生态林地过滤系统整合水街周边活动场所，创造"活力、美观、洁净"的生活环境，营造丰富多样的滨水岸线。

水街商业人视效果图

滨水商业夜景效果图

A 区—商务休闲港

- Ⓐ1 内港精品购物中心
- Ⓐ2 酒店综合体
- Ⓐ3 国际公寓社区
- Ⓐ4 国际公寓社区
- Ⓐ5 国际公寓社区
- ⓐ1 内港水庭

B 区—文化庆典广场

- Ⓑ1 Ⓑ2 时尚岛
- Ⓑ3 艺术沙龙
- Ⓑ4 群艺中心
- Ⓑ5 总部花园
- Ⓑ6 创意产业园
- Ⓑ7 产业发展园
- Ⓑ8 规划展示馆
- Ⓑ9 企业会所
- Ⓑ10 站点城市综合体
- Ⓑ11 科技研发中心
- Ⓑ12 国际学校
- Ⓑ13 商住综合体
- ⓑ1 节庆广场
- ⓑ2 南岸公园
- ⓑ3 文化舞台
- ⓑ4 创意水岸

C 区—缤纷生活水廊

- Ⓒ1 生活体验馆
- Ⓒ2—Ⓒ4 缤纷商业天地
- Ⓒ5 综合运动馆
- Ⓒ6 亲子活动馆
- Ⓒ7 生态展示中心
- Ⓒ8 云数据中心
- Ⓒ9 花园社区
- Ⓒ1—Ⓒ16 运动公园
- ⓒ2 生态湿地游乐园
- ⓒ3 亲情水岸

D 区—生态艺术营地

- Ⓓ1 生态林地
- Ⓓ2 植物园
- Ⓓ3 雕塑主题公园
- Ⓓ4 农业园地

0　50　100　200m

日景半鸟瞰图

年度优秀景观设计

佛山雄盛王府广场景观设计
Xiongsheng Wangfu Square, Foshan, China

单位名称：广东森维园林股份有限公司。委托单位：南宁市园林管理局。主创姓名：肖如恒。成员姓名：胡刚、陈志斌、黄思婷、朱力、冯建翔、许宗殷、刘小玉。
设计时间：2015。项目地点：佛山。项目规模：88 670 m²。项目类别：城市公共空间。

设计说明：

该项目位于佛山商业核心地带、佛山大道和季华路交会处，占地面积88 670m²，景观设计面积为74 870m²。

项目将建设成为佛山集商业百货、饮食、办公、居住、休闲娱乐于一体的"城市会客厅"，开创佛山商业新地标，成就广佛肇黄金商圈。

整个地块的园林景观以紫薇为主题，以紫薇花蕊为景观设计概念。观察紫薇的花形，从中提取紫薇花作为项目的主要设计元素，结合建筑平面布局与造型，把建筑作为紫薇花蕊，商业外街和内街的景观空间、景观小品、水景、铺装等作为紫薇花的延续，把建筑和景观结合成一个完整的画面。在主要景观节点与视觉焦点处点缀粗壮的紫薇树，以呼应主题。

商业街效果图

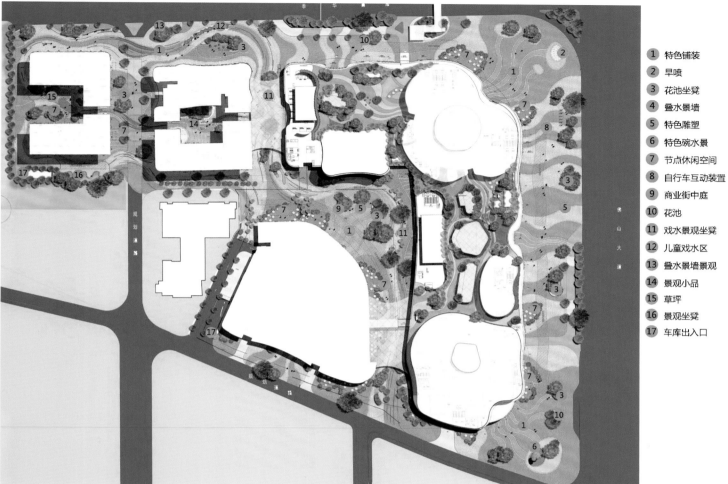

1 特色铺装
2 旱喷
3 花池坐凳
4 叠水景墙
5 特色雕塑
6 特色碗水景
7 节点休闲空间
8 自行车互动装置
9 商业街中庭
10 花池
11 戏水景观坐凳
12 儿童戏水区
13 叠水景墙景观
14 景观小品
15 草坪
16 景观坐凳
17 车库出入口

总平面图

休闲空间效果图

构建基调，彰显特色；
强调轴线，顺山依水；
细节雅致，整体大气；
婀娜多姿，各具特色；
绿化中心，绿满全道。

年度优秀景观设计

铜陵市铜芜路景观绿化设计
Green Landscape Design of Tongwu Road, Tongling, China

单位名称：华艺生态园林股份有限公司。主创姓名：杨兰菊。成员姓名：王亮、刘慧、谈雪花、孟涛。设计时间：2012。建成时间：2013 年。
项目地点：铜陵。项目规模：220 000 m²。项目类别：市政道路设计。

设计说明：

铜芜路是穿过铜陵城市中心区的一条主干道，为东西走向。道路红线宽为 50 m，设计范围道路绿线 30 m，绿化面积占地 220 000 m²。总体规划区域周边以行政办公、商业设施、居住绿地、公园用地为主。本次设计将打造一条具有铜陵特色的景观大道、文化大道、生态大道。

通过"一轴、四段、多点"的布局对该地块进行设计，利用现代的设计手法将铜芜路打造成鸟语花香、文风古朴、清雅秀丽、具有都市韵味的道路景观绿化环境。

一轴：文化轴线和景观轴线。

文化轴线由顺安河大道到白杨道，如时间隧道和历史画卷，景观轴线为润物无声的道路植物群落。

四段：源远流长（古）古秋、都市霓虹（盛）盛夏、清波溢彩（兴）兴春、蘅芷倾城（奇）奇冬。

多点：今月怀古、顺安晓月、临津驿站、荆楚风采、墨香书韵。

"临津艳艳花千树，夹径斜斜柳数行。却忆金明池上路，红裙争看绿衣郎。"铜芜路景观设计通过对铜陵本土民俗文化的深入挖掘、对现状和总体规划的充分思考、对生态与景观的充分融合，将会成为铜陵乃至皖南地区最突出的道路风景线。

项目以生态为主题，绿地和景观规划准确运用植物多样性和层次感丰富等指导原则，创造富于地方特色的景观风貌。以生态群落式为主，强调植物间的互利共生的设计原则，充分合理地发挥绿化功能。项目实施过程中，景观美化工程的成功与否在很大程度上取决于植物品种的选择是否科学合理，因考虑道路后期施工条件较为恶劣，要使绿化苗木成活必须采取相应措施，保证植物生长的必备条件。

效果图

效果图

中国古典工艺博览城景观设计

Zhong Guo Gu Dian GongYiBo Lan Cheng Jing Guan Fang An

单位名称：厦门鲁班环境艺术工程有限公司。委托单位：福建鑫隆古典工艺博览城建设有限公司。主创姓名：郑慧娟。成员姓名：陈燕娥、陈小忠、张茹燕、朱丽娟、朱品珍、许晓军。设计时间：2012.10。项目地点：福建省莆田市仙游县。项目规模：15.7ha。项目类别：商业广场。景观造价：8696万元。容积率：1.59。

设计说明：

设计主题：荟萃传统文化精髓，树立古典工艺标杆。

总体构思：仙游人文荟萃，民间艺术源远流长，享有"中国古典工艺家具之都"、"戏剧之乡"、"田径之乡"、"武术之乡"、"国画之乡"、"工艺美术之乡"等美誉。为提升"中国古典工艺家具之都"的总体形象，促进仙游经济的发展，福建鑫隆古典工艺博览城建设有限公司投以巨资，在仙游建设集商贸、旅游、休闲、集会等四大功能于一体的"中国古典工艺博览城"。

博览城坐北向南，地形分为三级台地，按建筑设计院设计，总体布局为轴线不完全对称式。城开四门，主入口设在南面。博览城园林景观分为"地面景观"和"屋顶景观"两大部分，本项目总占地面积约 159 960 m²。其中，地面景观面积约 110 690 m²；屋顶景观面积约 40 350 m²，总绿化率要求达到 25%。根据上述情况，我们考虑博览城总体应有"都城"气派，在有机融入中华传统工艺文化和仙游历史文化的基础上，力求特色鲜明，气势恢宏。

七彩园效果图

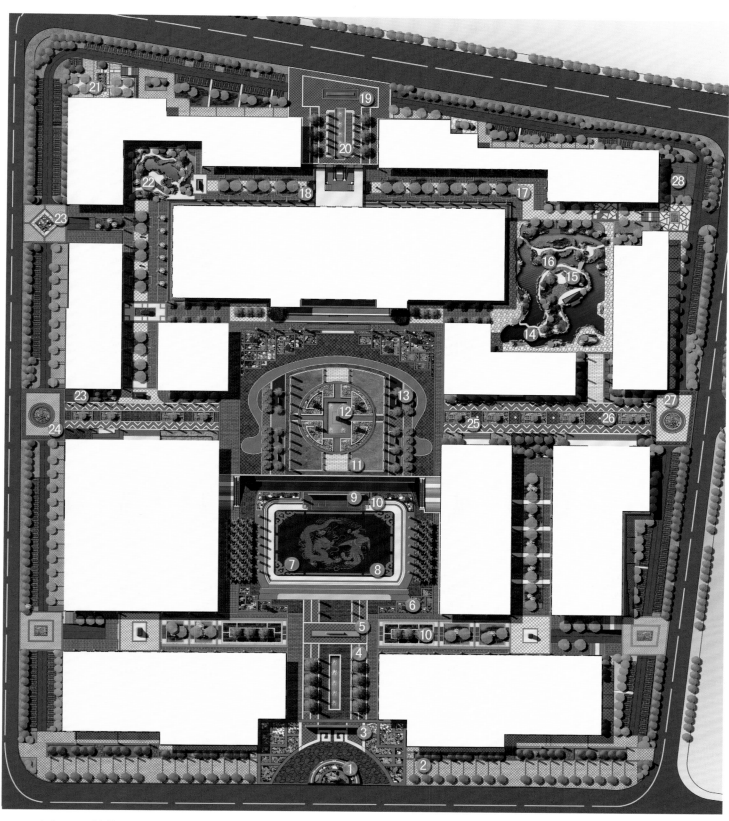

1、南入口石鼓花坛　2、景观树池　3、主入口牌坊　4、景观灯柱　　5、主入口景墙　　6、四海同尊

7、龙凤呈祥地刻　8、下沉式广场　9、露天舞台　10、太平有象　11、豆形花盆　　12、鲁班主题雕塑

13、家具史浮雕景墙　14、曲桥　15、蔡襄雕塑　16、景观亭　　17、步行街树池坐椅　18、艺术小品

19、北入口广场　20、喷水池　21、品茗区　22、郑纪雕塑　23、地下停车场入口　24、侧入口

25、特色花钵　26、地刻　27、侧入口花池　28、货车停车场

月季大道大样图

年度优秀景观设计

淄博市体育中心环境景观设计
Environment and Landscape Design of Zibo Sports Center

单位名称：淄博市规划设计研究院。委托单位：淄博市体育中心建设办公室。主创姓名：王庆华、李百臣。成员姓名：王永军、房荣、李晓道、张呈鹏、裴慧慧、范文升、刘永泽、刘洪进、孙伟。设计时间：2008 年。项目地点：淄博市张店区。项目规模：70ha。项目类型：城市公共空间。造价：11600 万元。容积率：0.15。

设计说明：

淄博市体育中心总占地面积为 69.92ha，是一处包括体育场、综合体育馆、游泳跳水馆三个独立建筑体的全民健身主题公园。以育一路为界，北侧为体育中心一、二期范围，主要举办竞技比赛项目。

为了满足全民健身的功能，南侧为三期范围，借助新区景观水系，形成以水为载体的健身休闲空间。

淄博市体育中心环境建设遵循上位规划中"三带"的空间建设指导原则，形成"一心、两轴、三圈层"的鲜明空间结构。

交通组织遵循方便快捷、合理有序的原则，分析外围交通道路、停车场及人流方向，使不同人群在最短距离进入场区，避免人流车流交叉。

景观设计遵循"建筑展示第一，环境空间展示第二"的基本原则。在统一合理的整体空间结构之中，通过四条带状空间打造一处全民健身休闲的场所，即流动的景观带、活力的运动带、丰富的水岸带和适龄的休闲带，并充分体现"人文、绿色、生态"的主题。

该项目是对文化景观策略的运用及对城市新形象的构建，在设计和建设过程中以"功能最全、质量最优、投资最省"为目标。

如今建成后的体育中心，处处彰显"运"动之美，这种美来自自然，来自建筑，更来自那些运动的人们，它已经成为一处地标融于城市之中。

水岸长廊实景

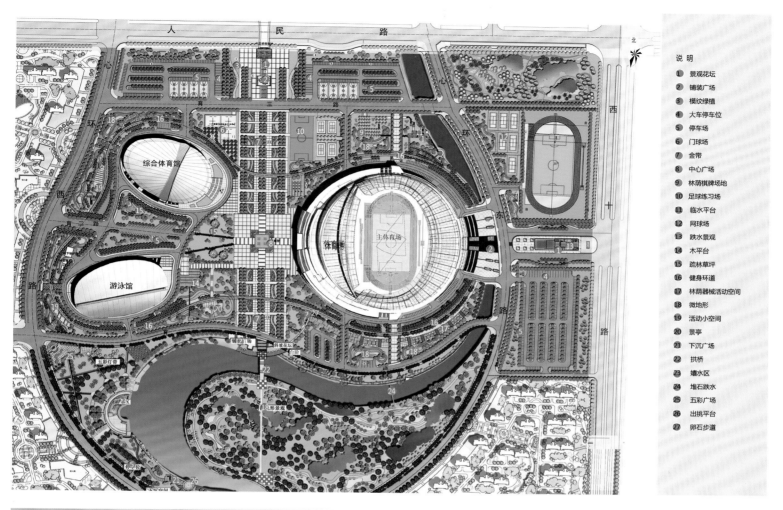

说明
① 景观花坛
② 铺装广场
③ 模纹绿植
④ 大车停车位
⑤ 停车场
⑥ 门球场
⑦ 金带
⑧ 中心广场
⑨ 林荫棋牌场地
⑩ 足球练习场
⑪ 临水平台
⑫ 网球场
⑬ 跌水景观
⑭ 木平台
⑮ 疏林草坪
⑯ 健身环道
⑰ 林荫器械活动空间
⑱ 微地形
⑲ 活动小空间
⑳ 景亭
㉑ 下沉广场
㉒ 拱桥
㉓ 嬉水区
㉔ 堆石跌水
㉕ 五彩广场
㉖ 出挑平台
㉗ 卵石步道

临水效果

年度十佳景观设计

长春市南部新城光明公园景观设计

The Landscape Planning and Design of the Theme Park of Guangming,Changchun

单位名称：华东建筑设计研究院有限公司华东建筑设计研究总院 。委托单位：长春市吉盛伟邦投资有限公司。主创姓名：查君。成员姓名：寇志荣、陈希玮、邓怀宇、戴光笠、黄元圣、刘晓文。设计起止时间：2014.6—2014.12。项目地点：长春市南部新城。项目规模：31ha。项目类别：公园设计。

设计说明：

该项目位于吉林省长春市南部新城以北地块，范围东至人民大街，西至新明街，北至盛世大路，南至四环路，总占地面积 31ha，其中水面面积 15.3ha。北距长春市政府 1.4km。基地生态环境良好，水库水质优良，南侧植被茂盛。 东北侧为洼地，现状为高草湿地。基地地形起伏不大，整体地势南北高中间低，大部分基地坡度位于 8% 的范围内，适宜进行开发建设。

本案明确了建成"主题性、体验性都市公园"的总体目标，公园未来的活动类型主要确定在体育运动、文化艺术和亲子互动三个方面，通过建构新区绿心、活力地标来为区域汇聚人气，起到示范带动作用，希冀打造区域范围内的全时段活力公园。

考虑用地北侧的公园功能与用地南侧综合体功能有机整合，形成整体，设计运用"活动联动、形态联动"的设计策略，并用专业的空间多样构成、功能错位组合、动线分类梳理的方法将用地形态完整呈现，并逐步获得了业主的认可。目前设计市场高素质业主的诉求已不止于形态层面，设计单位必须要有更多元更广阔的知识面，从各个层面替业主出谋划策，在协调好各种关系之后，最终再通过良好的形态来表达这种复杂的综合诉求。

栖霞台效果图

涵芳桥效果图

光明公园总平面图

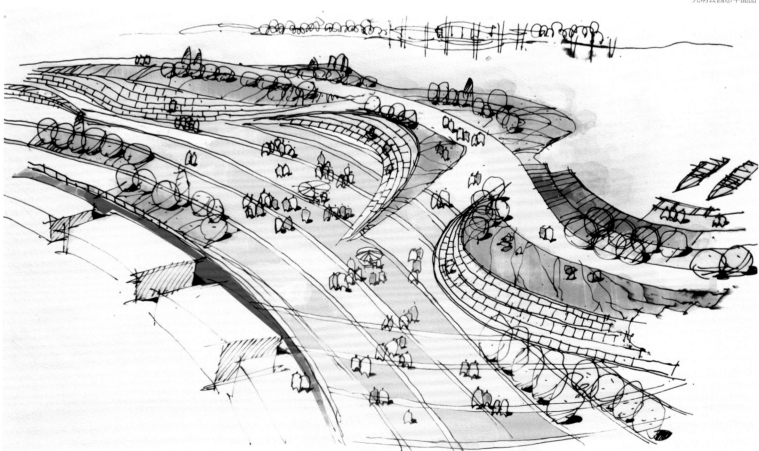

滨水极限运动场手绘效果图

文化交流中心效果图

单车驿站效果图

名人月季园效果图

爱情水晶公园

门头沟新城滨河森林公园工程设计
Mentougou Newtown Riparian Forest Park

单位名称：华诚博远（北京）建筑规划设计有限公司。委托单位：北京市门头沟区园林局。主创姓名：梁云。成员姓名：梁云、吴云鹏、方晋、朱振亚、王萌、梁瑞昕。

设计说明：

新城中心公园位于门头沟新城东侧，原是永定河河道，后经永定河改道及河道的填挖，形成了现状大沙坑的格局。原有沙坑南北两段植被分布不均，并且被阜石路西延等道路贯穿，区域内没有一个完整的路网系统。沙坑南段现状为垃圾填埋区，周边植被矮小，并且崖壁裸露，容易形成塌方，是需要重点治理的区域。

新城中心公园在原有绿化的基础上进行提升改造，通过丰富绿化景观，减少城市建设干扰的强度和频度，增加绿地保护措施，增加城市公共绿地及其景观效果，形成"林水相依"的城市风景线。

新城滨河森林公园的自然风光经由人工塑造形成"都市森林"。七个特色鲜明的节点相连，便于当地市民辨别。游客可以徜徉在公园内尽情游玩。公园的设计基于一些简单原则。第一，目前仍有大量闲置绿地的城市公园应尽快提供一个全方位的游园体验。第二，公园要充当老城区和周边郊区间的物理及社会纽带。这就关系到项目、项目路线以及当地居民。基于综合分析，引领新城滨河森林公园空间组成及功能结构的五大主旨由此形成，它们分别是：整体优化、景观多样性、公园个性、遗留地保护及服务综合性。

公园中一条宽 4 m 的道路是项目场地主要的道路，间插二三级步道，每条步道的两侧都设有一系列的座椅休憩区，各类观赏花园也沿边而建，这些设施都能够为步道上来来往往的人们带去愉悦的心情。

依据公园相关水文资料及场地现状分析，在场地竖向基本关系不变的基础上，间插性地改造提升现有林地结构，使其构成丰富的景观空间。

定都阁周围效果图

入口广场效果图

龙口湖森林公园效果图

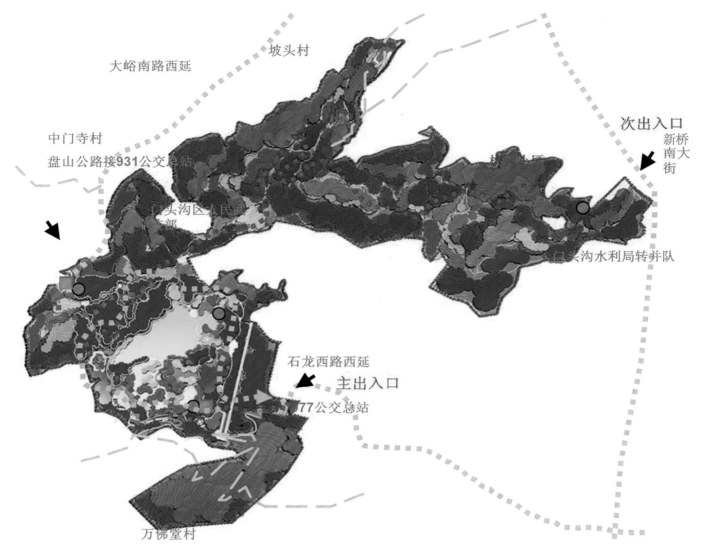

大峪南路西延
坡头村

中门寺村
盘山公路接931公交总站

门头沟区人民政府
部

石龙西路西延
主出入口
977公交总站

万佛堂村

次出入口
新桥南大街

门头沟水利局转并队

定都阁周围效果图

年度十佳景观设计

江西省 S306 红修线 "畅安舒美" 示范公路工程

Jiujiang S306 Hongxiu Line "Chang Anshu Mei" Highway Demonstration Project

单位名称：中交第一公路勘察设计研究院有限公司 & 江西省公路科研设计院。委托单位：九江市公路管理局。主创姓名：张博、仝晓辉、高磊。成员姓名：王斌、赵堃、刘思雨、王明玄、刘晓宁。设计时间：2014。项目地点：江西省九江市。项目规模：130.9km。项目类别：风景区、旅游区规划。造价：1415 万元。

设计说明：

"百程红修通衢畅，一路美景车行安。"

总体理念：项目以构建"畅、安、舒、美"的公路交通环境为目标，结合沿线的自然环境条件，充分挖掘路域文化，采用"红"、"绿"、"古"本土文化元素及符号，以"绿色永修、生态西海、山水武宁、红色修水"为主题，采用"珠链式"设计理念，积极营建文化走廊、生态廊道，全力打造一条"功能完善、自然和谐、路景交融，宜行宜游"的文化、生态、旅游风景线。

工程特点：本项目被列为 2015 年江西省"十二五、迎国检"重点项目，是在原有省道基础上的改造提升工程。结合项目特点，为加强公路项目总体管控，提高设计和施工质量，积极探索公路项目管理模式，九江市公路管理局创新思路、积极探索，在景观工程中率先采用了设计施工总承包模式，该模式的采用在江西省公路系统尚属首次。

工程体会：① 凸显了公路"三个服务"综合功能。② 融入了公路文化和乡土、旅游及法治文化元素。③ 增强了公路承载力和影响力。④ 总结了国省公路改造提升设计指导理念，提出了以经营理念进行后期管养的模式。⑤ 提升了以设计为龙头的总承包作用，探索了设计施工总承包管理模式。

本项目景观工程实施以"串联山水生态，印象路域风光"为思路，从路况水平、服务水平、通达水平、路域环境等多方面改造提升，最终营造出"路在林中展、河在路边流、车在景中行、人在画中游"的公路新景观。

七星岛观景台实景

项目起点实景

西海观景台实景

武宁县界实景图

项目终点实景图

风雨廊桥实景图

舒美亭实景图

西海观景台实景图

年度十佳景观设计

扎尕那旅游景区重点区域修建性详细规划

单位名称：四川旅游规划设计研究院。委托单位：甘肃迭部县旅游局。主创姓名：顾相刚。成员姓名：董思雨、索林军、汤成明、刘异婧、陈峰澜、罗天牛、杨维凌。
设计时间：2015。项目地点：甘肃省甘南州迭部县。项目规模：442 ha。项目类别：景区设计。

设计说明：

扎尕那旅游区地处四川与甘肃交界处的青藏高原东部边缘，位于甘肃省甘南藏族自治州南部，四川省若尔盖、甘肃省迭部和卓尼两省三县交界区，地理位置介于北纬33°39′—34°20′和东经102°55′—104°05′之间。本次修建性详规主要针对扎尕那核心景区中扎尕那藏寨文化体验基地、益哇入口综合服务区，规模442 ha。

以世界自然与文化遗产的高度认识和保护扎尕那，以"一步登天"与"三高"（高位谋划、高端开发、高效利用）的要求开发扎尕那，以打造国际旅游目的地为目标构建扎尕那旅游产品体系，形成集藏寨村落文化观光体验、世界级山地观光体验、山地度假于一体的特色突出、垄断力强的旅游产品体系，融进甘肃旅游大盘子，共建藏羌彝旅游大区域、沟通甘青川旅游大环线、拓展国际国内大市场，将扎尕那景区建设成为甘南旅游新名片、甘肃旅游大景区、藏区实现现代化的样板项目、国内知名的国际级旅游目的地。

扎尕那是大自然赠予我们甘肃甘南美丽土地的一颗宝石，一个独立遗存的地貌景观，经历了万年的寒风急雨，塑造了扎尕那铮铮铁骨；山坳缓风的轻轻柔肠，造就了钢筋清风的藏家情长。如何利用和开发好这个屹立在甘肃神奇土地上的景观，是我们面临的问题，正确而深刻地认识扎尕那自然与文化资源，在严格保护扎尕那"天人合一"的藏寨村落自然环境的基础上，充分借鉴国内外先进理念整体开发扎尕那，尊重扎尕那藏寨村落的原有肌理，采用"落架重建、修旧如旧"的原生态建设理念，还原扎尕那藏寨古朴自然的古村氛围，为世人呈现原汁原味的扎尕那藏寨风情。

村寨效果图

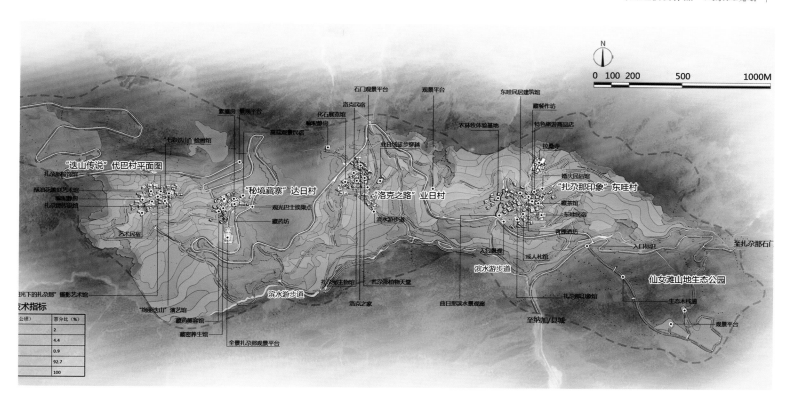

"迭山传说"代巴村平面图

"迭山传说"代巴村

酥油花雕贵艺术馆

藏族游房

扎尕那根宗馆

艺术民宿

"晚下的扎尕那"摄影艺术馆

"绚丽迭山"演艺馆

藏药美容馆

藏密养生馆

全景扎尕那观景平台

技术指标

公顷)	百分比（%）
2	
4.4	
0.9	
92.7	
100	

毡帽房 景观平台

景观平台

高峰观景民宿

"秘境藏寨"达日村

观光巴士接乘点

藏药坊

扎尕那生物馆

洛克之家

石门观景平台

化石展览馆

骗骑游房

洛克民宿

业日线证步穿越

"洛克之路"业日村

滨水游步道

扎尕那柏物天堂

曲日那滨水景观廊

滨水游步道

观景平台

东哇民居建筑馆

藏餐作坊

农林牧体验基地

特色旅游商品店

拉墓寺

"扎尕那印象"东哇村

婚庆民俗馆

藏茶馆

东哇民宿

青梅书店

入口景观

成人礼馆

扎尕那阳源馆

至纳加/县城

至扎尕那石门

仙女滩山地生态公园

入口标识

生态木栈道

观景平台

村寨效果图

村寨效果图

村寨效果图

村寨效果图

湖北桃源村旅游规划与景观设计
Taoyuan Village, Guangshui, Hubei Provice, China。

单位名称：北京纳墨园林景观规划设计有限公司。委托单位：湖北省广水市武胜关镇政府。主创姓名：张华、薛涛。成员姓名：李秋雨、王胜男、沈晨、胡洋。设计时间：2013-2015。项目地点：湖北省广水市武胜关镇。项目类别：风景区规划。

设计说明：

桃源村位于湖北省广水市武胜关镇境内，2013 年该村作为广水市首批新农村建设试点村开始建设以来，先后荣获全省首批"绿色幸福村"试点示范乡村、全国"美丽乡村"创建试点、湖北省休闲农业示范点和荆楚最美乡村等诸多殊荣。

桃源村规划方案以景观先行和遗产活化的战略视角，积极探索传统村落的保护与活化手段，并结合自我经营与管理体制的创新，在恢复和发展桃源村多样化的生态环境与人文风貌、遏制"空心化"和限制"过度商业化"的极端发展等方面，提出了新的思路与经验总结。

纳墨团队在 2013 年初介入项目，为桃源村计划构建了完整的"生态基础设施"系统，并在此基础上围绕"地脉、文脉、人脉"三个清晰的脉展开规划与设计。通过细致调研，整合历史、文化痕迹和日常生活印迹，提炼乡村聚落中的文化微差，将农事、节事、民俗、休闲、养生和拓展等情境体验，在三年的时间里逐步且有计划性地融入景观系统建设中。桃源村的设计，是在梳理了一个健康的乡村基底的前提下，为其注入文化灵魂内核，给予它无限种发展可能，让乡村恢复自然乡土风貌，获得好的发展机会，适度指引，自主生长。

纳墨团队将桃源村的规划与设计总结为"无为的设计"。这是一种"乡村感觉"的具体化，是基于纳墨团队综合且丰富的设计实践经验、对乡村遗产保护与活化的深刻理解以及三年来对于乡村的情怀和感悟，找到的一条乡村规划与设计之路。

大成寨观景点

桃源石碑

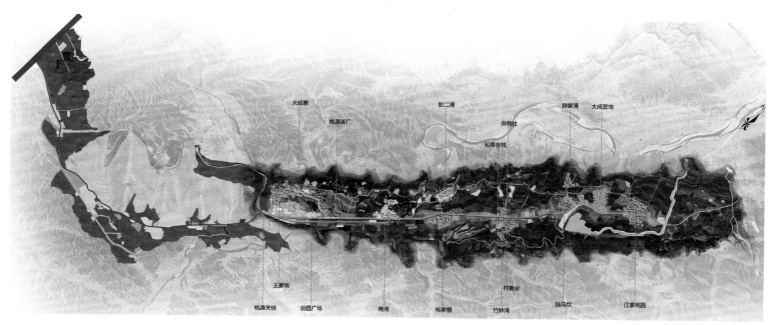

大成寨　桃源茶厂　彭二湾　陈家湾　大成营地
知青客栈　供销社
王家场
桃源关棣　田园广场　南湾　杨家圈　竹林湾　陆乌坎　江家桃园
村委会

总平面图

发展构想分析

立足桃源村交通便利的区位优势和山、水、村、田、林结合的生态优势，借力"鄂西生态文化旅游圈"的发展契机，坚持以生态为基础，以文化为灵魂，以居民为核心，以功能为中心，以古屋为重点，以道路为骨架，以生态文化旅游的发展，推动生态环境资本化、货币化、收益化，文化资源产品化、农业服务业化，实现农村生产、生活、生态的"三生共赢"。

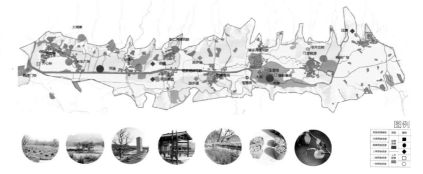

旅游资源分析

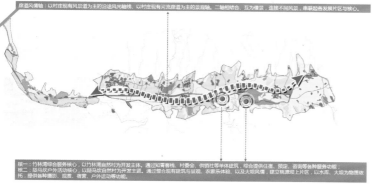

空间结构分析

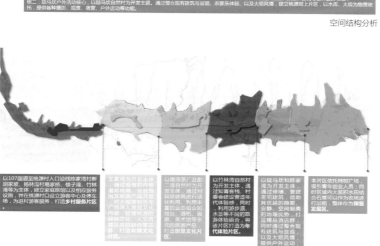

旅游功能分区

桃源院落实景照片

073

水车广场设计图

桃源关楼效果图

林间休憩空间设计图

桃源河道实景照片

桃源河道设计图

桃源石屋

人气集聚的桃源

桃源小景

游客中心效果图

桃源河边

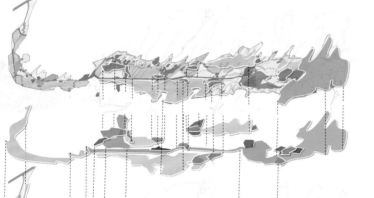

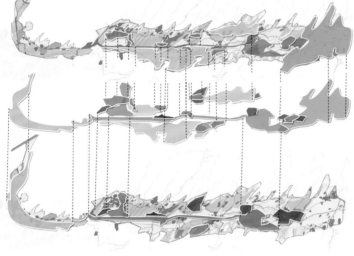

桃源戏台效果图

桃源村委会效果图

生活区
生产经营区
生态保育区
保护区

观赏区
体验区
服务区

生态功能区分析

漫步道观景点

亿利国际生态岛项目规划概念设计方案
Elion International Eco Island

单位名称：厦门高格桥梁设计研究中心。委托单位：亿利资源集团金威建设集团有限公司。主创姓名：刘谦、黄琳、柯天赐。成员姓名：黄琳、柯天赐、孙翔、庄彩虹、俞小兰、谢冰冰、余锦城
设计时间：2015。项目地点：天津滨海中新生态城。项目规模：83 ha。项目类别：公园规划、景观及建筑设计、旅游产品及商业模式策划。

设计说明：

垃圾填埋场的盐碱地，该打造什么样的公园？

1. 发挥企业生态修复技术，将黑土变绿地。变废为宝，以旅增值，打造生态环境修复博览园。

2. 以"生态修复"为中心理念，以低碳科技为技术手段，依托并突破现有资源，打造全新的、高人气的、强调生态科技特色的国际化旅游产品。

3. 创新项目模式，实现企业建设管理与旅游发展的双赢模式。引入相关企业参与公园的旅游建设与管理，吸引游客，同时企业依托该人群资源，以公园为平台，实现企业文化、企业产品的展示与宣传。企业与大众均从中受益，因此形成良性循环。

4. 竖向设计采用高差变化的地形处理，可增加公园的总体景观效果，同时竖向变化可解决抗盐碱绿化的问题。为了解决土方问题，采用下沉掩土式建筑形式，可减少回填土方50%，使土地达到挖填平衡，大大节约造价，提升景观效果。

四季博览园以"春夏秋冬"为设计索引，构建四个别具特色的园区，围绕"生态修复"的亿利核心思想，从不同的领域展示科技节能作品，倡导低碳环保的城市建设理念。四季博览园导入"企业管理"模式，吸引各个相关领域的企业参与公园建设与管理，同时公园作为企业的展示基地，成为企业文化与产品的重要宣传窗口。

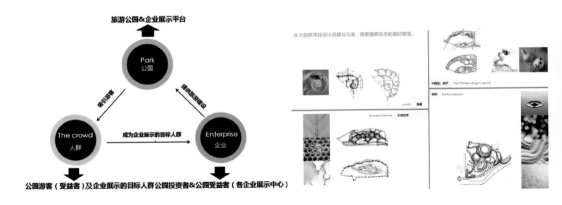

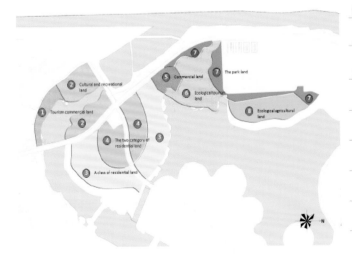

旅游商业用地 TOURISM COMMERCIAL LAND	面积 公顷 AREA HA.
旅游商业用地	4.6 HA
文化娱乐用地 CULTURAAND RECREATIONAL LAND	面积 公顷 AREA HA.
文化娱乐用地	14.5 HA
一类居住用地 A CLASS OF RESIDENTIANL LAND	面积 公顷 AREA HA.
一类居住用地	28.3 HA
二类居住用地 THE TWO CATEGORY OF RESIDENTIAL LAND	面积 公顷 AREA HA.
二类居住用地	16.5 HA
商业用地 COMMERCIAL LAND	面积 公顷 AREA HA.
商业用地	4.13 HA
生态旅游用地 ECOLOGICAL TOURISM LAND	面积 公顷 AREA HA.
主态旅游用地	21.27 HA
公园用地 THE PARK LAND	面积 公顷 AREA HA.
公园用地	65.08 HA
生态农业用地 ECOLOGICAL AGRICULTURAL LAND	面积 公顷 AREA HA.
主态农业用地	15.8 HA

Gu Dao River

Animation City

Fang Te

Sewage Treatment Plant

Lake Placid

Su Yun River

Residential land

总平面图

一主轴:
A spindle

旅游观光 Tourism axis

三片区:
Three Area

环境修复展览园
Environmental Restoration Fair Park

生态教育现代农业观光园
Agricultural Sightseeing Garden

生态环镇主题体验园
cological theme park experience

多节点:
Multi-Node

梦幻童话时光
Fantasy fairy tale time

生态酒店
Eco Hotels

环境修复展览园（四季）
Environmental Restoration Fair Park

综合游戏区
Comprehensive games area

绿色商业水街
Green Commercial Street

温室博物馆
Greenhouses Museum

农谷科技院
Agricultural Science and Technology Museum

快乐农庄
Happy Farm

古环境博物馆
Paleoenvironmental museum

云农庄
Cloud Farm

结构分析设计

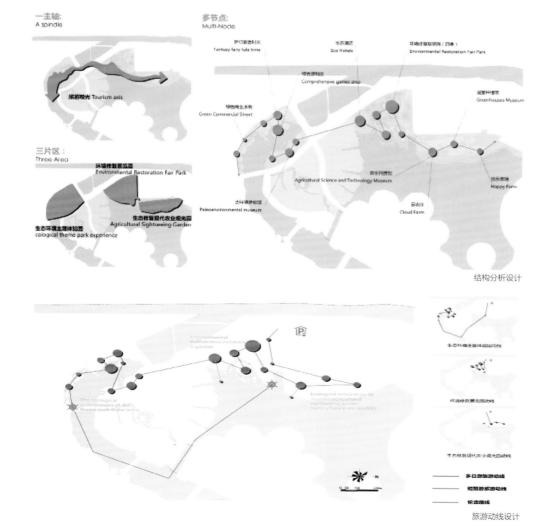

Environmental exhibition evolution garden

The ecological environment of the Theme park experience

Ecological restoration of modern agricultural sightseeing garden Agricultural plant sundries

生态环镇主题体验旅游动线

环境修复展览园动线

生态教育现代农业分区观光动线

多日游旅游动线
短期游旅游动线
轮渡动线

旅游动线设计

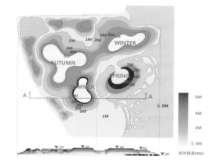

WINTER

AUTUMN

SPRING

SUMMER

6M
4M
2M
±0M

相对标高ZERO

掩体建筑Bunker Construction

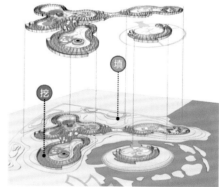

填

挖

地形＋掩体建筑 剖切面模拟

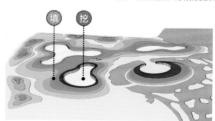

填 挖

施工完成效果模拟

成都大源中央公园景观设计

The Landscape Planning and Design of the Dayuan Central Park, Chengdu.

单位名称：四川音乐学院美术学院。主创姓名：田勇、唐毅、朱俊安。
设计时间：2015.05。项目地点：成都市高新南区。项目规模：12.19 ha。项目类别：公园设计。造价：418万元。

REED

PLANK

VIEWING TOWER

WETLANDS WATERS

设计说明：

项目位于成都市高新南区中心位置，是区域内重要的集中绿地，与北面2 km外的锦城湖公园共同构成了该区域居民日常生活及休闲娱乐的重要空间节点。项目北临天府二街，南临天府三街，西靠剑南大道，距离地铁一号线天府三街站仅800 m。项目周边用地功能主要由居住、公共与商业用地组成。

随着城市与自然的对立和割裂导致的一系列城市难题的出现，城市的生态建设越来越被人们所重视。景观都市主义将城市理解为一个生态体系，提倡通过生态整体的规划和景观基础设施的建设，将良好的生态循环系统引入景观化的城市，使人们获得健康、美好、可持续发展的城市生活环境。

在本次成都大源中央公园景观规划设计中，由于项目用地正是处在新区城市腹心地带，被周边商业住宅与城市交通干道环绕。故设计者将景观都市主义范畴中的"海绵城市"设计理念引入公园设计中，按照"雨水收集"、"雨水净化"、"雨水储存与利用"的设计思路，遵循提高地面可渗透性、保持水体流动性、建立稳定的生态系统等基本原则，并采用符合景观美学的设计技巧与手法，希望将公园变成一块镶嵌在城市中间的"海绵体"，缓解城市发展给生态环境带来的"压力"，改善周边居民的生活质量，从景观设计的角度思考节能减排、低碳生活的发展模式。

In Here What We Can Do ?

运动

步行桥

愿景——让公园缓解城市的"压力"
LET THE PARK EASE THE CITY'S PRESSURE

空间缓冲

缓冲

渗透

雨水渗透

海绵

海绵城市

循环

循环资源

Stormwater and groundwater management

设计理念

通过雨水花园、生态湿地、渗水铺装等一系列雨水收集过滤设计，使公园成为城市的一块"海绵体"，吸收缓解周边硬化场地所带来的雨水冲击，调节区域范围内的雨水平衡，并将收集过滤的雨水储存起来，满足园区自身的用水需求，降低公园自身的能耗，在生态自然与景观美学之间找到平衡。

总体设计策略

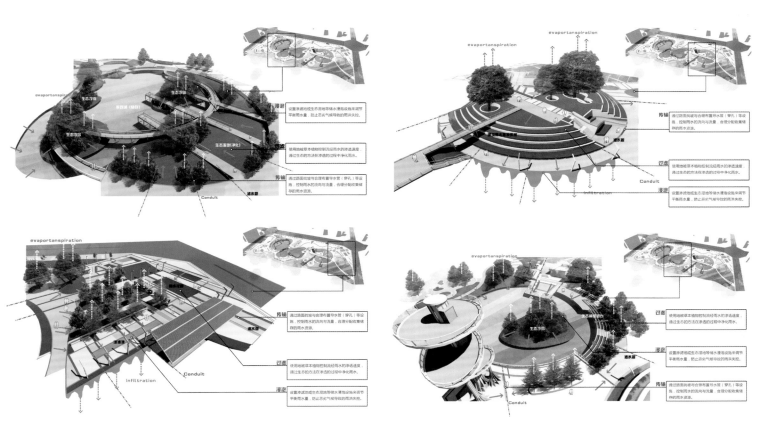

海绵城市概念分析

年度十佳景观设计

嘉峪关市中华龙文化景区景观设计

The Landscape Design of Zhonghualong Cultural Attraction in Jiayuguan

单位名称：中国建筑西北设计研究院有限公司。委托单位：嘉峪关市水文化项目建设工程总指挥部。主创姓名：党春红 、伍珊珊、陈舒捷。成员姓名：马晓彬、刘春静、程祥、高雅清、赵晓楠、杨敏娣、杨舒博、沈晓路。设计时间：2013 。项目地点：甘肃省嘉峪关市。项目规模：116.6 ha。项目类别：公园设计。造价：6.1 亿元。

设计说明：

中华龙文化景区总用地 116.6 ha，其中水面及湿地面积 26.3 ha。全园由龙脉图腾区、龙脉传承区、龙之风采区、丝路风情区、龙湖观光区、中华龙韵区、惠泽九州区等"一湖、二林、八大景区、三十六个景点"构成。

中华龙文化景区充分发掘东方传统文化内涵，以可持续发展的生态景观为原则，依托祁连雪山脚下的讨赖河畔龙王滩遗址，巧妙地利用祁连雪山融水形成波光灵动的龙形水系，彻底改善昔日戈壁荒滩的恶劣环境，为百姓提供良好的休闲生态环境。

景区系统地把中华传统龙文化的源头、脉络、现实意义以及西部地域风情文化与生态园林景观建设相融合，塑造出独特的主题景观，重现了华夏文明"龙文化"的传奇，打造成为"中华龙文化"的研究、学习、传承基地，展示龙文化魅力的平台，全球华人参观、浏览、体验龙文化的首选地。

在规划编制的过程中，得到了嘉峪关市委市政府领导和中国龙文化研究协会等专家的有力支持与肯定，规划方案于 2013 年顺利完成评审工作，进入到初步设计与施工图阶段，至今项目已完成了水系、地形、林带、园路及部分景观小品的施工。

中华龙文化景区的建设对于中华精神文明的建设、实现中华民族伟大复兴具有重要的现实意义和深远的历史意义，有利于嘉峪关人居生态环境的改善，是塑造城市品牌、弘扬"丝路文化"，为"中国梦"添彩的有力一笔！

景区东入口

龙运大道

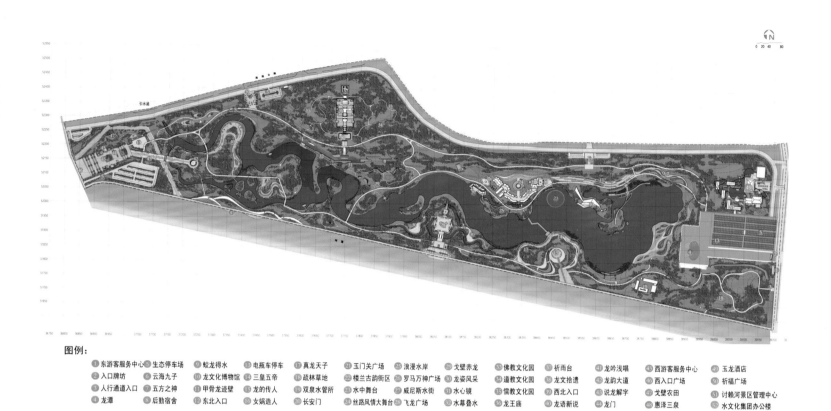

图例:

① 东游客服务中心	⑤ 生态停车场	⑨ 蛟龙得水	⑬ 电瓶车停车	⑰ 真龙天子
② 入口牌坊	⑥ 云海九子	⑩ 龙文化博物馆	⑭ 三皇五帝	⑱ 疏林草地
③ 人行通道入口	⑦ 五方之神	⑪ 甲骨龙迹壁	⑮ 龙的传人	⑲ 双泉水管所
④ 龙潭	⑧ 后勤宿舍	⑫ 东北入口	⑯ 女娲造人	⑳ 长安门

㉑ 玉门关广场	㉕ 浪漫水岸	㉙ 戈壁赤龙	㉝ 佛教文化园
㉒ 楼兰古韵街区	㉖ 罗马万神广场	㉚ 龙姿风采	㉞ 道教文化园
㉓ 水中舞台	㉗ 威尼斯水街	㉛ 水心镜	㉟ 儒教文化园
㉔ 丝路风情大舞台	㉘ 飞龙广场	㉜ 水幕叠水	㊱ 龙王庙

㊲ 祈雨台	㊶ 龙吟浅唱	㊺ 西游客服务中心	玉龙酒店
㊳ 龙文拾遗	㊷ 龙韵大道	㊻ 西入口广场	祈福广场
㊴ 西北入口	㊸ 说龙解字	㊼ 戈壁农田	讨赖河景区管理中心
㊵ 龙语新说	㊹ 龙门	㊽ 惠泽三泉	水文化集团办公楼

丝路风情街

龙文化博物馆

龙王庙入口

龙文拾遗

龙王庙内景

龙王庙鸟瞰

龙之传人广场

甲骨龙迹

龙生九子

龙语新说

迷雾双龙

飞龙广场

景区标识

年度十佳景观设计

开封市黑岗口调蓄水库园林景观工程设计

Waterfront Landscape Design of Heigangkou Reservoir Kaifeng Henan

单位名称：北京东方利禾景观设计有限公司。委托单位：开封新区基础设施建设投资有限公司。主创姓名：詹震、龙金花、张帅。成员姓名：余波、齐军、吴萍萍、孙静、孙芳芳、孟会、杨红亚。设计时间：2012.05。项目地点：河南省开封市。项目规模：528.3 ha。项目类别：公园与花园设计。造价：6.5亿元。

设计说明：

开封市黑岗口调蓄水库（西湖）位于开封市黑岗口灌区内，连接老城区与汴西新区。区内有黄河景观资源和深厚的汴河文化积淀，具有得天独厚的地理及历史文化优势。项目规模528.3 ha，其中水域面积244.3 ha。

景观设计以"彰显西湖之美，弘扬开封之魂"为设计愿景，以一个生态基底、一条亲水环线、八大景点为主线，设计成集传统文化诠释、现代休闲娱乐、生态科普、亲水活动体验于一体的综合性滨水空间。

园区内以开封西湖八景为主导，营造功能齐全、诗情画意之景观意境。西湖八景有：听雨打荷声之金池夜雨、赏栈道瑞雪之汀州冬雪、拾片片枫叶之翠幕涵秋、观桃红柳绿之隋堤烟柳、登幽幽高山之瞻影行云、揽西湖圆月之楼台明月、濯华樱缤纷之花海融春、闻芦荻声声之汴水秋声。

景观设计从造园手法、色彩的选择、宋文化符号、宋词的应用四方面充分诠释"西湖之美，开封之魂"之设计愿景。主要选用暗红、琉璃黄、长城灰、玉脂白、国槐绿来共同营造崇高、喜庆、祥和的宋式古典园林空间。运用传统纹样、国画及吉祥符号等镶刻于景墙、廊架、地雕、座凳上或与灯饰相结合，将宋文化元素演绎得淋漓尽致。

设计感悟：

为七朝古都开封设计史上最大的滨水开放空间赋予了设计师厚重的历史使命感。历史文化沉淀的孕育了现代开封人的休闲需求，而开封西湖的建设终将与城市的发展共荣共生。她承载着开封深厚的文化底蕴及开封人民的殷切期许，团队经历了五年漫长的探索，无意复制哪个经典，抑或引领哪段传奇，只有一个永不褪色的梦想：一湖一城一生。

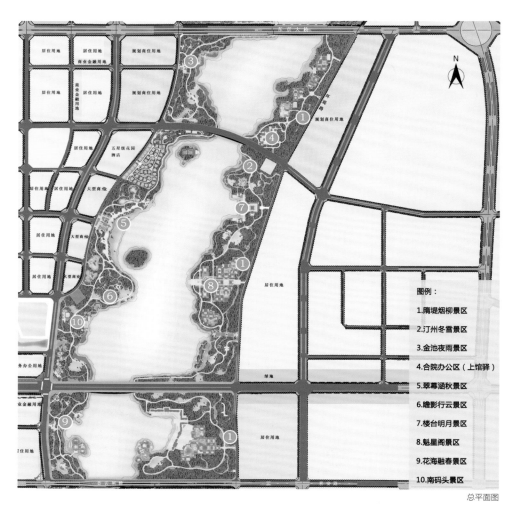

图例：
1. 隋堤烟柳景区
2. 汀州冬雪景区
3. 金池夜雨景区
4. 合院办公区（上馆驿）
5. 翠幕涵秋景区
6. 瞻影行云景区
7. 楼台明月景区
8. 魁星阁景区
9. 花海融春景区
10. 南码头景区

总平面图

开封西湖入口 LOGO

翠幕涵秋"开"封之门

南码头入口

南入口

浣石流翠

汀州冬雪

南码头

书画广场

浣石流翠

汀州冬雪

钱江源花卉苗木产业园—花卉苗木观赏景观工程设计

Qianjiangyuan Flower Seedlings Lndustrial Park - Ornamental Flower Seedlings Landscape Works

单位名称：杭州丽尚景观设计有限公司。委托单位：开化县林业投资有限公司。设计人员：王聪会、潘一逍、柯语文、韩鹏飞、金跃、金幸幸、王礼建、施雯雯、林灵仟、翟敏、周乘风。
设计时间：2013.05。项目地点：衢州市开化县。项目规模：80 ha。项目类别：公园与花园设计。造价：1.8亿元。

设计说明：

钱江源花卉苗木产业园位于浙江省衢州市开化县，紧临205国道和城华线，交通便利。

规划占地面积80 ha，其中花卉苗木观赏区占地40 ha，以花卉观赏专类园、花草体验园、文化旅游接待设施等建设内容为主；花卉苗木基地占地40 ha，以花卉、苗木生产和销售为主。

项目集花卉苗木生产与观赏于一体，在自然山水之间通过现代技术手段，打造具有影响力的森林景观点，提升与充实钱江源的景观品位和旅游类型。钱江源花卉苗木产业园是国家东部公园的基础、主体内容和首要任务。

设计理念：一座会呼吸的空中花园。

会呼吸：突出人与自然的和谐共融。

空中花园：强调人与自然的交流，突出参与体验。

结构：一一三八结构。

一带：滨水景观带。

一环：花卉游赏娱乐环。

三区：入口服务区、花卉游乐区、生态保育区。

八园：玫瑰园、山体篱园、樱花园、宿根园、梅园、竹园、水生植物园、杜鹃园。

风格特色：生态的景观——植物多样、层次丰富。

艺术的景观——弧线优美、多面。

彩色的景观——四季色相、色彩和谐。

文化的景观——记载历史、反映文化。

健康的景观——植物幼化、活力健康。

节能的景观——节水节能、维护便利。

宿根园效果图

梅园效果图

玫瑰园效果图

图例：

1	入口转换平台	9	宿根花园
2	游客服务中心	10	爱情谷
3	艺术地形	11	梅园
4	中心广场	12	竹园
5	玫瑰园	13	生态停车场
6	山体篱园	14	杜鹃园
7	景观水系	15	水生植物园
8	樱花园		

竹园效果图

主入口效果图

杜鹃园效果图

水生植物园效果图

乌海市滨河二期中央公园景观概念设计
The Concept Design of Riverfront Central Park in Wuhai

单位名称：天津大学建筑学院、天津大学建筑设计研究院 。委托单位：乌海市城市建设投资集团有限责任公司。主创姓名：刘庭风 。成员姓名：闫俊文、孙增林、陈志菲、邓海波、罗佳静、黎永慧、李巧娟、陈晨 。设计时间：2013.12 。建成时间：2015.7 。项目地点：内蒙古乌海市滨河新区。项目规模：景观面积 36 ha。

设计说明：

该中央公园基地海拔 1 082 ~ 1 088 m，地形较为平坦，地势北高南低，是典型的温带大陆性气候， 土壤类型主要为灰漠土和棕钙土，年降水量 200 mm。基地位于乌海市西部沙漠地区、黄河流域、乌海湖东岸，与甘德尔山遥遥相望，东部毗邻鄂尔多斯高原，是山和水的过渡地带。基地还处于城市的副中心，是城市新区的绿地，将来也会发展成为城市的中心。

公园远离市区，是未来的副中心，所以设计过程中要为未来留出更多的规划可能、更多的发展余地。生态是在各个发展时期都极其重要的一个方面，所以场地在规划设计时一定要尽力地保持其原生性和最大可能地对不适于植物生长的生境进行恢复。

参照纽约中央公园来设计，正是为了延续场地本身的特色并强调生态的特点，创造出了丰富的空间类型：曲折的步道、成片的花海、与成吉思汗雕像相互借景的山丘、从黄河引出进而贯穿全园的水系。

根据区域所在位置将其定位为区级综合性公园，全园设计在生态的指导原则下进行设计，主要突出了场地的位置处于水与山的过渡，着重处理了水资源的利用问题；基地处于经济开发的副中心，设计为未来的发展留出了余地。最终形成了"一轴一心一廊道"的项目布局，动态与静态相结合的可持续生态系统，成功将中央公园打造成了"乌海之肺"。

森之心中心景观效果图

森之溪景观效果图

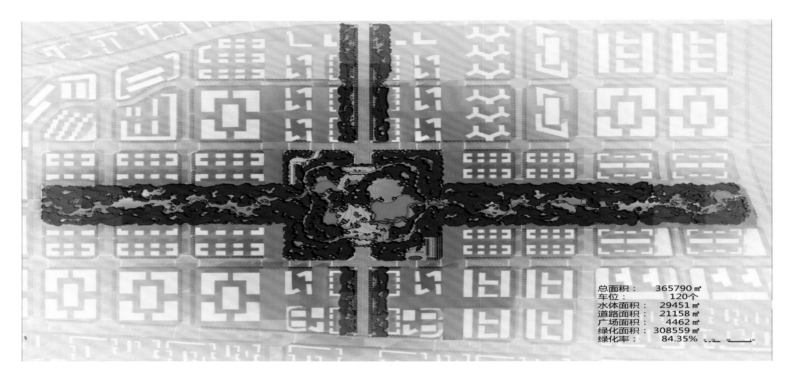

总面积：	365790 ㎡
车位：	120个
水体面积：	29451 ㎡
道路面积：	21158 ㎡
广场面积：	4462 ㎡
绿化面积：	308559 ㎡
绿化率：	84.35%

中央公园现场施工实景图

中央公园现场施工实景图

年度十佳景观设计

重庆市双桂湖公园总体规划设计
Master Planning and Design of Shuangguihu Park in Chongqing

单位名称：重庆市梁平县规划局。委托单位：重庆市风景园林规划研究院。主创姓名：任荣志。成员姓名：蒋宜茂、吴盛海、雷旭东、陈世康、杨代斌、王久新、冯大成、曾映雪、赵忠凯。设计时间：2014。项目地点：重庆市梁平县。项目规模：303 ha。项目类别：城市公园。造价：7 亿元。

设计说明：

本项目位于重庆市梁平县城西南部。双桂湖，原名张星桥水库，为重庆地区第二大城市淡水湖泊。面积约 303 ha，其中现状水体约 105.77 ha。

方案以湖山生态保护为核心，塑造以"山为脊、水为魂、绿为韵、禅为意"的湖滨生态景观，融入人脉、文脉和地脉元素，以竹、柚、柳、花等地方特色植物营造景观特色，突出梁平 "竹韵柚香、湖光禅城"的城市主题形象，建设成集湖滨生态、旅游观光、休闲健身、度假禅悟于一体的城市休闲公园和旅游度假区。

全园规划设计将公园划分为"一环、五区"。"一环"即串联公园各个景区的主环道、环湖自行车道（电瓶车道）。"五区"即结合公园周边环境、功能的使用需求，形成五个不同的功能展示区，分别为："北区——都市游乐区"、"西区——民俗体验区"、"南区——自然游憩区"、"中央——水体娱乐区"、"渝万铁路南侧——生态涵养林区"。

本项目重点是如何协调周边用地、湖泊与场地三者之间的关系。方案中，每个公园分区都形成独具特色的文化主题，同时配合覆土服务建筑及景观环境营造，满足市民与游客休闲、旅游等各种活动需求，打造成城市休闲公园。

本项目面积较大，场地整体坡度较缓，湖泊水质较好。南岸植被丰富，形成良好的植被轮廓线。因场地东侧正修建体育馆，堆积了大量的弃土，对场地有较大破坏；东侧道路临近水体的边缘为垂直驳岸，如何设计生态安全的驳岸形式，营造缓丘、森林、草地、湖泊等自然环境，是该项目成败的关键。

"湖山际会"广场夜景效果图

图例：

1 戏水石趣园
2 配套建筑
3 天开图画
4 游船码头
5 生态停车场
6 桂湖映春
7 杉林栈道
8 湖山际会广场
9 湖山水剧场
10 现状堤坝
11 柳岸栈道
12 光影广场
13 "下沉式草地舞台"
14 观景台
15 观澜台
16 荷塘月色
17 苗圃基地
18 浪漫湖滨
19 阳光乐园
20 观赏农田
21 花海田园
22 禅林小道
23 桂香禅林
24 养生谧语园
25 梁山书院
26 桂湖映楼
27 白鹭掠影
28 竹溪湿地
29 桂湖双桥
30 腊梅园
31 龙舟码头
32 桂湖山庄
33 柚子园
34 枇杷园
35 梨园
36 十字金街
37 柳岸花林

湖山际会广场剖面图

双阁楼双桥立面图

双桂湖公园鸟瞰效果图

桂湖映春 杉林栈道效果图

芦苇水岸 柳岸花林效果图

光影广场 柳岸栈道效果图

桂湖映春 杉林栈道效果图

湖山际会 天开图画鸟瞰图

"桂湖映楼"效果图

十字金街 桂湖山庄旅游度假区鸟瞰图

湖山际会 天开图画鸟瞰图

年度十佳景观设计

永昌泾环境整治及生态修复工程方案深化设计

Yongchangjing Environmental Remediation and Ecological Restoration Projects ,Suzhou.

单位名称：苏州合展设计营造有限公司。委托单位：苏州市相城区漕湖产业园发展有限公司。成员姓名：王晏清、孙倩文、杨乐、戴春芳、张亚晟。
设计时间：2015。项目地点：苏州相城区。项目规模：33 ha。项目类别：公园设计。造价：1.17亿元。

设计说明：

设计旨在打造"生态涵养、邻里服务、滨水休闲"三位一体的生态化休闲空间，同时满足景观塑造与生态文明建设相符合、生态空间与邻里服务功能相融合、滨水空间与市民休闲活动相结合的目标要求。设计理念为：① "优生态"——生态先行，以"生态"作为开发建设的前提与根本，减少、降低与修复因开发建设对原有生态环境的破坏与影响。② "重人本"——以人为本，从服务周边社区居民出发，强化与丰富邻里服务功能，设置适合人尺度下使用的功能空间，并注重空间的利用率、可达性与安全性，同时提高夜间滨水活力。③ "塑空间"——空间活力，将建筑空间与滨水公共空间一体化设计，丰富竖向设计以增加滨水空间层次，增强亲水性。最终实现永昌泾滨水公共空间生态、低耗、易护、宜人、活力的可持续发展要求！

设计感悟：

本次设计旨在以自然、生态结合服务功能为城市提供生态健康、清新的生活；保留的场地回忆与建筑蜕变为全新的露天邻里公园；滨水景观特色带结合慢行系统串联提升整个片区的功能活力。生态涵养方面要求以保留修复再利用为目标，打造低开发、低维护、复合功能的示范区；生境修复，多样化生态植物的体验展示园；生态技术的利用与可持续发展策略的科普教育基地。把景观作为一个生态系统，通过生物与环境关系的保护和设计以及生态系统能量与物质循环再生的调理，来实现景观的可持续，利用生态适应性原理，利用自然做功，维护和完善高效的能源资源循环和再生系统。

"优生态" — 生态先行
以"生态"作为开发建设的前提与根本，减少、降低与修复因开发建设对原有生态环境的破坏与影响。

"重人本" — 以人为本
以服务周边社区居民出发，强化与丰富邻里服务功能，设置适合人尺度下使用的功能空间，并注重空间的利用率、可达性与安全性，同时提高夜间滨水活力。

"塑空间" — 空间活力
将建筑空间与滨水公共空间一体化设计，丰富竖向设计以增加滨水空间层次，增强亲水性。

夜景鸟瞰图

海绵城市的实践

海绵城市是指城市能够像海绵一样，在适应环境变化和应对自然灾害等方面具有良好的"弹性"，下雨时吸水、蓄水、渗水、净水，需要时将蓄积的水"释放"并加以利用。以海绵城市理念倡导绿地在城市建设中的渗、滞、蓄、净、用、排等功能，起到区域性的绿色减排的示范功能。

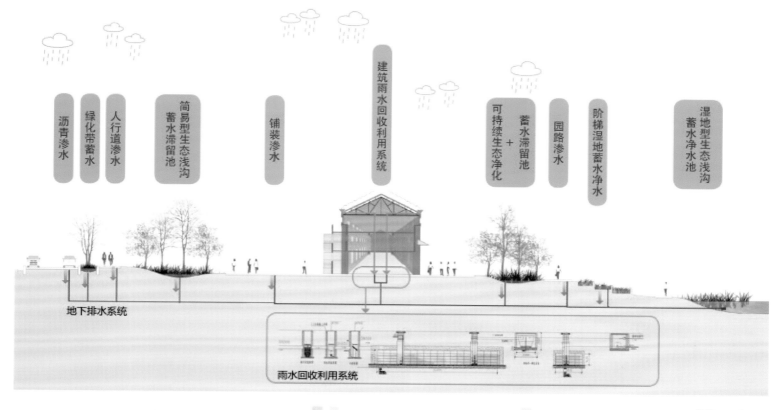

沥青渗水 　绿化带蓄水 　人行道渗水 　简易型生态浅沟蓄水滞留池 　铺装渗水 　建筑雨水回收利用系统 　蓄水滞留池＋可持续生态净化 　园路渗水 　阶梯湿地蓄水净水 　湿地型生态浅沟蓄水净水池

地下排水系统

雨水回收利用系统

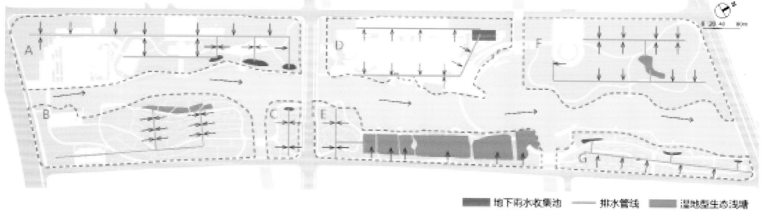

地下雨水收集池　　排水管线　　湿地型生态浅塘
汇水方向　　简易型生态浅塘

简易型生态浅塘构造示意图

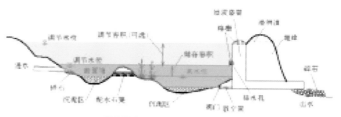

湿地型生态浅塘构造示意图

平面图

农业与景观结合

农业地块通过合理规划，选择适宜苏州地区生长的四季蔬菜和谷物类作物种植，在满足食用和经济效益的同时，选择颜色丰富，具有观赏价值的品种，如紫御谷、油菜等，形成特殊的大地景观。农业用地的蔬菜和经济作物采用轮作的形式，提高经济效益和生态效益，有效调节土壤肥力，丰富四季的产出。

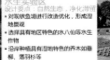

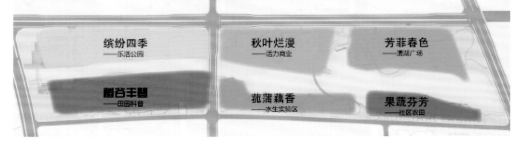

春季种植

夏季种植

秋季种植

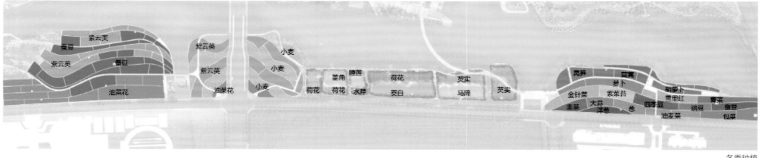

冬季种植

建筑被动节能的应用

设计对场地内的保留建筑采用德国"被动节能"理念进行改造，并结合社区活动与服务功能进行再次利用，成为长三角地区第一组具有社区服务功能的被动房，兼顾了生态效益、社会效益与经济效益。

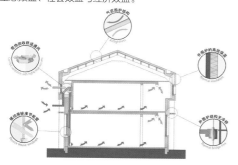

平面图

1. 阳光草坡	7. 观演广场	13. 辅助建筑
2. 雨水花园	8. 湖滨大道	14. 篮球场
3. 樱花林带	9. 虹桥	15. 门球场
4. 市民广场	10. 亲水平台	16. 极限运动
5. 缤纷水岸	11. 商业街	17. 社区文体艺术中心
6. 游船码头	12. 儿童游乐场	18. 遗迹展示平台

19. 乡村博物馆	25. 观景平台
20. 桃李园	26. 果蔬园地
21. 田园科普区	27. 水生种植园
22. 湿地科普区	28. 公共卫生间
23. 四季植被组团	29. 停车场
24. 生态浅塘	30. 水闸

年度十佳景观设计

天津滨海旅游区甘露溪公园景观设计

Design of Ganluxi Park in Coastal Tourism Area of Tianjin

单位名称：北京正和恒基城市规划设计研究院有限公司。委托单位：天津滨海旅游区投资控股有限公司。主创姓名：李杰。成员姓名：邢磊、陈涛、赵晨旭、胡杰冰、张力骋、张翼鸣。设计时间：2014.6 月。建成时间：在建。项目地点：天津滨海新区。项目规模：34.7 ha。项目类别：公园设计。造价：1.73 亿元。

设计说明：

1. 区位现状

项目位于天津滨海旅游区，规划片区以旅游服务业为主导；由河道两岸三大景观界面组成，东西两端为生态新城和高尔夫球场，南北向均为旅游产业基地；基地总长 2.2 km，平均宽度 0.2 km，总面积约 34.7ha。

2. 设计愿景

以生态自然为基底、休闲运动为核心，建立一体化景观绿道和生态走廊，形成体现滨海旅游区国际化特色的滨水绿廊。

无缝结合城市肌理和两岸景观界面，打造生活、时尚、多样化的滨水目的地，为周边地块提供运动、休闲的后花园。

3. 设计特色

运用"海绵城市"技术措施，通过雨水泵站、景观湿地、绿地草沟、透水铺装等手段建立低影响开发系统，实现封闭的公园绿地向雨水花园的转变；密林、疏林、缓坡、静水，以相对纯粹的绿色氛围代替硬质景观的堆砌，用滨水绿廊的生态型生活模式来改造现有的过度城市化的环境；以水工计算为依据的断面设计，特殊的双向环流，旱涝调节，保证行洪安全以及良好的景观效果；建立综合的城市慢行系统，特别强调不同氛围的滨水体验，提供绿色基底下多样化的休闲体验；建立城市密集区的生物栖息廊道，为生物提供了 13.5 ha 的良好生境。

水质涵养区-"境"

汉 顺
北 平
路 路

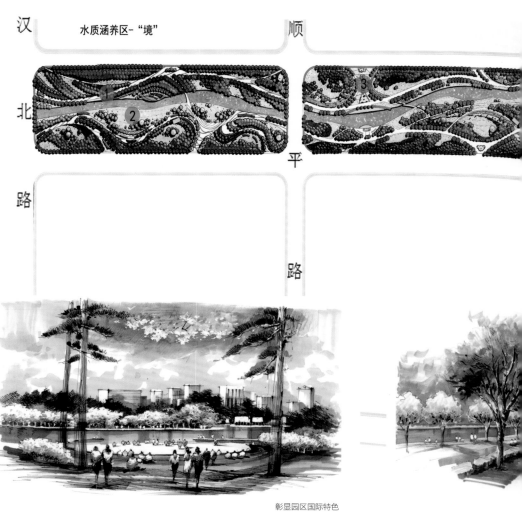

彰显园区国际特色

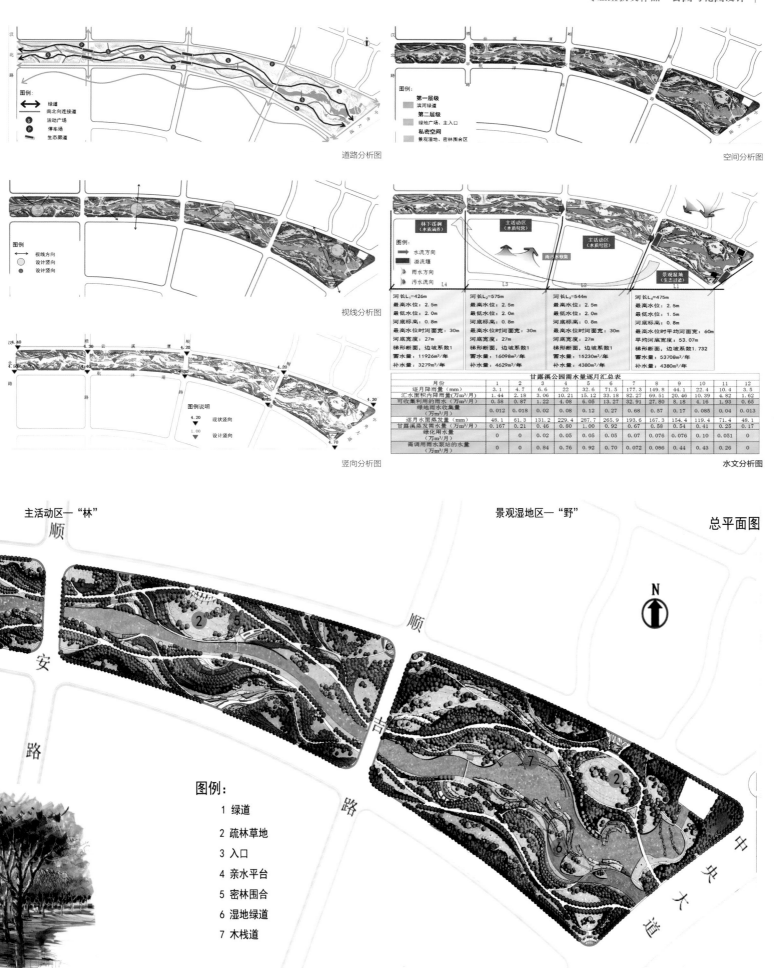

道路分析图

空间分析图

视线分析图

竖向分析图

水文分析图

甘露溪公园需水量逐月汇总表												
月份	1	2	3	4	5	6	7	8	9	10	11	12
逐月降雨量（mm）	3.1	4.7	6.6	22	32.6	71.5	177.3	149.8	44.1	22.4	10.4	3.5
汇水面积内降雨量（万m³/月）	1.44	2.18	3.06	10.21	15.12	33.18	82.27	69.51	20.46	10.39	4.82	1.62
可收集利用的雨水（万m³/月）	0.58	0.87	1.22	6.05	13.27	32.91	27.80		8.18	4.16	1.93	0.65
绿地雨水收集量（万m³/月）	0.012	0.018	0.02	0.08	0.12	0.27	0.68	0.57	0.17	0.085	0.04	0.013
逐月水面蒸发量（mm）	48.1	61.3	131.2	229.4	287.7	265.9	193.6	154.4	119.4	71.4	48.1	
甘露溪蒸发需水量（万m³/月）	0.167	0.21	0.46	0.80	1.00	0.92	0.67	0.58	0.54	0.41	0.25	0.17
绿化用水量（万m³/月）	0	0	0.02	0.05	0.05	0.07	0.076	0.076	0.10	0.051	0	
需调用雨水泵站的水量（万m³/月）	0	0	0.84	0.76	0.92	0.70	0.072	0.086	0.44	0.43	0.26	0

主活动区—"林"

景观湿地区—"野"

总平面图

图例：

1 绿道

2 疏林草地

3 入口

4 亲水平台

5 密林围合

6 湿地绿道

7 木栈道

创造两岸休闲绿带

设计感悟：

水源规划是河道景观设计成败的关键因素。

该项目中河道为人工开挖，通过赋予河流一定比降，引导区域内地表及地下汇水，同时增加适当人工干预，形成季节性河流景观。项目中水面宽度、深度以及水源补给、水质维持问题都通过水工计算得出，在保证河道行洪安全的同时，实现良好的景观效果。

盐碱地土壤综合改良是该项目另外一个技术难点。

项目所在地天津滨海旅游区，土壤盐碱化严重，多数北方地区常见的植物品种和群落搭配都不能适应当地土壤及气候条件。设计团队通过对土壤进行排盐碱（公司自主知识产权技术），并通过实验选取在天津滨海地区成活率较高的树种和植物搭配，最终实现满足天津地区绿化要求的绿化结构参数：总体树草比为 0.7：0.3，树单位 T ≥ 6，植物丰富度 S=68。

雨洪管理设施。

园林绿化是实现"海绵城市"建设的载体之一，甘露溪公园通过生态草沟、透水铺装、给水箱、雨水花园等多种手段贯彻"渗、蓄、滞、净、用、排"六字方针。市政雨水泵站结合绿地雨水收集，满足河道全部景观用水需求。

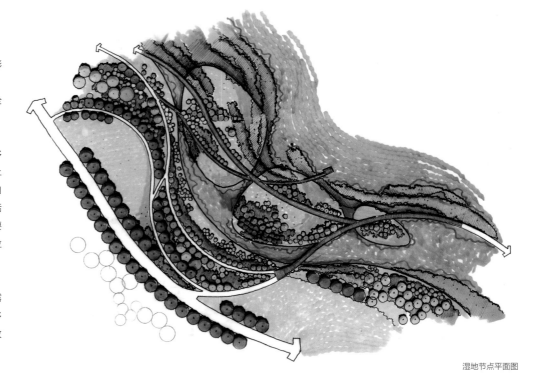

湿地节点平面图

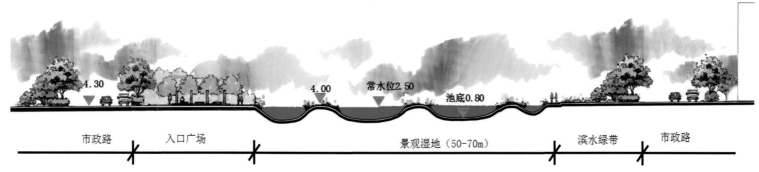

湿地节点剖面图

水质涵养区——"境"鸟瞰效果图

主活动区——"林"鸟瞰效果图

整体鸟瞰夜景图

北京门头沟区石门营幸福公园景观工程

Beijing Mentougou District Shimen Camp Happiness Park Landscape Engineering

单位名称：北京正和恒基滨水生态环境治理股份有限公司。委托单位：门头沟区园林绿化局。主创姓名：闵颖。成员姓名：温海娇、张利群、吴立海。
设计时间：2011.12。建成时间：2013.11。项目地点：北京市门头沟区石门营环岛。项目规模：4.5 ha。项目类别：公园设计。

设计说明：

1. 门户景观：幸福公园紧临门头沟重要的交通枢纽石门营环岛，是门头沟新城重要的门户景观，发挥着展示城市形象、促进内外交流的重要作用。园内设置具有文化标识性和象征性的园林建筑和雕塑景观，寓意门头沟欣欣向荣的幸福景象，体现门头沟建设发展的力度与气势。

2. 幸福港湾：公园周边存在大量搬迁居民，其特异性赋予了场地独特的内涵，为特定的使用人群营造一个尺度亲切、趣味体验、具有归属感和愉悦感的幸福港湾。园区内设置运动设备，慢跑、漫步、健身、打球等活动让周边居民舒展身心。同时结合水系、旱溪，在园区形成灵动的环形围绕。海湾广场的喷泉结合饱满的阳光，打造生态宜居的空间体验。

幸福公园设计以"新中式园林"景观作为主体风格，简洁大方又不失精致典雅。此外我们将提炼传统文化的园林精髓，扬长避短，在简洁现代的景观中，通过对现代环保的材料、小品、植物的运用，营造优雅、舒适的景观环境，体现新中式园林景观的精髓。将幸福公园设计成为丰富多彩的生态园林，让市民在园中真正体会幸福生活。

● 场地区位

幸福公园位于石门营环岛西南角，东临莲石西路，北临 G108 国道。场地西侧为石门营经济适用房建设区域，南侧有石门营小学四周多为居住区，设计应注重功能性和周边人群的使用。场地地东北侧为石门营公园，因石门营环岛的特殊性，入口区景观以具有中国古典文化内涵的标志性建筑为主，场地的定位和风格应注重与周边绿地和公园相协调。场地地势平坦，场地总面积约为 45000 平方米

● 场地现状

● 剖面图

● 剖面图

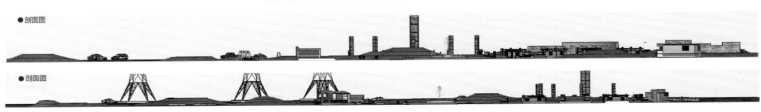

● 交通分析图

步行系统配合无障碍设计，充分考虑公园内部的安全可达性做到人性化设计。

● 竖向设计图

公园现场地形比较平缓，设计后地形南高北低，为了更好的体现景观效果，在局部有微地形的利用，主要是视线的阻隔给人步移景异的景观感受。另外将景亭置于地形最点，使其成为视线的集中点。

山坡地形

公园主入口
公园次入口
市政道路
公园主环路（3m）
公园次环路（1.5m）
滨水木栈道（1.5m）
停车场（33停车位，满足标准）

● 种植设计图

入口展示区
停车场区
中心活动区
体育活动区
休闲游览区
预留地

根据六个分区的不同特点，在保留原有树木的基础上，依据适地适树原则，形成各具特色的植物景观：

（一）入口展示区
入口展示区植物以花带和树阵为主线，配以小灌木。采用树阵式，树阵方式栽植大树。多用秋色叶树种增加秋冬景观效果。主要树种：银杏，白蜡白皮松，油松紫，叶碧桃。

（二）中心活动区
中心活动区，强调活动空间，以铺装为主，种植以补充绿地，下层多为多年生开花地被，上层为遮阴乔木。该区域保留了原基址的部分松树，以达到最少干预。
主要树种：银杏，雪松

● 乔木种植设计图

（三）运动区
以高达遮阴乔木为主，搭配少量小花乔，地被以当季野花为主。
主要树种：毛白杨，栾树，油松，樱花

（四）休闲游赏区
溪流搭配湿地植物，山坡以花灌木及开花地被营造活泼绚烂的景观效果。
主要树种：红花碧桃，樱花紫叶李，山楂

（五）停车场区
停车场区域植物种类较少，搭配方式简约。
主要树种：西府海棠，法桐

（六）预留区
主要树种：毛白杨，栾树

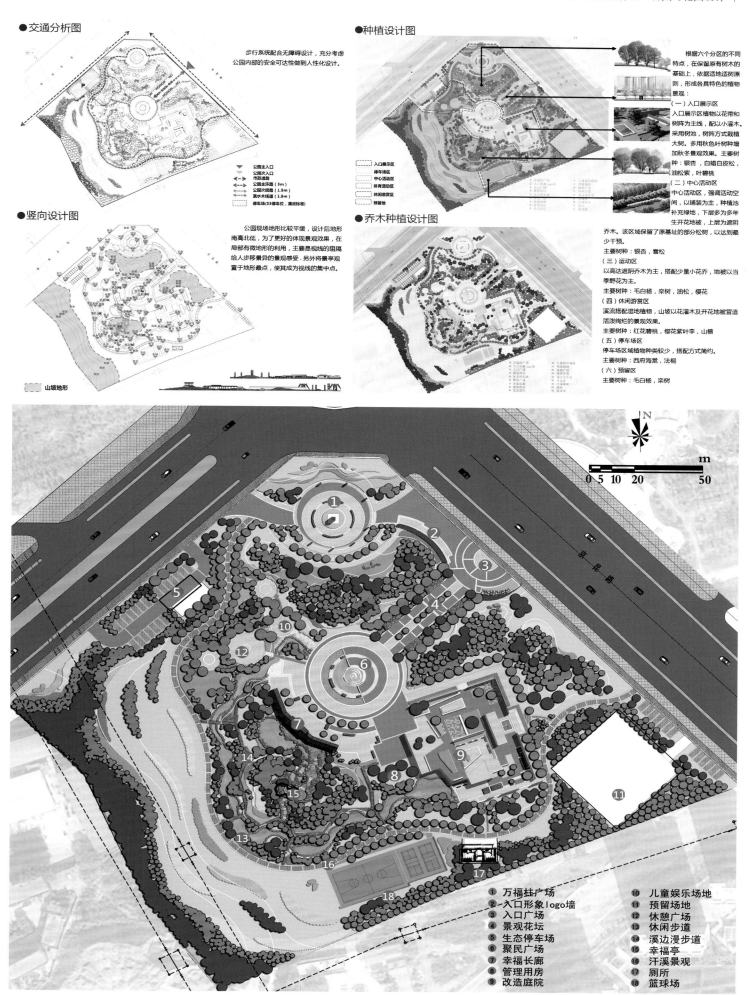

1 万福挂广场
2 入口形象logo墙
3 入口广场
4 景观花坛
5 生态停车场
6 聚民广场
7 幸福长廊
8 管理用房
9 改造庭院
10 儿童娱乐场地
11 预留场地
12 休憩广场
13 休闲步道
14 溪边漫步道
15 幸福亭
16 汗溪景观
17 厕所
18 篮球场

效果图

建成后

前后对比效果

年度优秀景观设计

厦门市海沧区龟山公园方案设计
Haicang District of Xiamen City Guishan Park Design

单位名称：浙江普天园林建筑发展有限公司。委托单位：厦门海沧城建集团有限公司。主创姓名：张圣杰。成员姓名：曾学敏、吴荣、吴广誉、朱宇航、李中元。
设计时间：2015。项目地点：厦门市海沧区。

设计说明：

龟山公园位于厦门海沧临港新区中心，临港新区北靠蔡尖尾山，南邻海沧港区，东部为海城南部六大块用地，西部连接漳州龙池开发区，是海沧重要的腹地之一。

方案采用"留住乡野印记，留住乡愁情思，留住乡缘乐怀"的设计理念，将游人融入大自然；通过富有乡愁情怀的故事演绎，营造药园、乡野田园、植物专类园等氛围，为游客提供科普教育、文化学习、观赏休闲等活动场所，让游客更好地亲近自然，感受自然。

公园地形以两侧有山、中间低洼为主，提供良好的视线营造空间；依据公园景观设计原则，结合场地地形，形成以中心景观通道为主、两侧开阔空间为辅、山顶眺望空间点为点缀的景观视线带。

全园规划八个大分区：入口区、"青草药园"区、"闽台汉字园"区、生态林地休闲区、民间艺术园、植物专类科普园区、运动休闲区、儿童游乐园。每个园区都结合济慈文化、闽台文化等故事背景来打造自然景观及建筑景观。

本项目难点是如何结合场地的使用功能演绎乡愁情怀故事，设计时每个景点都有自己独特的闽台主题文化故事，让游客更好地体验和学习到当地文化的深刻底蕴。节选其中典型的故事情节，将其转变为游客参与的体验、观赏等各种活动，同时配合景观环境的营造，展示其文化氛围。

此外，本项目的植物景观设计也是一大重点。依据场地状况及功能需求，在尽可能保留现有林木的情况下，运用多种植物景观类型，营造丰富的空间氛围。

南入口——临港广场鸟瞰图

闽台汉字园——鸟瞰图

总平面图

图例
LEGEND

1. 南入口公园管理处
2. 临港广场
3. "家之门"入口雕塑
4. "乡愁与纽带"
5. 汉字园
6. 闽台汉字书院
7. 乡野花田
8. 民间艺术园
9. 植物专类园
10. 藤本园
11. 花海荣春
12. 生态保健园
13. 森林栈桥
14. 亲水平台
15. 原有祠堂
16. 观赏蔬菜园
17. 望归台
18. 东入口
19. 儿童乐园
20. 运动场
21. 次入口
22. 北入口
23. 踩街长廊
24. 青草药堂
25. 青草药种植园
26. 西入口
27. 根雕艺术园
28. 青少年夏令营中心
29. 保留龙眼林
30. 阳光草坪
31. 果林采摘场
32. 停车场
33. 秀水花溪
34. 电瓶车道
35. 芦花飞雪
36. 滨水倚栏
37. 碧波观景
38. 规划变电站

经济技术指标:
总用地面积　约72公顷
建筑占地面积　4881m²
硬质面积　80613m²
绿化面积　624969m²
绿化率　86%
停车位　420个

生态科普景观带——"景观亭"夜景效果图

年度优秀景观设计

景东天鹅湖湿地公园概念规划

Swan Lake Wetland Conceptual Planning,Jingdong,Yunnan

单位名称：云南云投生态环境科技股份有限公司。委托单位：景东彝族自治县住房和城乡建设局。主创姓名：谢雨农。成员姓名：王程嘉、蒋雪、冯希多。
设计时间：2015。项目地点：景东彝族自治县。项目规模：26.7 ha。项目类别：公园设计。

设计说明：

项目位于景东彝族自治县，位于云南省西南部、普洱市北端，东与楚雄市接壤，西临澜沧江，距昆明市 477 km。该地海拔 1 171.3 m，用地面积 26.7 ha。

项目设计理念源于天鹅湖"展翅高飞的天鹅"景观寓意，旨在打造景东景观新形象，创造居民休闲新场所。全园规划五大分区：商务休闲区、河堤生态保护区、湿地景观展示区、湿地景观过渡区、休闲游览区。设计川河在景东境内斑茅草景观，引入无量山樱花景观，进行推广营销、创造品牌。

项目设计利用合理、可持续的土地开发策略提升河岸土地价值，使用本土出产的石材、木材、植物等资源创造可持续发展的河岸景观，用本土植物恢复水岸的天然生态环境，将商业、文化、娱乐设施纳入建设与完善范围。项目加强了开放空间基础设施建设，尊重和改善生态环境，维护生态系统、水文系统、植物系统以及野生动物栖息地，吸引人们进入水岸天然空间。通过加强新城与水岸的联系，增强亲水性与水岸可达性，提高新城与河岸之间的景观联系，同时休闲性与活动性的娱乐设施规划也创造了多彩的空间。

廊桥景观效果

会所景观效果

湿地景观效果图

年度优秀景观设计

西安地坛文化公园景观设计
Xi'an Ditan Culture Park Landscape Design, Xi'an, China

单位名称：西安市城市规划设计研究院。委托单位：西安市汉长安城遗址保护管理办公室。主创姓名：段莹。成员姓名：李琪、宋颖、于佳永、高磊、辛兰、吕凯、范磊。
设计时间：2015.5。项目地点：陕西省西安市。项目规模：5.7 ha。项目类别：公园设计。造价：1.5亿元。容积率：0.2。绿化率：70%。

设计说明：

西安市地坛文化公园基地用地规模5.7ha，位于未央区太华北路西侧、渭滨路以东，将打造一处具有深厚历史内涵的城市文化公园。

公园设计以地坛坛体为核心，"因礼制宜"形成历史文脉展示区、休闲服务区、游憩运动区和入口主题广场四个功能区。依据文献资料，祭祀场所、地坛尺寸按照隋唐形制进行设计，由入口牌楼、文化柱、黄琮礼地、棂星门、泽、方丘、文化墙等元素构成祭祀景观序列，打造庄重肃穆的祭祀文化氛围，同时考虑周边居民的生活需求，公园设计兼顾历史体验、生活服务和娱乐休憩等多元功能。

祭祀空间以地坛为核心，坛体靠近南侧，甬道设计采用收放的渐变，两侧增加丰富的景观设计和文化元素的植入，形成起承转合的祭祀序列。

水系设计采用"泽中方丘"的理念，半围台布置，有九曲池、漕渠、地坛水景等序列。东南角结合人流来向布置文化广场、展览馆及服务类建筑采用地下或半地下形式，集中在场地东北部。地下博物馆屋面设置文化碑林。西侧布置林荫树阵，营造幽静的休闲氛围。西南侧设计坡地微景观。南侧种植高大乔木，设置影壁墙，形成半围合空间，以削弱外围高层建筑的视线影响。

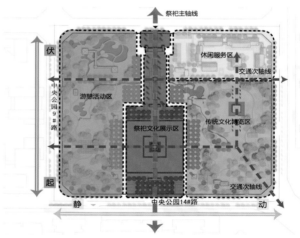

功能分析图

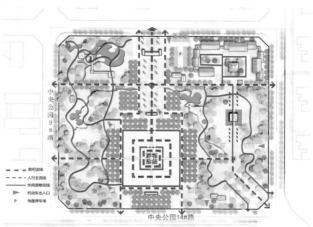

流线分析图

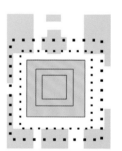

方形的虚拓

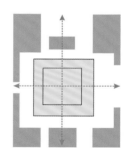

轴线的强化

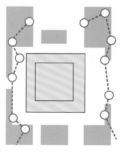

圆路的软化

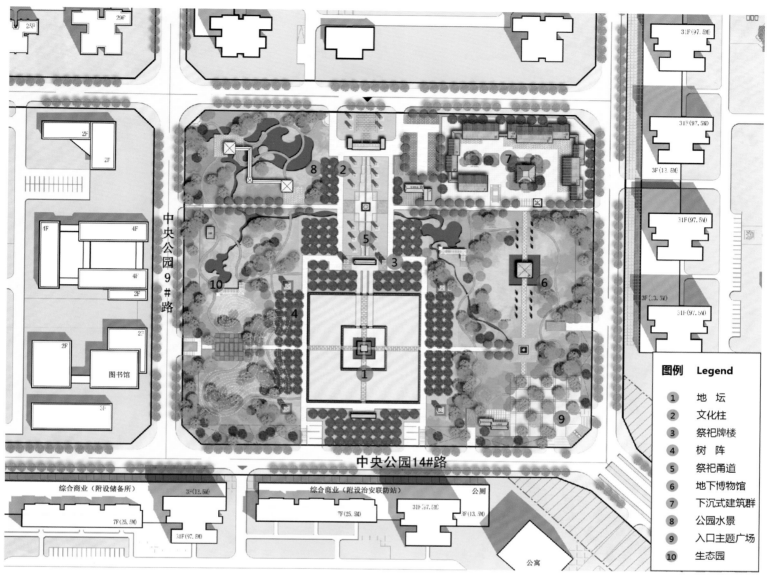

中央公园9#路

中央公园14#路

图例	Legend
1	地 坛
2	文化柱
3	祭祀牌楼
4	树 阵
5	祭祀甬道
6	地下博物馆
7	下沉式建筑群
8	公园水景
9	入口主题广场
10	生态园

总平面图

剖断面分析

休闲服务区景观设计

休闲服务区铺装

祭祀区景观设计

祭祀区铺装

生态景观区景观设计

生态景观区铺装

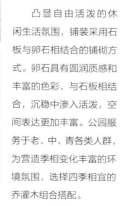

凸显自由活泼的休闲生活氛围，铺装采用石板与卵石相结合的铺砌方式。卵石具有圆润质感和丰富的色彩，与石板相结合，沉稳中渗入活泼，空间表达更加丰富。公园服务于老、中、青各类人群，为营造季相变化丰富的环境氛围，选择四季相宜的乔灌木组合搭配。

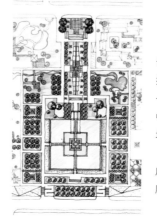

景观设计方案

采用传统园林的设计手法，师法自然，烘托环境氛围。主题围绕一个"静"字。《周礼》中记载祭祀社神之所，均应采用松柏、栗作为"社树"，所谓："夏后氏以松，殷人以柏，周人以栗。"

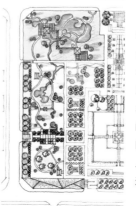

生态景观区重在体现丰富多样的景观设计，细分为荷塘水域种植、生态林带种植和休闲游憩类景观种植，主要采用石材和木材进行铺砌，通过图案的拼接以及铺砌材料的不同，营造生态、自然、怡人的视觉效果，给游人舒适的生态景观体验。

郑州中牟雁月湖生态水系综合治理工程
Water Treatment Project of Yanyue Lake,Zhongmu,Zhengzhou

单位名称：河南省水利勘测设计研究有限公司。委托单位：郑州中牟都市水城建设管理局。主创姓名：何冰。成员姓名：安增强、刘杰、严成、郝小玉、王鹏、李甜甜、李想、闫洒洒。设计时间：2013.01。项目地点：郑州中牟雁鸣湖镇。项目规模：113.5 ha 。项目类别：公园设计。造价：2.69 亿元。容积率：4%。

设计说明：

　　项目包含 4.2 km 长的运粮河及 1.9 km 长的小雁河两条生态河道，面积约 15 ha 的雁月湖位于运粮河主河道上，全区由小雁河从雁鸣湖景区引水，工程总投资 2.69 亿元，包含了河道开挖工程、滨水景观工程、拦河建筑物工程。河道治理标准为 5 年一遇除涝，20 年一遇防洪。

　　设计将整个河流及周边区域看作一个生命共同体，提出了同时满足防洪、水源、水质、水生态、水景观、水经济要求的系统性 "生态水利设计一体化" 河道综合治理新理念，进而提出河畅、水丰、水清、水活、水美、水利的治理目标，力图从根源上解决涉水问题。

　　在保证水利防洪安全的基础上，全区共分十个主要景点，园林景观塑造了河、湖、溪、岛等自然形态元素，以及亭、台、廊、榭等人工形态元素，共同构成一幅自然山水画卷。

　　长期以来，城市河道一直处于水利工程和景观工程隔离设计的模式，本项目属于融合水利工程、生态工程、景观工程、水系补源工程于一体的综合性工程，把河道防洪、休闲景观、水质处理、动植物生境营造，甚至周边城市建筑看作一个整体，进行融合设计，使水利工程的 "里" 与景观工程的 "表" 形成完美结合。

榭亭曲港效果图

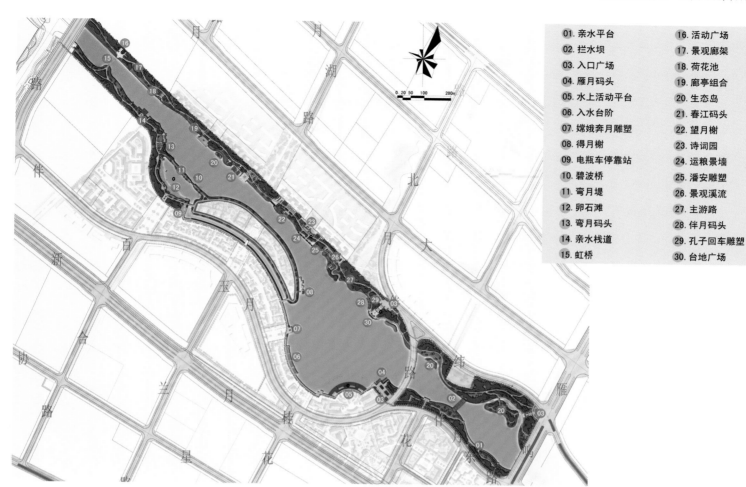

01. 亲水平台　　16. 活动广场
02. 拦水坝　　　17. 景观廊架
03. 入口广场　　18. 荷花池
04. 雁月码头　　19. 廊亭组合
05. 水上活动平台　20. 生态岛
06. 入水台阶　　21. 春江码头
07. 嫦娥奔月雕塑　22. 望月榭
08. 得月榭　　　23. 诗词园
09. 电瓶车停靠站　24. 运粮景墙
10. 碧波桥　　　25. 潘安雕塑
11. 弯月堤　　　26. 景观溪流
12. 卵石滩　　　27. 主游路
13. 弯月码头　　28. 伴月码头
14. 亲水栈道　　29. 孔子回车雕塑
15. 虹桥　　　　30. 台地广场

　　治理前的运粮河，周边多为村庄、农田，与城镇建设基本脱离；主河槽淤积严重，堤防破坏严重，存在很大的防洪隐患；河道生态需水不足，水源单一，且水质污染严重，全为劣五类；河道无明显生态防护廊道，水生动植物匮乏，生态系统严重退化；滨水景观服务功能更无从谈起。

　　面对以上综合性问题，单一的传统水利工程和生态景观工程隔离治理的模式，已无法从根本上满足河流的健康发展需要，必须要采用综合性生态治理模式。

　　设计运用了河槽的景观化、水形的景观化、岸坡的景观化、堤防形式的景观化、堤顶路的景观化等五种融合设计处理方式。生态底槽、河心洲、浅滩的塑造为水生生物提供了多样的栖息场所，改善了河道的基底生态环境；景观化的水形态还原水系自然风貌；不同形式岸坡的改造设计提供了多样的亲水、观水场地，满足当代滨水需求；堤顶的隐藏处理，使堤顶不再是一道明显的"墙"，而是柔化的微地形；堤顶路和游路的结合设计，使单一的交通空间发生改变，形成多样的空间感受。五种要素的融合设计反映了生态、水利、景观的协调统一。

　　项目的建成，有效促进了水利、生态、景观的融合，改善了区域水生态环境，推动了海绵城市建设。

雁月湖实景图

碧波连堤实景图

城市生态休闲公共平台

城市阳台，城市名片
结合地方历史人文，做出特色
结合周边现状及未来周边规划整体考虑
景观风格结合城市地块功能性质
城市阳台，城市名片
城园结合的现代城市公园

年度优秀景观设计

滕州市城市公园及北辛路下穿人行通道方案设计

Tengzhou City Axis - City Balcony Landscape Design

单位名称：悉地（苏州）勘察设计顾问有限公司。
设计成员：李月芬、陆珺、高文旭、毛舜蕴。

鸟瞰图

设计说明：

滕州市城市天台及南侧公园位于滕州市核心区域，北侧紧邻市政府大楼及广场，周边未来规划道路环绕，有已建成的居住区及未来规划的城市商业区。此区域未来必将成为城市中轴线的重要区域。

基地周边有大量二类住宅及各类公共服务设施且紧邻市政府大楼，属于滕州市重要的核心区域。由此可见，城市天台将成为未来滕州对外的靓丽名片。

以人为本的设计理念就是指设计过程始终以满足使用者的需求为出发点和终极目标，来对基地内的各种元素进行系统性的组织规划。

景观设计涉及的环境元素是多种多样的，有自然元素，也有人造元素。

传统设计过于追求对单一人群的满足而使得环境功能趋向单一化。单一化的环境弊端在于不利其他环境元素分享共处。"共生"的理念则模糊了明显的功能区分，力求使得更多环境元素混合在同一环境下，利用不同群之间的差异，互相促进和发展。

4D 设计的理念把时间设计加入到了传统的设计中来，从而使设计作品不再是客观事物的某一时间点的片段，而能更全面地把握好设计作品在较长时间段里符合原本的设计构思。

滕州市城市公园及北辛路下穿人行通道设计方案
Wear passage design of Tengzhou City Park and the North Xin Road
总体效果

滕州市城市公园及北辛路下穿人行通道设计方案
Wear passage design of Tengzhou City Park and the North Xin Road
入口方案二平视效果

效果图

滕州市城市公园及北辛路下穿人行通道设计方案
Wear passage design of Tengzhou City Park and the North Xin Road
入口方案

鸟瞰效果图-夜景

夜景鸟瞰图

滕州市城市天台景观设计方案 Tengzhou City rooftop landscape design

布点图

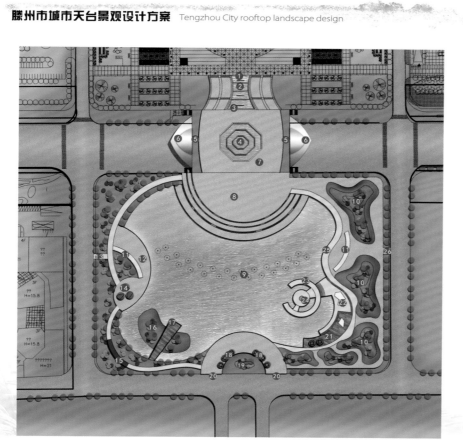

① 北入口
② 特色构筑物
③ 叠水喷泉
④ 创意喷泉
⑤ 景观绿化
⑥ 入口构筑物
⑦ 城市天台
⑧ 滨水广场
⑨ 音乐喷泉
⑩ 坡地绿化
⑪ 特色廊架
⑫ 滨河平台
⑬ 西入口
⑭ 异形树池
⑮ 特色构筑物
⑯ 湖心岛
⑰ 挑高平台
⑱ 特色树池
⑲ 景石
⑳ 南入口
㉑ 防腐木平台
㉒ 异形张拉膜
㉓ 观景台
㉔ 景观雕塑
㉕ 滨河步道
㉖ 东入口

项目布点图

年度优秀景观设计

深圳市福田口岸"红纽带"公园景观设计
Landscape Design for Shenzhen Futian Port Red Belt Park

单位名称：深圳市铁汉生态环境股份有限公司。委托单位：深圳市绿化管理处。主创姓名：林俊英、李俊民、陈燕芳、陈琢。成员姓名：姜颖、朱珊珊、谢娉婷、何祥洲。
设计时间：2014。项目地点：深圳市福田区福田口岸。项目规模：0.4 ha。项目类别：公园设计。

设计说明：

深圳市福田口岸"红纽带"公园，面积约 4000m²，位于深圳市福田区福田口岸南侧，是连接深港两地的门户。公园改造前是一片简单种植的绿地，缺乏整体形象及内涵，根据项目区位的重要性，设计应注重门户景观效果，展现场地文化；场地的主要使用人群是跨境学童、接送人员及出入境人员，他们需要一个放松身心、等候休闲、接受两地差异性文化熏陶、享受精神生活的场所。因此，我们对场地的功能定位是一个形象展示窗口及服务于民的街心公园。

为展现深港情深，展示两地灿烂文化，将深港两地情深的历史及市花交汇相融并呈现，象征两地合作，结成一条共同飞跃的红纽带，公园主题定位为"双花盛、红纽带、深港情"，一个连接两地的"红纽带"公园。

以香港市花紫荆花和深圳市花勒杜鹃为设计灵感，种植一条由紫荆花、勒杜鹃组成的缤纷花带，贯穿于整个场地，形成一条软化的红色纽带；设计一条铭刻深港重要事件的双花游园步道连通场地，在铺装、花池、小品中加入紫荆花、勒杜鹃演化的设计元素，形成一条具象的红色纽带，突出"连接深港纽带"的历史文化主题，增加公园的文化氛围和宣传意义，传播深港两地特色文化，促进深港两地文化交流和社会可持续发展。

"深港携手绘浪漫，双花交映展缤纷"，整个场地营造一种四季繁花的灿烂氛围，形成一个展示及传播深港情谊的文化纽带绿廊，一个服务于民舒适休闲的街心公园，一个精美别致的可持续生态景观！

"红纽带"公园实景

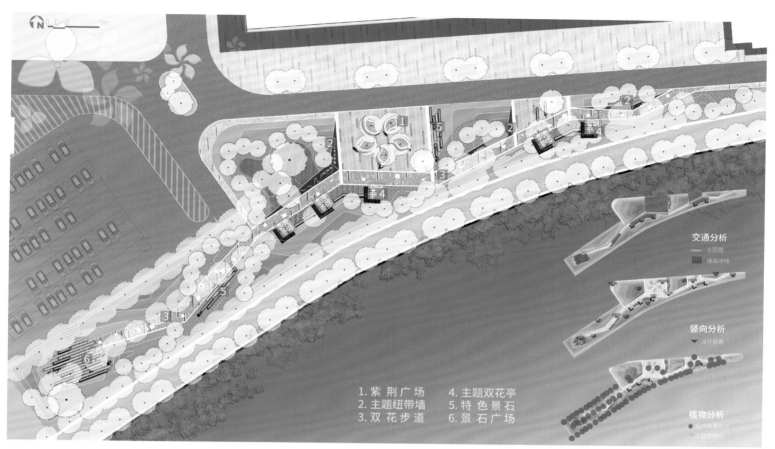

1. 紫荆广场　　4. 主题双花亭
2. 主题纽带墙　5. 特色景石
3. 双花步道　　6. 景石广场

交通分析

竖向分析

植物分析

总平面图

深港情深

美丽　印象深刻的风景　特色　勒杜鹃　文化历史　故事　紫荆花　欣赏　林荫　休憩　生态

交流　团结　象征　学习　停留　漫步

"红纽带"公园效果图

额济纳旗居延海公园景观概念设计

Ju Yanhai's Park, Ejinaqi, China

单位名称：北京西部创景园林景观设计有限公司。委托单位：额济纳旗政府。成员姓名：王标、王晓娟、吕倩、宫宇。设计时间：2013。项目地点：额济纳旗。项目规模：66 700 m²。项目类别：公园设计。造价：4373 万元。容积率：91.2%。

设计说明：

本项目位于额济纳旗达来呼布镇西南、居延西街以南、航天路西、环城南路北、环城西路以东。项目规划总面积66 700m²（南北623 m，东西703 m）。设计范围30 800m²，其中，现有水面面积35 900m²。

方案运用五彩丝绸、浩瀚居延的设计理念，以"人性、公民性"为主体，展现额旗风采，营造一个集社会性、文化性、历史性、生态性、休闲性及商业性于一体的城市公共空间。

规划目标将打造成为额济纳旗最为核心的综合性城市公园，展示沙漠绿洲形象的典范，对外成为额济纳旗发挥旅游休闲功能、商业休闲功能、观光赏景功能的舞台；对内为全市人民提供休闲游憩、户外健身、亲子教育的平台，成为带动额济纳旗开发和建设的联动轴和发动机。

全园规划两个大主题分区：现代新城与居延古道，使历史文化和城市环境重叠交织。将两大主题分区又形成六个功能分区：山顶观光区、文化体验区、休闲体验区、观景展示区、集会演绎区、沙地娱乐区。六个功能分区满足不同人群的需要。公园主要道路流线以丝绸之路的概念贯穿，蜿蜒回转，仿佛穿梭于时代的沙漠之中。铺装的材质设计采用彩色混凝土、黄色洗米石、褐色洗米石等，结合绿色的流动植物线条，寓意沙漠绿洲。

地处边疆的额济纳旗，是一片古老神奇的广袤热土，在当今生态环境恶化、沙漠化严重的历史背景下，恢复和保护额济纳旗的生态系统为当务之急。额济纳旗地处政要中心位置，为城市展示门户。居延海公园为当地唯一区域面积较大的综合性城市公园。

局部效果图

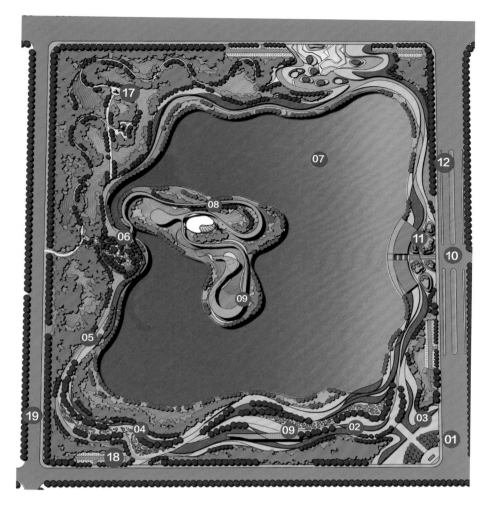

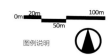

图例说明

01 入口小广场
02 异型绿篱
03 骆驼主题雕塑
04 沙漠绿洲
05 游园环路
06 集会小广场
07 中央水景
08 特色构筑物
09 丝绸走廊
10 次入口种植池
11 亲水平台
12 特色绿化
13 汉简文化
14 胡杨文化展示
15 景石
16 休闲小径
17 山顶平台
18 停车场
19 市政道路

岭南园实景

"泉"——泉山公园景观设计

Quanshan Park Landscape Design,Wuxi,China

单位名称：江苏东珠景观股份有限公司。委托单位：江苏省无锡市锡北镇人民政府。主创姓名：朱小丽。成员姓名：施界洪、铁超、仇佳、严春晖、许益、李泽岚。
设计时间：2011。项目地点：无锡市锡山区。项目规模：6.56 ha。项目类别：公园与花园设计。造价：3262 万元。容积率：88%。

设计说明：

泉山公园的设计主题为"泉"，可持续景观是依托"泉"和自然生态性理念，营造仿生自动化水处理系统的方法与应用，也是植物生态群落的构建。

"泉"的自然形态有机论融合景观各元素，将花、灌木、地被与园内水体、道路、场地等互相交融，进行有机的组合，互相交融、延伸形成密织的网络，形成一个完整连续的生态系统。"泉"主题的生态性和可持续性体现在方方面面：自然型水系、入口景观泉、主广场旱喷、茶文化等。

泉山公园的仿生自动化水处理系统的核心是一条呈带状、进行循环净化的人工水质维护系统。YMW 仿生自动化水处理系统可深度处理达到自来水标准的水，无须换水，循环处理。运行成本低，水力自动化，管理方便。用材环保（UPVC），无腐蚀，耐老化，保用 40 年以上。能够达到景观水出水水质清澈，营造生态自然、清新生动的美景，提供水景循环用水，还能满足公园自身的绿化灌溉及道路冲洗等需要。

公园绿地率达 88%，绿化种植采用自然栽种的形式，绿化部分以乡土植物如榉树、香樟等为主。常绿植物与落叶植物的配比为 2：1，乔木创造特色滨水景观及序列性的植物景观，地被依托地形设计创造丰富多姿的植物生态群落，在实现公园四季植物景观的同时，加强水生植物的运用，通过选择丰富的植物物种和建立多样的生态群落结构，在这三个总体设计理念的基础上，完美体现可持续城市理念。

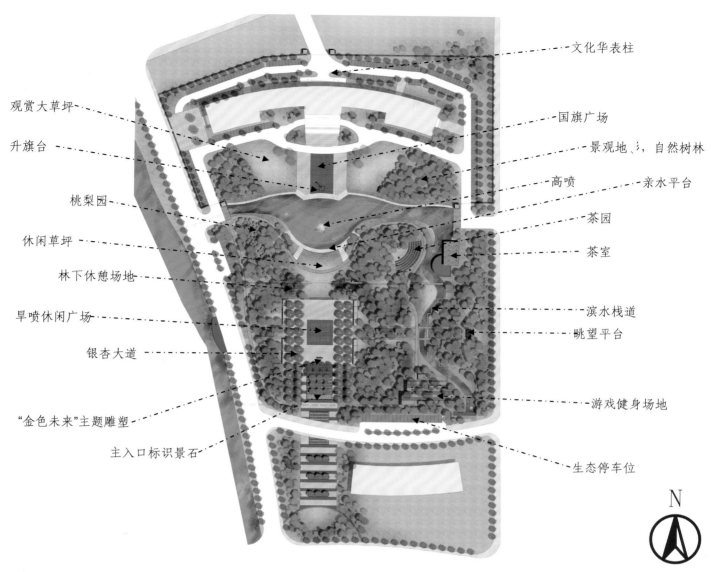

观赏大草坪

升旗台

桃梨园

休闲草坪

林下休憩场地

旱喷休闲广场

银杏大道

"金色未来"主题雕塑

主入口标识景石

文化华表柱

国旗广场

景观地形，自然树林

高喷

亲水平台

茶园

茶室

滨水栈道

眺望平台

游戏健身场地

生态停车位

N

年度优秀景观设计

天津滨海旅游区海堤公园景观设计
Landscape Design of Dam Park in Coastal Tourism Area of Tianjin

单位名称：北京正和恒基滨水生态环境治理股份有限公司。委托单位：天津滨海旅游区投资控股有限公司。主创姓名：黄君。成员姓名：范勇、段彬、商洪池、胡杰冰、靳秾。设计时间：2014.12。建成时间：在建。项目地点：天津滨海旅游区。项目规模：17.8 ha。项目类别：公园设计。

设计说明：

1．项目背景

滨海旅游区是天津市委、市政府着眼滨海新区开发和"旅游强市"战略做出的重大战略部署，是滨海新区"十大战役"和九大功能区的重要组成部分，也是滨海新区唯一以旅游为主导的功能区。

海堤公园位于滨海旅游区西南角，东至滨海高速，南至海旭路，西至安佳路，北至海博路，占地面积17.8 ha，项目区距离滨海旅游区投资服务中心东侧不足500m，是从中央大道和滨海高速进入旅游区的门户型景观。

随着新的堤防建设完成，原有海堤堤防功能消失，老海堤成为见证场地演变历史的景观要素；老海堤外侧为荒废的滩涂地，有大量的积水及建筑垃圾堆积，视觉效果较差，环境综合治理提升迫在眉睫。

2．规划设计基本思路

结合周边区域用地性质和功能需求，规划完善的生态修复、绿地游览体系，建设一处集生态示范、休闲游憩于一体的滨海郊野公园。营造自然、郊野的景观氛围，提供丰富的生态活动场所，构建滨海绿色生态走廊。

3．规划设计特色

设计结合多项自有知识产权应用（本公司自有专利）：盐碱地治理技术以及多类型的生态驳岸施工工艺。

海堤公园独有的生态示范功能：盐碱地特色植物科普展示系统；多种生境生态修复系统；盐碱化棕地生态重建及景观营造示范；节约型、可持续景观设计——完全利用雨水形成17 m² 的生态公园；运用低影响景观设计策略，实现雨水的回收利用，同时利用乡土植物降低生态需水量，降低养护及长期维护费用；主园路采用透水混凝土，增加雨水下渗。

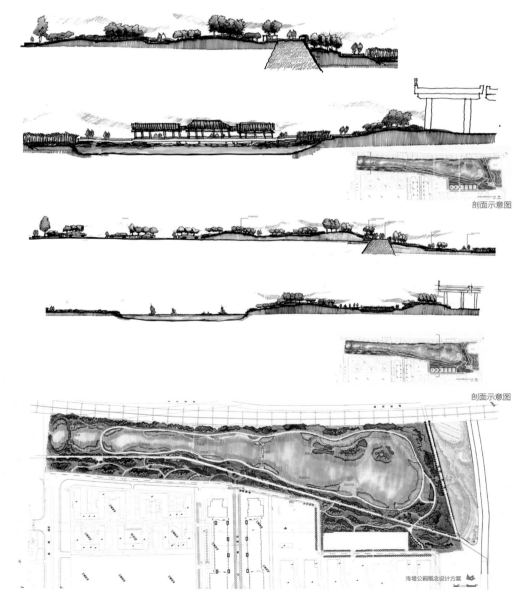

剖面示意图

剖面示意图

海堤公园概念设计方案

拱桥效果图

观景亭效果图

假日休闲广场效果图

老海堤改造后效果图

帆船码头效果图

滨水栈道效果图

阳光沙滩效果图

滨水草阶效果图

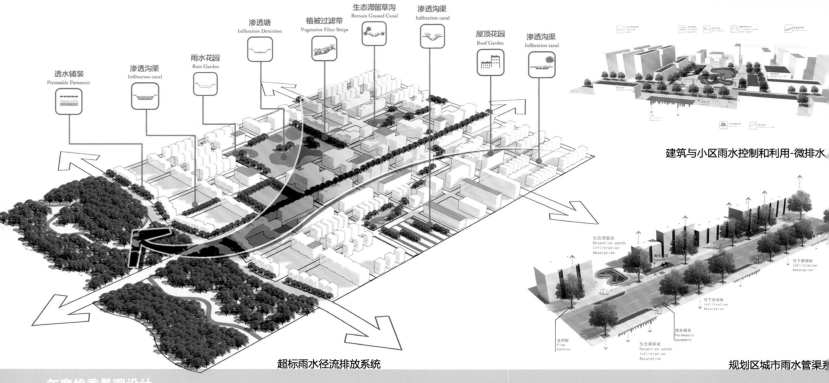

透水铺装 Permeable Pavement
渗透沟渠 Infiltration canal
雨水花园 Rain Garden
渗透塘 Infiltration Detention
植被过滤带 Vegetative Fiber Strips
生态滞留草沟 Remain Grassed Canal
渗透沟渠 Infiltration canal
屋顶花园 Roof Garden
渗透沟渠 Infiltration canal

超标雨水径流排放系统

建筑与小区雨水控制和利用-微排水

生态滞留池 Detention ponds Infiltration Absorption
可下渗绿地 Infiltration Absorption
可下渗绿地 Infiltration Absorption
流控制 Flow Control
生态滞留草沟 Detention ponds Infiltration Absorption
透水铺装 Permeable pavement

规划区城市雨水管渠系

年度优秀景观设计

迁安市滨湖东路东侧绿化带景观工程

Design of Binhudonglu Park on the East Side Green Landscape Engineering of Qianan

单位名称：北京正和恒基滨水生态环境治理股份有限公司。委托单位：迁安市园林局。主创姓名：曹辉。成员姓名：商洪池、张蕾、律扬、温小雄、乔旭、王萌、付志雄、杨茜、杨桦、曹文君、胡嘉。设计时间：2015.5。方案类。项目地点：河北省迁安市。项目规模：20.3 ha。项目类别：公园设计。

设计说明：

1. 区位现状

滨湖东路东侧带状绿地位于河北省迁安市，南起惠昌大街，北至惠民大街，总面积为 20.3 ha，设计红线宽度为 80 ~125 m。为了更好地发挥"海绵城市"的实际效果，将研究范围扩大至滨湖东路东侧绿化带开始向东涵盖居住区、教育科研区和商业区共 257.3 ha 用地。

2. 海绵城市实施策略

策略一：系统化，为保证项目建设成自然积存、自然渗透、自然净化的海绵城市试点工程，项目采用区域径流管理模式，将城市建设用地、市政道路系统和城市绿地有机地整合在一起，建立起"高、中、低"层次系统化的径流管理方式。

策略二：数据化，项目设计采用了雨水管理模型等科学的设计方法，详尽的数据支撑为项目落地奠定了坚实的基础。

策略三：指标化，项目以迁安市海绵城市建设总体指标为依据，将指标下放到城市绿地的各个区域，使各区块绿地达到年径流总量控制率的要求。

策略四：样板化：① 源头控制——小海绵系统（建筑与小区雨水控制和利用 - 微排水系统）；② 分散处理——中海绵系统（规划区城市雨水管渠系统）；③ 合理集蓄——大海绵系统（超标雨水径流排放系统）。

通过源头控制和分散处理的技术实施后，剩余积水汇入周边自然绿带等洼地进行拦储。将水系、小区、建筑、道路、绿地、地上、地下综合一起形成区域生态大海绵系统。

实施策略

渗
渗透同时具有过滤净化功能

滞
暂存雨水削减洪峰

蓄
储存雨水

净
净化保鲜

用
雨水利用

排
一方面溢流排放一方面使用排空

原理示意图

① 入口广场　② 连岛　③ 芦苇水花园
④ 雨水花园　⑤ 求知小径　⑥ 生态草溪
⑦ 生态滞留沟　⑧ 亲水活动广场　⑨ 绿色屋顶
⑩ 科普展示池　⑪ 漂浮栈道　⑫ 停车场

平面图

鸟瞰效果图

130

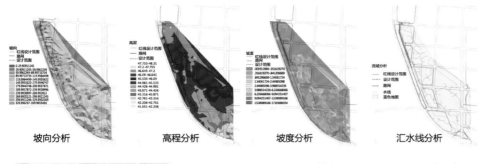

坡向分析　　　　高程分析　　　　坡度分析　　　　汇水线分析

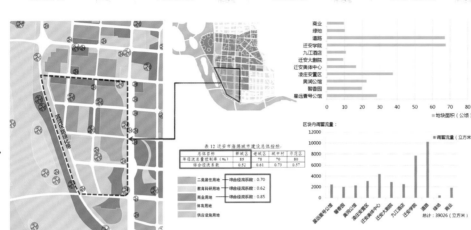

雨水花园枯水期效果图

雨水花园丰水期效果图

雨水广场效果图

植草沟效果图

雨水花园效果图

雨水花园效果图

雨水花园效果图

雨水花园效果图

年度优秀景观设计

淄博市上海路防洪景观河设计

Landscape River Flood Control Landscape Design on Shanghai Road of Zibo

单位名称：淄博市规划设计研究院 。委托单位：淄博新城区开发建设指挥部。主创姓名：赵帅。成员姓名：汪应桃、黄蕾、房峥、梅良玉。设计时间：2013。
项目地点：淄博市高新区。项目规模：16.8 km。项目类别：城市公园设计。投资：5100 万元。容积率：10%。

设计说明：

上海路防洪景观河位于淄博城区西侧，河道全长 16.8 km，流经高新区、张店区、桓台县汇入大寨沟，最终流入小清河。上海路防洪景观河城市段是淄博市未来发展的重点区域，是集商务金融、居住、休闲运动、生态等一体的城市中心区。防洪景观河城市段全长 5.8 km，承担了新区 35 km² 的汇水面积，是一条兼具防洪排涝、景观休闲、生态自然功能的人工景观河道。

场地定位：记忆中的碎石河滩。

人类原生意识里对自然都是依赖和向往的，因为人本身就从未脱离过自然环境。而防洪景观河的场所精神是宜居、休闲、田园、水丰草美的人文风情。联系本案的场地，面对周围恢宏的人工硬质景观，追求原有生态自然田园的生活环境变成了众望所归的渴求。场地设计要求在满足防洪的基础上突出景观休闲特色，利用植物景观固定土壤，通过利用雨水沉积系统及生态滚水坝拦蓄雨水突显其生态效应。在有限的空间内河道线形抽取出大曲线的自然线形提升景观效果。

设计特色：

① 利用乡土植物及固土植物防护河岸。

② 运用自然美学修复河流的蜿蜒线型。

③ 用堆石河岸和台地削弱原有的陡坡防洪墙。

④ 用河道开挖所得的土方塑造微地形，场地内平衡土方。

⑤ 设计雨水滞留坑渠及滚水坝截留雨水补充地下水。

柳岸樱堤实景

132

景观河实景

年度优秀景观设计

昆山南部水乡湿地公园 (明镜荡水利风景区)景观绿化项目
South Water Wetland Park, China

单位名称：南通市市政工程设计院有限责任公司。主创姓名：陈梦龙、李颖。成员姓名：李旭、秦虹。设计时间：2015。项目地点：昆山市明镜荡水利风景区。项目规模：24 ha。项目类别：公园设计。

设计说明：

本项目位于具有文化底蕴又具有与时俱进精神的魅力城市——昆山。

昆山市位于江苏省东南部，上海与苏州城区之间，地处中国经济最发达的长江三角洲，昆山市委、市政府以生态文明理念为引领，力求实现水利风景资源的科学规划、有序开发、适度利用和持续发展。通过水利风景区建设，深度挖掘本土水利文化，创造水利旅游新亮点，拓宽水利社会服务功能，确立多目标融合发展模式，推进美丽中国和美丽乡村建设。

锦溪镇，河道纵横，湖荡交错，是太湖下游经典的水乡泽国。2012 年，昆山市开始实施"南部水乡岸线综合整治工程"，打造锦溪明镜荡国家级水利风景区。

明镜荡位于锦溪镇西北角，湖泊面积约 2.99 km²，水面倒影与周边自然景色融合，宛若浓妆淡抹的水彩画。

本次景观绿化工程沿明镜荡大堤东侧区域防洪大堤内侧约 12.5 m 的景观塑造，景观设计总面积约 23 万 m²，长约 3.6 km，总投资约 3000 万元。设计类型包括绿化、栈道、建筑、小品、浮雕景墙、景观船、标识系统、旅游设施、停车场、休憩设施等。设计内容包括：植物物种选择、配置，环湖水生植物配置、种植等。明确绿化配置原则，结合地貌现状，因地制宜，以自然种植为主合理选择植物种类、种植方式，注重植物四季变化和色彩搭配，形成层次丰富的绿化景观，凸显地方特色。

同时，结合现状考虑未来农家乐、民宿、对进村入口、景点入口、停车场以及小品、小径、雕塑、景观灯、标识系统等的规划。

在大堤西侧 2 个小岛，适当配备与周边地貌相匹配的功能性设施，如亲水平台、垂钓、烧烤、露营、农耕文化体验等亲子游项目，并结合湖泊村落污水环境整治，大堤外侧沿湖水生植物的选择与配置，兼顾景观与水质净化功能，充分彰显建设生态岸线的作用。

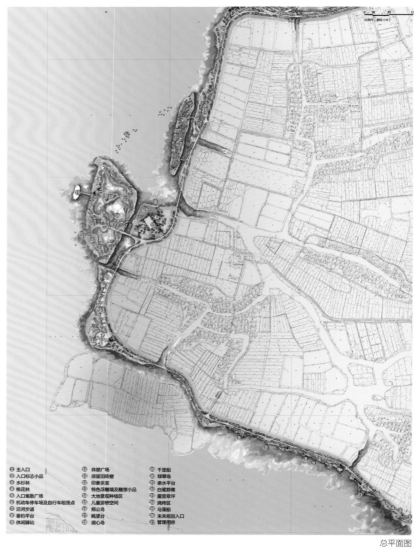

① 主入口　⑪ 休憩广场　㉑ 千里船
② 入口标志小品　⑫ 保留旧砖窑　㉒ 绿翠岛
③ 水杉林　⑬ 印象茶室　㉓ 亲水平台
④ 桃花林　⑭ 特色浮雕墙及魅惑小品　㉔ 白鹭栖栖
⑤ 入口集散广场　⑮ 大地景观料相区　㉕ 露营草坪
⑥ 机动车停车场及自行车租赁点　⑯ 儿童游憩空间　㉖ 烧烤区
⑦ 沿河步道　⑰ 郊心岛　㉗ 乌蓬船
⑧ 垂钓平台　⑱ 桃望台　㉘ 未来规划入口
⑨ 休闲驿站　⑲ 郊心岛　㉙ 管理用房
⑩ 　⑳

总平面图

草荡飞鹭效果图

公园入口效果图

乐山五洲汉唐居住区景观方案设计
Leshan Wuzhouhantang Landscape Design

单位名称：成都黑白之间景观规划设计有限公司。委托单位：乐山五洲置业发展有限公司。主创姓名：唐盈、张玮。成员姓名：钟懿、曾霖。设计时间：2013。项目地点：四川省乐山市。项目规模：925.7 km²。项目类别：居住区设计。造价：2939 万元。容积率：3.7。

设计说明：

五洲汉唐是一个典型的新中式项目。所有的设计矛盾聚焦在"古"与"今"的延续、融合。

这样的延续、融合，从另外一种角度来讲，其实就是一种"可持续"。

在设计上，尊重项目所在地乐山"山水城市"的城市特征，延续了乐山人民靠山而居，临水而乐的生活状态，抽象了传统川西民居抬梁式的结构特征，提取了传统文化元素符号，规划了适宜现代人生活需要的景观流线和功能节点。根据建筑总体规划设计了五个庭院，提出"水上院子"这一景观理念。文化上运用水的九品，赋予庭院以不同的文化主题和卖点，着力营造统一的文化意境与多变的空间感。设计将文化符号贯穿至整个项目的各个细部小品部件，而通过植物及构筑的穿插遮挡构建出不同尺度的庭院空间，可以对应不同功能需要的人群，规划相宜的动线，让居住者在游览的过程中体验或私密或开放的丰富景致。在技术和材料方面，设计运用生态水循环系统及节能材料减少能耗，同时选用仿古仿真材料软化人工与自然的界限，让自然与居住活动环境相互渗透，相互依存。

项目整体贯彻了可持续的景观理念，从文脉、生活习惯和技术材料三个层面全方位营造与时俱进的居住区景观，通过项目的实施来践行宏观的概念，为探究可持续发展的未来提供一些借鉴。

1	主入口水景
2	屏风景墙
3	化龙湖
4	景观折桥
5	齐物亭
6	落英香溪
7	贤良亭
8	消防通道
9	龙庭抱一
10	涤心溪
11	健身场地
12	童趣乐园
13	特色铺装
14	龙庭坐忘

项目总平面图

园区效果图

龙庭坐忘效果图

龙庭抱一效果图

折桥效果图

涤心溪效果图

入口景观实景图

屏风景墙实景图

云壁景墙实景图

云壁景墙实景图

齐物亭实景图

龙庭抱一实景图

龙庭坐忘实景图

东泰·翡翠郡景观设计

The Landscape Design of the Residential Area of Dongtai Dijinwan-Feicuijun, Guanghan.

单位名称：成都海外贝林景观有限公司。委托单位：广汉东泰房地产开发有限公司。主创姓名：唐朝勇。成员姓名：郝静、许苹。
设计时间：2014.01。项目地点：四川广汉。项目规模：13.42ha。项目类别：居住区环境设计。造价：375万元。

设计说明：

本项目位于广汉青广什公路西侧，基地呈棱形，南北纵深约400 m，东西宽约320 m。基地北侧与帝景湾一、二期住宅区围墙相隔，西侧为空地，东侧为青广什公路，南侧为规划道路。

东泰·翡翠郡总建筑面积约39.59万 m²，占地约13.42ha，主要由十四栋高层住宅建筑、十三栋小高层住宅建筑、幼儿园、沿街商业用房、物业配套用房以及地下车库组成。地下室为一层地库，主要功能为机动车停车位，局部为自行车库及设备机房、配电房等设施。

孔子云"富与贵，人之所欲也。不以其道得之，不处也"，"贵族"是具有丰富人文内涵的一种特指，最早起源于欧洲，作为一种历史文化传统，贵族不仅意味着一种地位和头衔，也意味着社会行为准则和价值标准。贵族同时也是一种生活方式。贵族精神的第一个特点是骑士精神，勇敢尚武，光明磊落，尊重女性并延及孺弱。贵族精神的第二个特点是强烈的主人翁意识和社会责任感。因此，我们提炼出"和谐的矛盾"设计理念——精致的自然、理性的浪漫，以贵族情怀为魂，装饰艺术为形。

首先，我们以三大设计原则为主轴：① 合理分布空间、节点、以满足居民、消费者等人群的日常活动。② 紧扣主题，体现出"贵族"这一典型的场所精神，区别于周边楼盘，从而形成鲜明的文化特色。③ 本着经济、实用、美观的原则，以植物造景为主要的景观基调，点缀精美的硬景、小品等文化元素，巧妙地赋予该项目以特定的精神特质，这关系到该项目今后的营销推广及市场定位。

美仑港效果图

景观总平面图

主入口效果图

白露源水效果图

蓝汀岸效果图

龙湾半岛效果图

美仑港效果图

在设计手法上，在传统欧式园林的基础上对景观元素提炼设计，平面上采用组团式构成设计，平面构图简洁大气，通过对消防通道的情趣性设计，消除道路的单调感。植物配置上点缀修剪造型的灌木，配合地被和乔木，形成富有韵律的层次感，就像音乐的节奏感一样。

主入口区域，以"贵族精神"中最为关键的一点——英勇（valor）为主题，采用英勇贵族的勋章为地面铺装元素，打造出一枚别具一格的社区名片。

主景观水系区域，吸取"贵族精神"特征——高贵为主题，意在通过自然水系景观的打造呈现出极具高雅的景观中心区域，陶冶居民的审美情趣。

休闲健身区域，吸取"贵族精神"特征——勇敢为主题，意在创造一个健康、向上的社区环境。

休闲大草坪区域，吸取"贵族精神"特征——高雅为主题，意在创造一个和谐融洽的社区人文环境。

会所景观区域，吸取"贵族精神"特征——精神为主题，所谓的"贵族精神"承载了高尚的人格理想、高贵的精神气质和高雅的审美情趣。所有的精神特质凝聚在一起就形成了一种"精神"，所以它需要一颗足够强大的心。景观上采取了简练、大气的手法，与"精神"相匹配。综合上述理念的阐述，项目的平面规划提供了较大的发挥空间，较为整齐的排布充满了实用主义的味道。水景的自然流露成为一种景观特有的景观构架。整个风格的定位为景观得出了一种必然性，形成了"一湖两溪六组团"的景观格局和体系。设计以纯美的自然风光为蓝本，突出了"鲜花"、"溪涧"、"阳光"等自然景观元素，形成了一湖（龙湖）、两溪（香枫溪水与白露源水）、六组团，根据整个景观脉络，让业主穿梭园区中，体验移步异景的景观感受。处处皆成景，处处展现着尊贵精致和大气的贵族情怀园林。

年度十佳景观设计

梅州·梅江水岸景观规划设计

Meizhou, River Shore Landscape Planning and Design

单位名称：深圳市贝尔雅环境艺术设计工程有限公司·谢军工作室。 主创姓名：谢军。 成员姓名：罗亚西、杨洁、袁涛、陈臣。 设计时间：2015。 项目地点：梅州市江南区。
项目规模：1.71 ha。 项目类别：居住区环境设计。 造价：660 万元。 容积率：3.5。

设计说明：

该项目占地面积约 1.71ha，除去外围商业街内部社区花园约 5500 m²，再减去道路及活动空间庭院部分，实际绿化面积约 3500 m²，且建筑都为高层，容积率高、建筑密度大。如何在满足各项功能的前提下打造一个既具有可持续性发展的生态景观又能让人们赏心悦目颇具艺术特征的人文景观将是设计要面对的难题。

设计主题：科技、生态、宜智、文化。

充分利用先进的科技手段如：光伏发电环保节能、水雾系统、雨水收集及循环利用，循环水系降温减尘。景观构筑物、铺装、装饰尽量采用环保材料如：竹、透水材料。植物配置多采用乡土树种，在保证效果的同时减少中间层次。将智力开发、人械互动、寓教于乐融入场景设计中。传统中式文化元素贯穿其间，如：入口大门设计构思来源于传统山墙造型、拴马柱及各种中式小品。

各项功能区及景观节点：入口社区活动广场、儿童嬉水喷泉、竹苑茶社、禅思小筑、涓涓细流、海市蜃楼、别院深深，儿童活动区（分为幼儿、少儿、少年）、青春驿站（咖啡、社区网络加油站、健身房、读书社）、老人活动区（棋乐无穷、舞动人生）。

梅州是客家之都，在当地还一直传承着比较深厚的传统文化，且客家人性情豪爽、民风质朴。所以项目开始定位为：中式文化，现代风格。设计构思从新中式到现代中式再到简约中式，几易其稿，一直到最后形成"现代自然为主，中式元素点缀"的设计指导思想。

景观设计发展到如今，不外乎两种趋势：其一，强调装饰性，推崇视觉第一，要求铺装的多样化、植物配置的多层次化、小品的个性化、构筑物的复杂化等，如，早期贝尔高林的作品；其二，强调项目最终的生态效果，提出景观不仅是给人看的，更多是给人用的。一个项目从建成到完成，它的使命可能会有几十甚至几百年，过多的花岗岩、石材铺砖及造型都会在投入使用几年后逐渐失去它们的光彩，而且繁重的维护成本也将成为社区的一大负担。一个优秀的环境景观设计绝不是看它开盘的光鲜夺目，而是要考虑在十年二十年甚至经历更长的时间后，是否还能给生活在这里的人们带来身心上的享受。如何营造可持续发展的环境景观将指导设计过程不断去探索、追求。

大门夜景效果图

人行出入口夜景效果图

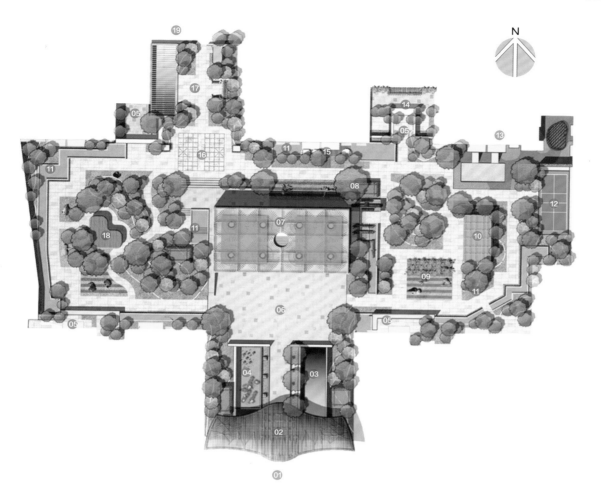

N

图例：

01 主人行出入口
02 大门
03 地下车库出入口
04 入口水景
05 入户
06 社区广场
07 风雨亭廊
08 水车
09 动物世界
10 竹苑茶社
11 循环水系
12 羽毛球场
13 儿童天地
14 别院深深
15 青春驿站
16 棋乐无穷
17 舞动人生
18 禅思小筑
19 次人行出入口

入口水景效果图

社区广场效果图

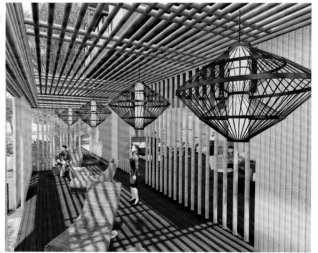

咖啡物语效果图

禅思小筑效果图

入户效果图

竹苑茶社效果图

惠州市中航·维拉庄园 C2 栋别墅花园

Weila Garden · Zhonghang, Huizhou

单位名称：惠州市风艺园林景观设计有限公司。主创姓名：郑艺坛。成员姓名：曾小玉、林宪咏、郑晓慧。
设计时间：2013。项目地点：惠州市惠东区。项目规模：0.1ha。项目类别：别墅花园设计。造价：300万元。

设计说明：

中航·维拉庄园占地 113.3 ha，容积率仅 0.67，为惠东第一大项目，项目位于位于惠东县城近郊区，到县城中心仅 5 分钟车程，广汕公路、环城路紧临小区出入口，交通便利、配套齐全。距离深圳约 1 个小时车程，距离惠州市 40 分钟，属于深、惠的后花园。中航·维拉庄园一期共建有 104 栋独栋别墅，每户有 320~560 m² 的私家园林，大部分临水而建，呈不规则排列，南北通透，光线好、楼距宽、私密性好。

维拉庄园实景

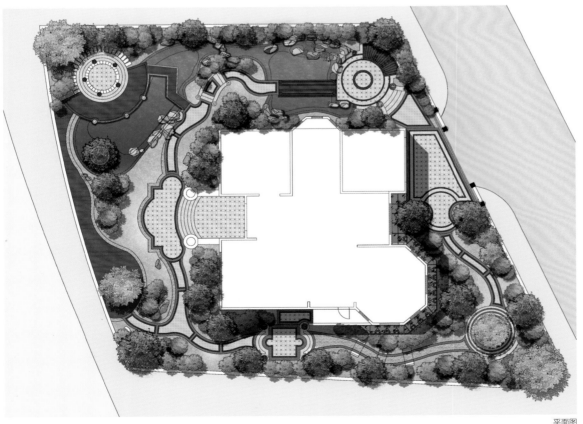

平面图

手绘鸟瞰图

　　本项目设计为独栋别墅中最具代表性的一户，别墅背山面水，仿佛从地坪中长出一般，与周边环境融为一体。整体花园以欧式风格为主，花园内布置以功能及观赏为主；花园中一亭一台，一草一木，皆经过精心挑选及摆设，使得整个花园源于自然，而又高于自然。

　　情迷欧韵，是花园设计时所定主题。

　　别墅以欧式风格为主基调，将庭院划分为观赏、活动、休闲、种植四片功能区域，团队所理解的景观设计，是以人为根本出发点，以人为本，继而对自然进行雕琢。花园的建设，不是一味地用奢华去装饰，更多的应该将观赏与功能相结合。因此，以花园为理念，以纯美的鲜花和微坡草坪体现风情感。整个设计以小轴线组织，园路将各节点连接起来，雕塑、水景设计在轴线的交会点，带出闲适的庄园式生活情调。漫步于庭院中，玫瑰花在风中摇曳，光影之下，无处不洋溢着纯美花园风。

　　空间功能上，通过小轴线组织，合理分布别墅的各空间功能，并以园路将各功能节点连接起来，为主人带来欧式庄园的生活情调。细节上，通过花钵、雕塑、微坡草坪等软硬景的有机结合，打造最为精致的景观。

维拉庄园实景

年度十佳景观设计

富贾楼台梦芙蓉——天津富贾花园景观规划设计

The Sklii of Design Fujia Garden，The Culture of Tang Dynasty Lotus Flower

单位名称：广州市林华园林建设工程有限公司。委托单位：天津市汇森房地产开发有限公司。主创姓名：敖水泳。成员姓名：邓晓鸣、罗星海、吕伦雯、刑贞挺。
设计时间：2014.6。项目地点：天津。项目规模：4.00662 ha。项目类别：住宅区设计。

设计说明：

天津富贾花园项目位于天津市河北区中山北路，比邻北宁公园，三面环景。北侧与北宁公园一墙之隔，西侧与天津市铁路分局第一招待所相临，东侧为北宁公园南入口通道，南侧为中山北路，地理位置优越，交通便利。本次设计考虑到东方传统微地理格局与现代手法演绎的交织，特将主题设定为"富贾楼台梦芙蓉"，旨在将传统唐风元素融入现代居住区设计之中。方案运用回归自然、回归人性本源的设计理念，将游人融入大自然；通过富有想象力的童话故事演绎，营造森林、沙漠、山丘、草地、湖泊等童话故事背景，在这样缤纷多彩的自然环境中，为儿童提供科普教育、游玩娱乐、益智健身等活动，让儿童在大自然中快乐学习、游戏、健身，塑造良好的个性，使人与自然和谐共生。

土地利用规划应遵从自然固有的价值和自然过程。项目用地一侧的北宁公园取诸葛武侯宁静致远之语，命名为"宁园"。全园基本沿袭中国古典造园的手法，叠山理水，花木亭阁错落其间。一墙之隔的富贾花园中隐于市，居闹市之中，视嘈杂于不闻不见，独守内心一份安宁。如何运用景观与文脉的交织去传达古人所依恋的这份情怀，在以"数字"、"速度"为考量标准的今天，如何以发展的观念启迪人们适当放慢工作、生活的速度，用豁达的心态追求快乐人生，是设计师需要解决的首要问题。最终，我们在景观与文脉的交织中找到了中隐情怀的归宿。

富贾花园居住区园林设计的一个主要功能，就是使都市游客可以两全其美：他们一方面可以享受隐士的居住理想，一方面却又无须放弃都市的生活文化、社交及各种便民设施。

春景效果图

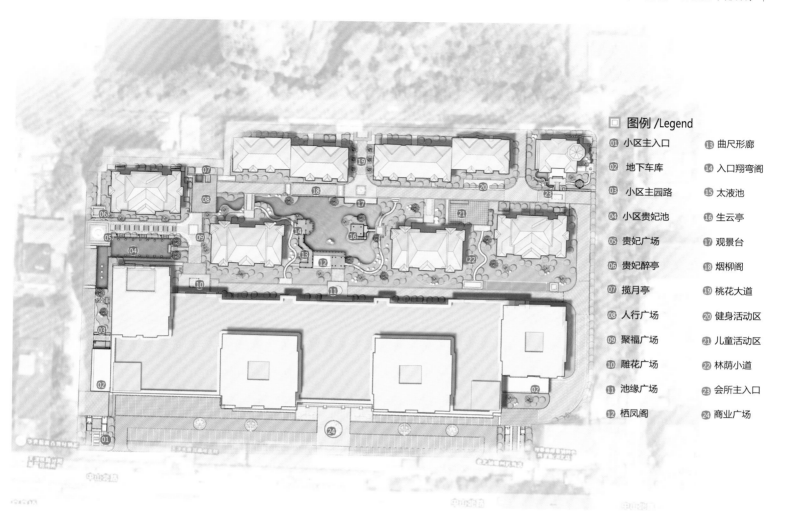

图例 /Legend

01	小区主入口	13	曲尺形廊
02	地下车库	14	入口翔弯阁
03	小区主园路	15	太液池
04	小区贵妃池	16	生云亭
05	贵妃广场	17	观景台
06	贵妃醉亭	18	烟柳阁
07	揽月亭	19	桃花大道
08	人行广场	20	健身活动区
09	聚福广场	21	儿童活动区
10	雕花广场	22	林荫小道
11	池缘广场	23	会所主入口
12	栖凤阁	24	商业广场

入口景观

富贾花园旷远舒展的景致如同一幅展开的水墨长卷，浓淡相宜，令人流连。

奇石和植物沿着院墙摆设，高低错落，形态各异，与建筑巧妙结合。

精美的小桥，从植物的攀越可以看出桥的历史，桥前的花石铺路描绘着吉祥的图案。

曲廊和建筑围合成变化自由的空间，墙上的景窗可以将另一侧的庭院景色借入园中。建筑体量较小，临水而建，台前的垂檐，雕刻精细，镂金染彩，金碧辉煌，屋顶的装饰更是惟妙惟肖。

雨景效果图

宝鸡宏运海河湾展示区设计
Hongyun Gulf, Display Area Design,China

单位名称：西安方土园林景观设计有限公司。委托单位：宝鸡宏运集团。主创姓名：周鹏坤。成员姓名：朱富强、孙煜浩、丁凯军、张政廉、邓豪、付娜、朱柯旭。
设计时间：2014。项目地点：陕西省宝鸡市。

设计说明：

在生活质量日益提高的今天，优美的景观环境成为消费者选择居所的原动力。"海河湾"坐拥城市繁华，构建宜居品质，其优秀的品质特性体现于区位、规划、建筑、景观等诸方面。景观设计承载着开放场地、自然环境、显露生机、营造品质的特征性需求，其空间感受、品质认同、环境体验、文化归属均是本案的重要课题。如何营造"海河湾"的环境品质，如何将规划、建筑与景观设计融合为一个完整的体系，认真研究与分析场地，注重居住人群对于场所的生活要求与行为规律，是本案景观创造的思想出发点。

设计实景照片

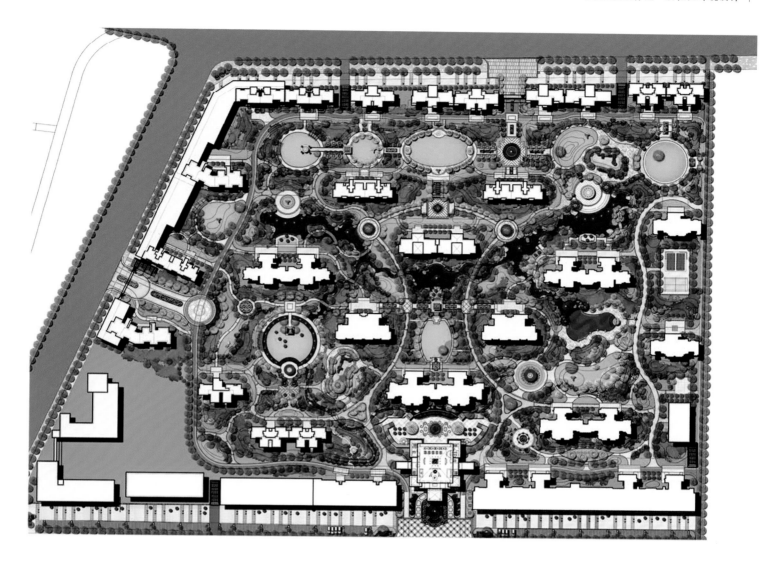

鸟瞰效果图

实景效果图

售楼部效果图

售楼部效果图

实景效果图

中国院子万振紫蓬湾景观规划设计

Chinese Courtyard · Landscape Planning and Design of Wanzhen Zipengwan

单位名称：安徽瀚一景观规划设计院有限公司。委托单位：安徽万振房地产开发有限责任公司紫蓬山分公司。主创姓名：冀凤全。成员姓名：汪锡超、徐德培、邓冠如、陆静。
设计时间：2014.06。项目地点：合肥市肥西县紫蓬山风景名胜区。项目规模：25.5 ha。项目类别：居住区环境设计。造价：2.04 亿元。容积率：1.0。

设计说明：

本项目位于安徽省合肥市肥西县，地处紫蓬山风景名胜区，距肥西县城及合肥市中心分别为 19 km 和 30 km，现状交通便利。项目整体占地面积约为 25.5 ha，规划建设用地约为 11.9 ha。其中已建商业用地 23 892.3 m²。

规划内容：结合新中式风格和基地的自然资源优势，对基地进行景观整体布局、宅间景观布局、院落景观布局，构建以"结庐紫蓬，乐享人生"为主题的中国院子景观，营造"一湾，三岛，六院，九景"的人居环境典范。

指导思想："自然、和谐、传统、舒适"，营造注重环境体现传统美学的居住氛围，最终实现"以山为名、以水为灵、以建为景，以居为生"的区域规划。

规划原则：① 全景观原则：把建筑看作景观的重要组成部分，自然与人工景观达到高度和谐统一。② 多功能原则：充分考虑区内各功能分区的合理服务半径，提升居住环境的品质。③ 生态化原则：尽量保持原始地形地貌，大量使用本土树种，将土地使用与环境资源配置以最适宜的用途，使资源得以高效利用。④ 市场化原则：整体基本满足经济技术指标。⑤ 人文化原则：竭力打造高质量、高层次的居住环境。

规划目标：充分利用现有的自然及人文资源，并在呼应紫蓬山森林公园环境的同时，为景区提供部分服务配套设施，通过传统的建筑风貌、与自然协调的园林景观、科学合理的建筑布局、和谐宜居的空间尺度为合肥市打造精品山水景观宜居项目。

十合院沿街透视

图例：

① 无为岛
② 逍遥岛
③ 清风岛
④ 紫蓬老街
⑤ 入口景观大道
⑥ 滨水景观
⑦ 组团景观
⑧ 拦水坝
⑨ 静远桥

沿河透视图

夜景鸟瞰图

4 组团鸟瞰

中心岛鸟瞰

南入口效果图

沿河透视

年度十佳景观设计

世悦凯旋山园林景观规划设计
The Landscape Planning and Design of Shiyue Kaixuanshan

单位名称：广州华苑园林股份有限公司。委托单位：河南世悦置业有限公司。主创姓名：钟超明。成员姓名：陈顽岩、黄劲龙、陈诗俊、李雨桑
设计时间：2011.09。项目地点：河南郑州。项目规模：约19.9ha。项目类别：居住区环境设计。

设计说明：

1. 设计构思

结合合业主要求，设计上尽可能因地制宜，利用项目原地形地貌，遵循风水布局，中西文化相互融合，现代与传统元素的协调共生，体现法式的高雅与大气、中式的精致与典雅。

2. 设计说明

本项目名"凯旋山"包含了"成功"、"回家"、"守成"这三重含义，"成功"是昨日的辉煌，"回家"是今天的渴望，"守成"则是为了明天基业的百年传承。

对"成功"的尊敬与赞誉，对"回家"的欢迎与喜悦，对"守成"的坚定与执着，是本项目景观设计拟表现的寓意。

本设计手法为，根据本项目所处的地形和位置特点，充分利用高差变化和周边环境的优势，结合小区建筑的法式风格和当地居民对中式传统元素的偏好，有机地把对称中轴式景观与自然式花园相结合，营造出既端庄大气又浪漫自然的风情式花园。自然的溪流景观贯穿了别墅中心区，延伸至九级跌水中轴景观，中心花园采用开花及芳香植物搭配各式灌木，点缀绿油油的阳光大草坪，常绿乔木与落叶乔木合理分布，营造出休闲浪漫的氛围，形成一个与当地人文、生活习惯相结合的高档社区。

总平面图

清华门实景照片

石门实景照片

中轴景观实景照片

景观亭实景照片

石板桥实景照片

中轴景观水景实景照片

入口水景实景照片

吐水小品实景照片

跌水实景照片

园路实景照片

年度优秀景观设计

广州和之枫宪宅高端日式庭院

GuangZhou Winzden Xian's Japanese Courtyard

单位名称：广州和之枫建设有限公司。主创姓名：杨俊升、佘漪棋。设计时间：2012.02。建成时间：2014.12。
项目地点：广州南沙荟翠豪园。项目规模：800 ㎡。项目类别：居住环境设计。

设计说明：

本别墅位于广州南沙一个宁静的小区内，庭院呈一个开口的"回"字形，面积很大。设计师利用前低后高的落差手法，把高山和大海搬入庭院中，形成背山面海的景象。同时融入日式庭院布置的基本元素和运用色差的效果，令庭院错落有致，层次更分明，从任意角度看都是一幅精致的画。

入院门右边是枯山水，左边是和风鱼池及后院的高山峻岭。

由旧麻石板砌成的小径、六角麻石柱、泰山石及石米做成枯山水。石灯笼在枯山水中增添不少禅意。日式禅意最主要的精神是"宁静致远"，讲究在宁静思考中得到领悟的能力。小庭院中的枯山水景致，常融入要传达的宁静，人生的许多问题都能在大自然中找到答案。和风鱼池四周用泰山石陪衬日本黑松，令整个庭院增添不少日式风味。鱼池清澈见底，纹理分明的泰山石在错乱中流出水源，水源从高处缓缓流入池中形成细长的瀑布，发出潺潺的水声，而石缝中生长出许多植物，如闭目盘膝坐在石面上，静静聆听着水的声音，感受着和风轻拂，犹如置身于大海之中。鱼池一边用柚木做成的半悬空的栈道通往后庭院。后院高山峻岭由错乱的大树、巨大的泰山石、幼细的石米、黑鹅石及弯曲的旧麻石小径组成。后院围墙用矮小的绿篱把马路划分开，形成一个开放式的庭院，同时借用马路两旁的植物作背景，使后院更宽广。而后院高低错落有致，巨大的泰山石有序地摆放，树木林立像高山峻岭和广阔无边森林一样的自然景观。因此，设计师寓岛屿于岩石，寓大海于溪流，寓无生命之物以生命，赋予其精神上的寄托。

枯山水后庭

和风鱼池

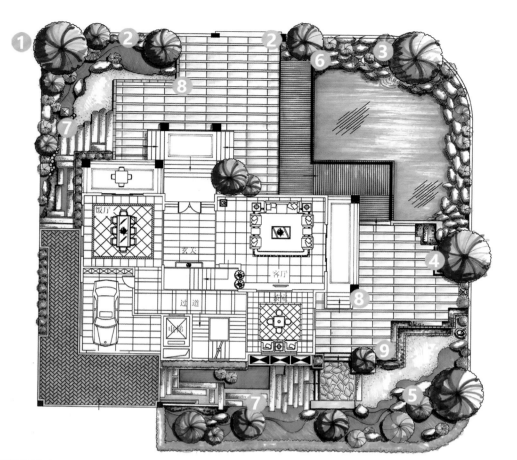

①	桂花
②	罗汉果
③	黑松
④	罗汉松
⑤	黑松
⑥	泰山石
⑦	旧麻石条
⑧	花岗石
⑨	黄石米

庭院效果图

庭院预览

169

年度优秀景观设计

秀苑华俊·鸿笙苑项目景观方案设计
Xiu Yuan Hua Jun Hong Sheng Yuan Project Landscape Design

单位名称：江苏大千设计院有限公司上海分公司。委托单位：重庆秀苑华俊房地产开发有限责任公司。主创姓名：罗颖。成员姓名：俞旭齐、王凯、黄颖英、冯智俊、邱小梦、张登。设计时间：2014.08。项目地点：重庆市茶园新区。项目规模：11.6 ha。项目类别：居住区环境设计。容积率：1.48。

设计说明：

"鸿笙苑"项目毗邻南岸区政府，西面临带状公园绿地及变电站，东面临近轨道交通8号线，南面临近公园绿地及中小学建筑用地，还有几条城市主干道分布在场地四周，地理位置优越，交通方便。此次用地规划总面积为14.1 ha。总建筑面积28 ha。景观设计面积为9.92 ha，其中公园面积为8440 m²。项目主要由商务办公楼、商业楼、别墅和品质高层组成，黄金地段商住两用皆宜。项目周边配套主题公园，可尽享四季自然美景。

设计理念：打造"一站式"法式风情慢城——享受别墅里的精致"慢生活"

设计手法："造景于法，师从田园"——将法式园林休闲浪漫的元素作了提炼，意境化地以自然田园方式进行布局。

分区设计：风小子和种子妹妹的旅行。

圣凯瑟琳街站：放松的笑。

图尔小镇站：诗意的时光记忆。

香榭丽舍站：优雅的人文气息。

科尔玛小镇站：一个会微笑的空间。

枫丹白露站：幻彩的空间。

奥斯曼大街站：浓郁的商业文化气息。

设计只是一种视觉传达，设计服务部门希望这种传达只是一种开始，团队希冀透过这一层层的纸面，表达出经验与思想。也许景观设计只是一种微薄的力量，但是我们有理由相信，这种力量能让业主方看到设计的不仅仅是景观本身，它是一种真实的生活方式……

总平面图

阳光草坪效果图

售楼部前效果图

阳光草坪实景

售楼部前实景

保利银滩 世界海岸
Poly Silver Beach

年度优秀景观设计

阳江保利·银滩景观设计

Yangjiang Poly Silver Beach, Yangjiang, China

单位名称：广州普邦园林股份有限公司
设计时间：2010；项目地点：阳江市海陵区；项目规模：27.15 ha；项目类别：居住区景观设计

设计说明：

项目景观设计面积为 27.15 ha，其中展示区绿化设计面积约 3.58 ha，一期别墅区园林绿化约 6.16 ha。本项目位于南村大王山东侧，与海上丝绸之路"南海一号"博物馆相望，与大型生态体育公园为邻。该项目地属亚热带海洋气候，由于紧邻大海，受台风影响较大。

景观核心理念为"绿色、氧气、阳光、运动，营造自然、健康、高雅的综合社区"。延续科学造园一贯推崇的自然生态方向，充分利用原有的地形、水系及其所涵盖的其他自然产物作为主要景观元素，并通过合理的布局和对树木形态、颜色以及习性的巧妙搭配，结合别致的硬景，营造出一种自然而又富有生活趣味的高尚别墅景观，充分体现运动与休闲的健康生活理念。

项目采用多种实用新型专利产品，运用生态节能的设计手法，节水型生态集水井、生态型绿地集水渠构造、提升树木群丛抗风力的连体固定支撑架等。在植物方面需选择抗风性强、耐盐碱、台风过后恢复性强的树种，充分利用乡土植物及相同气候带的植物资源，营造富有沿海地域特点的植物景观和空间。

图例 LEGEND
01. 主入口广场
02. 景观大道
03. 销售中心景观
04. 社区体育公园会所景观
05. 别墅展示景观
06. 澳式别墅景观
07. 迈阿密别墅景观
08. 泰式别墅景观
09. 社区体育公园

0 200 400 800m

总体规划平面图

体育公园会所实景

172

别墅区实景

展示区实景

别墅区实景

体育公园会所实景

贵州·六盘水康城置业六盘水明硐湖酒店
Liupanshui Mingdong Lake Hotel

单位名称：深圳市泛城雅境景观有限公司。主创姓名：张颖轩。成员姓名：缪盼盼、刘杨晨、徐美华、虞佳凤、陈斌。设计时间：2015。项目地点：贵州六盘水。项目规模：200 ha。项目类别：居住环境设计。

设计说明：

本项目占地 140 ha（含 53.3 ha 明硐天然水域资源），总建筑面积 200 ha，规划总户数约 1.7 万户，可容纳约 5 万人，计划 5 年 开发完成。设计为六盘水打造集 H（Hotel）星级湖滨奢华酒店、O（Office）商务公寓、P（Park）大型生态花 园、S（Shoppingmall）国际购物中心、C（Convention）会议会展中心、A（Apartment）高端别墅住宅于一体的高端城市综合体。

本项目为贵州六盘水康城置业六盘水明硐湖一期，采用的是阿代扣设计风格。阿代扣建筑风格的特征是：放射状的太阳光与喷泉形式，象征了新时代的黎明曙光；摩天大楼退缩轮廓的线条是二十世纪的象征物；速度、力量与飞行的象征物——交通运输上的新发展；几何图形——象征了机械与科技解决了我们的问题；新女人的形体——透露了女人赢得了社会上的自由权利；打破常规的形式——取材自爵士·短裙与短发·震撼的舞蹈等等；古老文化的形式——对埃及与中美洲等古老文明的想象；明亮对比的色彩。而此次项目巧妙地运用在园林景观里，特别突出了阿代扣的特点。将建筑与园林景观混为一体，使整个项目看起来更加的有整体感的色彩。

COMMERCIAL&HIGH RISE LANDSCAPE AREA - PERSPECTIVE 1 高层区商业街透视图

PERSPECTIVE COMMERCIAL STREET

KEY PLAN 平面图

COMMERCIAL&HIGH RISE LANDSCAPE AREA - PERSPECTIVE 3 公寓平台花园透视图及意向图片

PERSPECTIVE 3FL PODIUM LANDSCAPE

KEY PLAN 平面图

KEY PLAN
平面图

MASTER LANDSCAPE PLAN -PLANTING EFFECT　种植意向图片

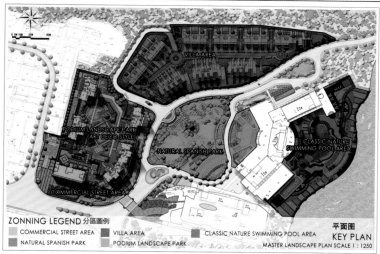

ZONNING LEGEND 分区图例

COMMERCIAL STREET AREA　　VILLA AREA　　CLASSIC NATURE SWIMMING POOL AREA

NATURAL SPANISH PARK　　PODIUM LANDSCAPE PARK

平面图
KEY PLAN
MASTER LANDSCAPE PLAN SCALE 1 : 1250

VILLA AREA 别墅区

CLASSIC NATURE SWIMMING POOL AREA 泳池区

COMMERCIAL & HIGH RISE AREA 高层区及商业街

PODIUM LANDSCAPE PARK (ART DECO STYLE 平台花园

NATURAL SPANISH PARK 西班牙自然花园

年度优秀景观设计

郑州中牟县大孟镇改造——文化展示中心景观设计

The Landscape Design of the Cultural Center, Zhengzhou.

单位名称：上海翰祥景观设计咨询有限公司。主创姓名：卢胤翰。成员姓名：刘彦君、黄存佑、彭树花、王信智、张清文。
设计时间：2012.06。项目地点：河南省中牟县大孟镇。项目规模：12 536 m²。项目类别：居住区环境景观设计。

设计说明：

理想国文化展示中心——城市的多维进化秀。

这里是占地 400 ha、名为"理想国"的大型社区的精神象征。设计希望呈现出一个多维进化的宜居城市／城镇，因此，在延续土地记忆和生活温度、关注人与自然和谐共生的同时，对城市各项功能进行了合理的碾磨和细化。将整个"理想国"想要讲述的多维美好生活进行浓缩、提炼，最终通过 5 栋建筑、12 536 m² 的土地呈现。基于此设计定位需求，在初期规划时，展示中心南面和一个长达 534 m、占地 88 000 m² 的中央公园连为一体，通过城市整体交通、社区巴士、慢行系统等各种交通方式与社区各个区域连接。各种丰富的活动、社区邻里中心、儿童图书馆、社区健康中心、茶室、社区餐厅等，都在这里汇集；通过与中央公园的连接，这里也成了慢跑、散步、游园活动的场所。这里是精神中心、活动中心，也是城镇绿肺、健康中心…

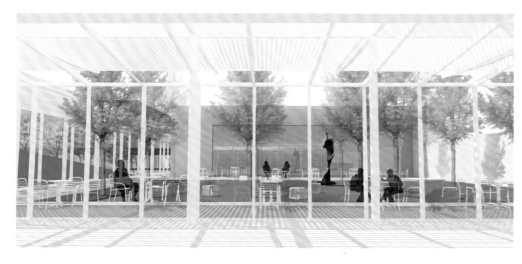

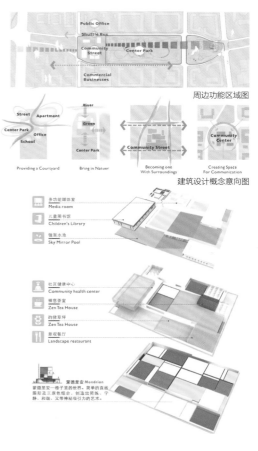

周边功能区域图

建筑设计概念意向图

多功能媒体室
Media room

儿童图书馆
Children's Library

镜面水池
Sky Mirror Pool

社区健康中心
Community health center

禅意茶室
Zen Tea House

禅意茶室
Zen Tea House

景观餐厅
Landscape restaurant

蒙德里安 Mondrian
蒙德里安一格子里的世界，简单的直线、简单的三原色组合，创造出简练、宁静、和谐，又有神秘吸引力的艺术。

体验·感知·交流·共享

作为"理想国"的美好缩影，展示中心集合了多种功能，在建筑配置上，不仅设置了居民餐厅、健身中心和社区中心，还配备了儿童图书馆、多功能媒体展示厅、酒吧茶室以及可以提供简单医疗、疗养服务的健康管理中心。对于如此丰富而密集的功能搭载，如何设计建筑，安排各具功能却又过渡和谐、不显拥挤的景观功能空间，并在其中注入"理想国"的文化理念和精神，成为本案的设计难点。

经过反复的空间模拟讨论，包括对项目"理想国"宜居理念的深入研究，我们最终将"体验"、"感知"、"交流"、"共享"定义为项目设计要点，所有功能空间的设置和氛围均以这四个词为目标。功能为辅助，更为重要的，是让在空间活动的居民得到各种美好的生活体验；感知大自然的气氛、家乡的味道以及艺术文化的浸染；空间足够友好，能让人们进行舒适而自然的互动和交流；如同柏拉图的理想国，这里不限年龄、性别、阶级，弱势全体得到充分照顾，一切美好都能开放共享。

设计概念：

展示中心位于一个重新规划的新区，因而团队有机会从整体规划上去改造。一个主张理想生活的城镇，街道不应被视作"快速通行"。通过对街道氛围的塑造，这里也可以成为有趣的互动空间，为从此处通行的人群带来更加欢乐而丰富的生活体验。

基于这样的设计构想，我们建议开发者将建筑本体全部向南面移动6 m，北面净宽30 m的沿街空间得以与道路接续，成为一个集休憩与通行功能为一体的口袋花园。连同腹地西面漫步广场、东面茶语广场、艺术中庭及其相连草坪活动区、被建筑围合的静谧禅意花园、为健康中心提供休憩养生功能的康复花园，还有屋顶上的社区儿童农场，共计八个大小功能各异的空间被架构了出来。设计将人文艺术精神象征、生态环保系统及细节关怀带入所有区域，最终成功地呈现出了兼具文化精神内涵、活动多功能同时友好便利、风格统一的案例，回应了项目的设计挑战。

景观设计平面图

1	艺术庭院 Art Garden	5	艺术街角 Art Corner	9	康复花园 Rehabilitation Garden
2	音律草坪 Music Lawn	6	口袋花园 Pocket Garden	10	禅意空间 Zen Garden
3	时光水池 Time Pool	7	茶语广场 Tea plaza	11	茶语水池 Tea pool
4	漫步广场 Walkway Plaza	8	儿童农场 Children's farm		

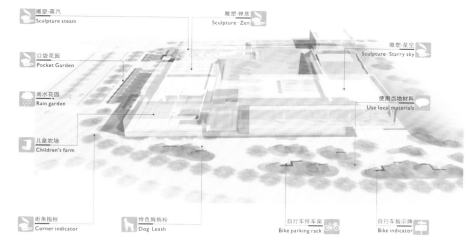

在"理想国文化展示中心"，需要精神文创象征，通过与艺术家的跨界合作，依据理想国的精神诉求，本项目置入了多个各具含义的雕塑艺术。这些与不同艺术家合作的雕塑作品，在提升空间美感的同时，通过不同角度表达着对于理想国的解读、向往与追求，项目的人文氛围也随之提升。比如，位于主入口镜面水景上的雕塑艺术品"星空"，有着象征理想社会的橄榄造型（社会中相对特别富裕和特别贫穷的人数不多，大多数人群的富裕程度相当，在统计平面图上呈现橄榄形状，被认为是更加和谐幸福的社会组成结构），从不同角度观看，呈现出不一样的形状表达。雕塑表面的不规则点状镂空，象征着人群和一切美好事物的星点汇聚，内置灯光的处理和不锈钢材质的搭配，让艺术品在白天和夜晚展现出完全不一样的效果。

年度优秀景观设计

海峡国际天璟
Haixiaguoji Tianjing Land

单位名称：厦门大学艺术学院。主创姓名：钟贞。成员名称：俞显鸿、郑义。设计时间：2015.4。项目地点：厦门市火车站。
项目状态：施工中。项目类别：景观设计商住楼。

设计说明：

贯彻以人为本的思想，秉承生活艺术化、艺术生活化的设计理念，结合建筑特点，同时融入厦门地方特色，运用现代造景手法，打造现代艺术休闲的生活概念社区，让人们在当下生活节奏下，能与环境相融合，力求达到"天人合一"的境界。

小区以艺术休闲为主题贯穿整个设计路线，为人们提供安全、舒适、美观、环保的工作环境和方便、健康、愉快的生活氛围，真正创造温馨、浪漫、呵护、宾至如归的感觉。

设计方向：

惬意。

休闲的感觉、舒适的环境。

延伸的建筑结构。

使用空间。

优雅、端庄、具有特色的设计。

现代语言。

高雅风格。

现状分析：

繁华都市，快节奏成为现代都市人生存的唯一法则，生活的压力使一切都变得具体而实际，聚居于钢筋水泥支撑的现代都市建筑中，自然的风尚无疑是他们选择减轻压力、舒缓身心的方式之一。因此，休闲、健康养生成为除工作之外的主旋律之一。依据建筑风格，项目拟定为商住楼，高层作为SOHO办公、住宅，而群楼则建设成集购物、休闲、娱乐、餐饮等于一体的综合性商业，目标客户更接近时尚年轻群体，因此在景观上延续建筑元素，突出现代休闲的亲和感与认同感。

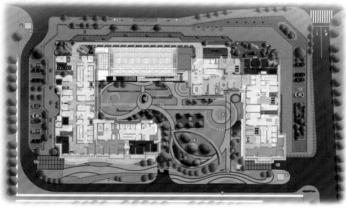

1.小区入口
Village entrance
2.景观围墙
landscape wall
3.莲瓣造景
Lotus petal landscape
4.休闲苑
Leisure garden
5.6.车库出入口绿化
The garage entrance landscaping
6.岗亭
Guard pavilion
7.绿化造景
Greening landscape
8.木栈平台
Wood stack platform
9.回转广场
Rotary square
10.现代铺砖
Modern brick paving
11.流线广场
Streamline square
12.主题雕塑
Theme sculpture
13.停车场
Parking lot
14.车库出入口
garage entrances
15.地下室出入口
underground garage entrances and exits

城市干道
City roads
消防通道
Fire exits
人行通道
Walkways
车库出口
Garage exit
车库入口
Garage entrance
消防回车场
Fire back yard
办公门厅出入口
Office foyer entrance
住宅人行出入口
Residential pedestrian entrance
消防升救面
Fire fighting plane
停车场
car park

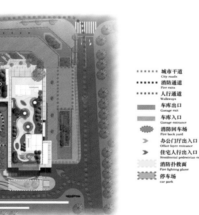

总平面示意图

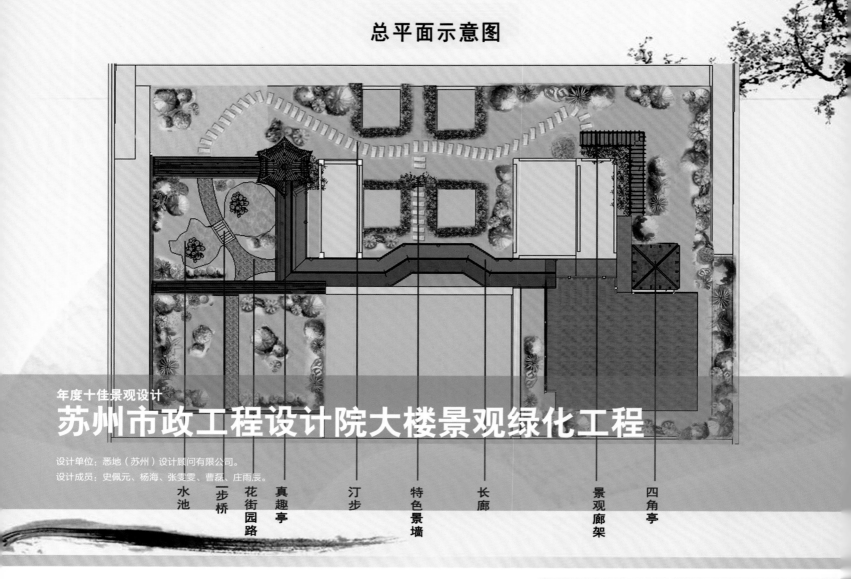

年度十佳景观设计

苏州市政工程设计院大楼景观绿化工程

设计单位：悉地（苏州）设计顾问有限公司。
设计成员：史佩元、杨海、张雯雯、曹磊、庄雨辰。

水池　一步桥　花街园路　真趣亭　汀步　特色景墙　长廊　景观廊架　四角亭

设计说明：

本设计工程占地面积 3 688 m²，绿地率 31.2%，地上七层为综合办公，八楼为屋顶花园，地下两层为停车场。

公司新大楼是一幢现代功能的办公楼，希望能在现代办公环境中体现传统的苏州元素，把企业文化融合进来，体现设计院的专业特点（建筑、路桥、水、景观、园林、雕塑）。传统和现代有机融合，用普通材料来营造不普通的效果，达到中国哲学中的"天人合一"的意境，从而展示公司"师真毓瑞"、"融"的企业文化内涵。

屋顶园林的设计是一大亮点，目前是苏州最高的苏式园林，为员工提供休闲、赏心悦目的环境。

屋顶园林的设计特点是综合性非常强，极具挑战性，需要建筑结构、给排水、景观园林、古建、园艺等多个专业通力配合。运用传统园林营造成多个小环境，形成有利于植物生长的小气候，植物的选择、配置、种植土的配制、肥料的运用，以盆景为主，代替大型树种的种植，体现树木的苍古，以小见大。砖雕、匾额体现文化内涵；亭台楼阁，曲径通幽体现苏式园林风格；小桥流水丰富了苏式园林脉络；粉墙黛瓦表现了园林的色彩，把苏州园林的一些精华浓缩在屋顶园林中，运用营造竹影叠翠、雨打芭蕉来表达园林的意境，其中特意设计一畦田园风光，种植蔬果，享受采摘乐趣，回归田野意趣。体现绿色建筑的概念，节能环保，降低能耗，美化环境，达到真正的绿色建筑标准。

实景照片 —楼景观

融

门口照壁—企业文化
　　砖雕寓意"师真毓瑞，人天交庆"，取自国学经典全宋词张继先《瑶台月》。师真：效法遵循自然；毓瑞：孕育祥瑞美好；人天交庆：天人合一境界。
　　融：融合、和谐。
　　运用暗八仙的图案砖雕，体现设计院人才济济，"八仙过海、各显神通"。

地下车库通风口装饰
　　创意取材于良渚文化出图的玉琮造型，玉琮为祭天礼器，象征权力、财富。

实景照片 —楼景观

入口景观
　　大楼位于道路交叉口，按照传统风水学，故用太湖石堆砌成坡，上面种植五棵松树，起到遮挡作用。形成主入口景观，寓意五福临门、五子登科。

三星高照
　　在五棵松下运用太湖石堆砌成三组，塑造"福""禄""寿"三星，寓意吉祥。

築

实景照片 屋顶园林—获奖盆景展示

盆景——浓缩的景观

缘

"清奇古怪"盆景是以苏州光福司徒庙四棵千年古柏景观为蓝本创作而成，盆景是苏州园林的重要组成部分。

实景照片 屋顶园林—"师真园"

屋顶园林取名"师真园"谐音"市政院"。"师真毓瑞"，取自国学经典全宋词张继先《瑶台月》。师真：效法遵循自然，毓瑞：孕育祥瑞。

实景照片 把苏州园林的精华:"网师园"的一步桥、留园盆景园"又一村"、狮子林乾隆御笔"真趣"浓缩在屋顶园林中。

趣

真趣亭

意为悟得山林真趣之亭子,此额为乾隆皇帝御笔。乾隆下江南游狮子林时,见园中假山重叠,峰回路转,树木疏密有致,一泓碧水,几曲小桥,秀丽俊雅,兴之所至,挥笔写下"真趣"二字。借来为我所用,真又合"师真园"中的"真"字。亭柱两侧抱对"烟锁池塘柳,秋吟涧壑松"暗含金木水火土之意。

实景照片 屋顶园林—田园风光

农耕的乐趣,回归自然。

樂

年度十佳景观设计

临海市靖江商务区景观方案设计

The Landscape Planning and Design of the Business Building,LinHai.

单位名称：中国美院风景建筑设计院。主创姓名：方春辉。成员姓名：吴江雄。
设计时间：2014.11。项目地点：临海靖江商务区。

设计说明：

项目位于台州临海靖江商务区内，是一个集居住、办公、购物于一体的符合现代人追求的现代建筑体。在有限的土地上最大限度集约统一，通过高水准的设计形成一个超级复合的建筑综合体，并融入高品质的商业、文化、艺术要素。

设计亮点：本景观设计的亮点在于裙房的屋顶绿化，欧式景观美感融入建筑，风格相得益彰，而在景观空间序列上又秉承了中式皇宫轴线中所讲究的"引，收，放，承"的韵律感，强化了品质高尚、尊贵典雅的产品形象。

由于地块内可用地面积的局限性，本工程的地面绿化主要结合城市的道路边线绿化来达到美观的要求，以乔木为主，美化环境的同时还起到隔绝交通噪声的作用，为各类活动创造良好的条件。沿建筑周边以灌木绿化为主，裙房屋顶采用覆土绿化，覆土深度为 0.5 m。

裙房景观效果图

184

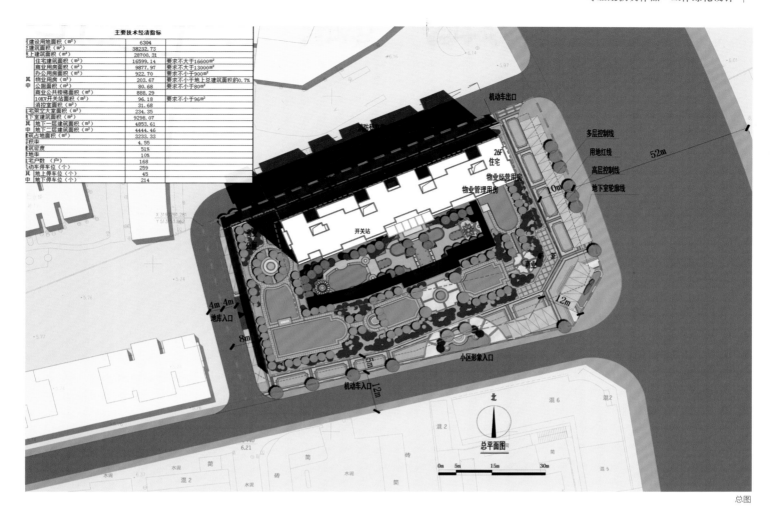

主要技术经济指标	
总建设用地面积（㎡）	6304
总建筑面积（㎡）	38232.73
地上建筑面积（㎡）	28700.31
住宅建筑面积（㎡）	16599.14 要求不大于16600㎡
商业用房面积（㎡）	9877.97 要求不大于13000㎡
办公用房面积（㎡）	922.70 要求不小于900㎡
物业用房（㎡）	203.67 要求不小于地上总建筑面积的0.7%
公园面积（㎡）	80.68 要求不小于80㎡
商业公共楼梯面积（㎡）	888.29
10KV开关站面积（㎡）	96.18 要求不小于96㎡
消控室面积（㎡）	31.68
住宅架空层面积（㎡）	234.35
地下室建筑面积（㎡）	9298.07
地下一层建筑面积（㎡）	4853.61
地下二层建筑面积（㎡）	4444.46
建筑占地面积（㎡）	3233.33
容积率	4.55
建筑密度	51%
绿地率	10%
住宅户数（户）	168
机动车停车位（个）	259
地上停车位（个）	45
地下停车位（个）	214

总图

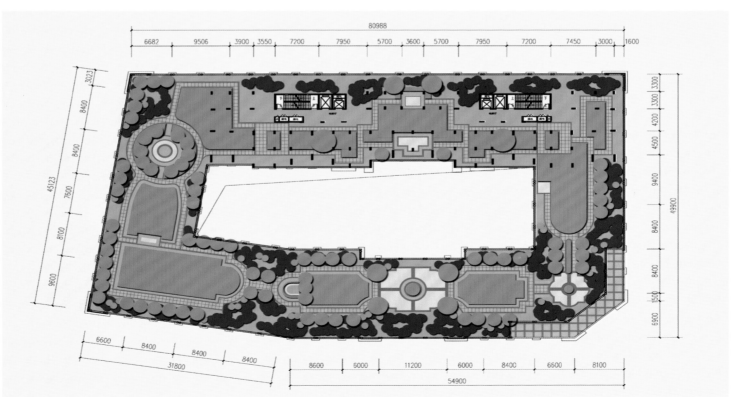

五层平面图

185

前朝三殿

太和殿前庭院

太和門前庭院

午門前庭院

端門前庭院

大气中轴开创奢华空间序列

引 — 收 — 放 — 承
一系列空间序列的设置
为小区带来皇式中轴的韵律感

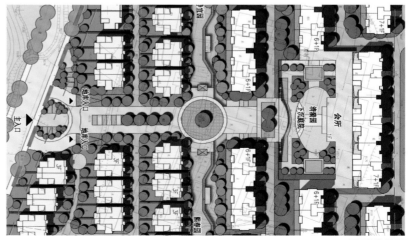

景观轴线分析图

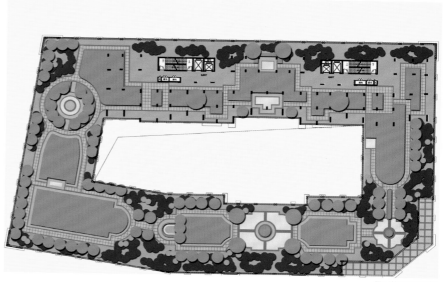

屋顶花园景观打造
屋顶花园的营造凸显了一脉相承的尊贵气息

屋顶景观效果图

安徽名人馆内庭景观方案设计

The Landscape Planning and Design of the Celebrity Pavilion Chambers ,Anhui .

单位名称：华艺生态园林股份有限公司。主创姓名：许俊。成员姓名：潘慧玲、朱歆华、刘慧、荀海东、程志。
设计时间：2014。项目地点：安徽名人馆。项目规模：336 m²。项目类别：庭院设计。

设计说明：

徽萃传承，余韵犹染。

项目位于合肥市滨湖新区，安徽名人馆展厅内三、四楼层室外露天内庭空间，基本属于屋顶绿化及内庭景观的混合型项目。因建筑环境及屋面承重条件的制约，项目场地内部空间采光差，自然受雨面积小，后期覆土深度得不到满足，屋面排水及防水性得不到保障。

"提炼"精髓元素注入不同区域，形成"山、屏、廊、亭"四个场地主题。运用不同季相的造型植物点缀其中，其他植物予以围合，按场地环境限制合理布局喜阳耐阴品种，以简单元素塑造徽派文化韵味且尽量不占据有限的场地，呈现"不繁、不乱、不杂"的休憩空间，使游客的观赏视觉及尺度感更为舒适。方案是艺术创造，工艺是创造的奠基石，解决复杂的施工工艺是项目的重点。合理分布覆土厚度，运用微地形解决大型苗木的底层覆土需要。硬质铺装下层利用轻质陶粒来减少屋面受重，土层下使用无纺布做滤水层减少土层杂质对排水的影响和下水设施的堵塞，用防排水保护板来进行排水及初段防水。再使用一定厚度的防水卷、防水涂层及防穿刺材料对屋面进行加护。表面设计隐藏式卵石排水沟来贴合整体景观，不破坏视觉连贯性。

景观精髓的提炼与复杂工艺的处理默契配合才能呈现最佳的景观效果，让屋顶绿化达到真正意义上的可持续。为满足委托方对项目贴合文化、着重休憩、满足观赏的多方面要求，在设计之初就以徽派园林意境为基底，以舒适的空间尺度为感受，重点贴合休憩功能，为前来展馆参观的游客提供惬意的室外休憩空间。

七彩园效果图

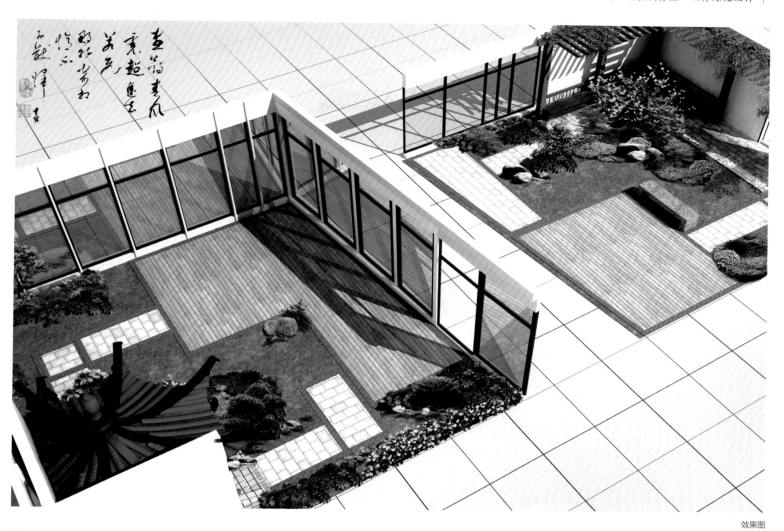

效果图

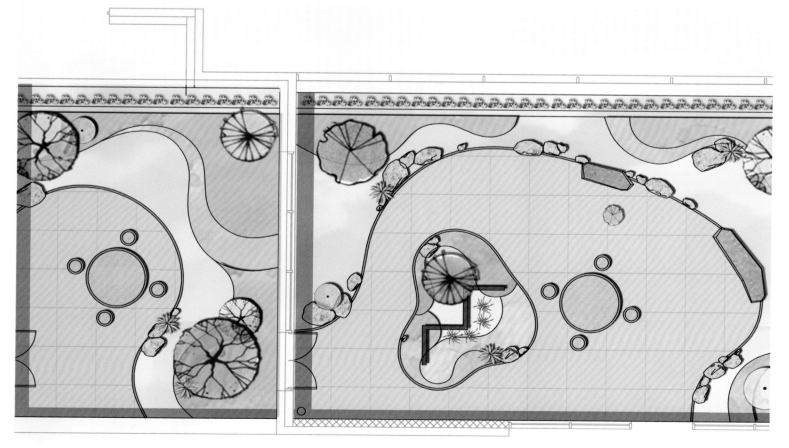

平面图

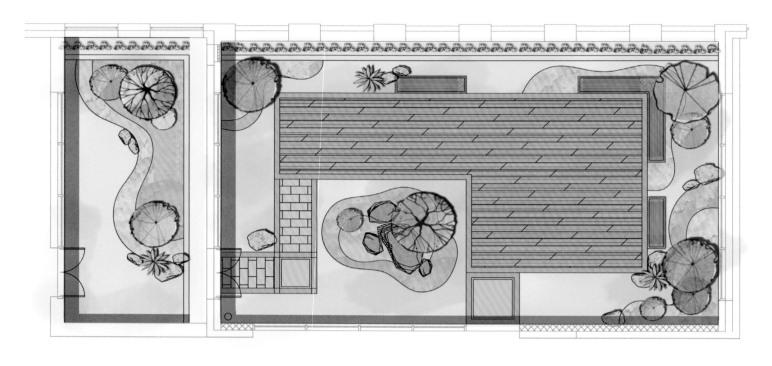

实景图

实景图

效果图

珠海海洋王国园林景观工程设计
Changlong Ocean Kingdom, Zhuhai, China

单位名称：广州普邦园林股份有限公司。委托单位：长隆集团。主创姓名：莫庆和。成员姓名：仝小燕、叶劲枫、郭颖涛、高慧萍、刘华平、陈建平、何斌、彭会兰、梁家群。
设计时间：2013。项目地点：珠海市横琴岛。项目规模：24.78 ha。项目类别：旅游区规划。

设计说明：

珠海海洋王国是广东长隆集团在珠海市横琴岛投资开发的大型海洋主题公园，项目位于珠海市横琴新区富祥湾的长隆项目规划区内。

长隆海洋王国规划用地面积约为 50 万 m²，共分为九个区。本次设计范围为其中的 8 个区，包括：入口区、海狮海象区、欢乐大家庭区、极地区、海洋奇观区、河流区、海豚区、中央湖区。面积约 24.78 ha，团队将各区都进行了细致而各具特色的设计，使之呈现世界各地各异的海洋风貌。环境设施将以逼真而生动的方式向游客展示不同动物栖息地的个性和生态特征，使游客易于理解、易于体验其中丰富的趣味性。

项目规划的基本设计理念主要有四点：

1. 本土性与时代性的交融

项目目标是为国内最有代表性的民族旅游品牌——长隆集团打造世界级的主题乐园环境，要做出民族特点，本土性自然是本次设计的重中之重。

2. 传承与创新的并重

传承传统画意的关键在于将中国人千年来传统中形成的对美的感受用现实的植物造景归纳总结并重现出来。

3. 画意式园林

珠海长隆项目的造景追求传承与再现中国山水画和传统园林的意境，同时延伸到当代的热带园林营造中，并得到创新。

4. 新岭南园林风格

第一，"新岭南园林"应具有岭南园林的特色，这包括包容、实用、敢于融合和尝试；第二，给人的感觉不陌生，能让人清晰地感觉到传承的力道；第三，"新"不仅体现在现代材料和技术的应用，更主要是体现了对现代生活节奏和需求的关怀。

植物组团实景

鸟瞰实景

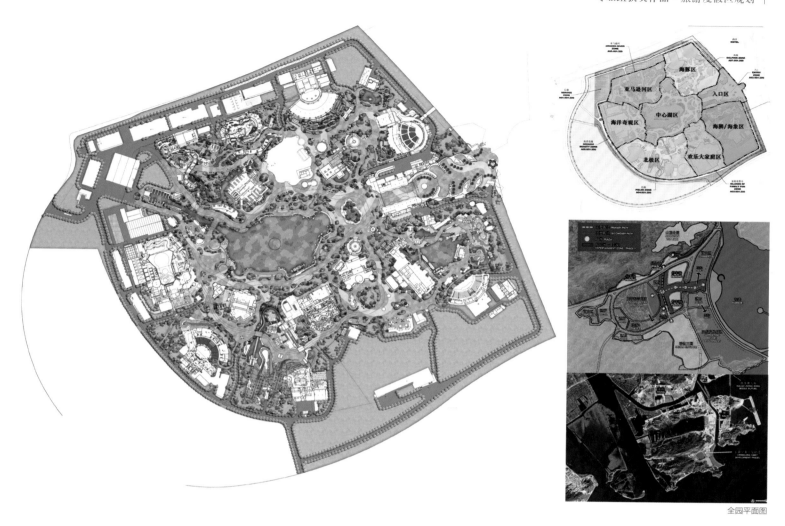

全园平面图

主入口景观实景

中心湖区景观实景

罗汉松山景观实景

极地区景观实景

海狮海象区景观实景

绣针河景观规划设计

单位名称：潍坊大凯艺术设计有限公司。主创姓名：张乐凯。

设计说明：

子曰："智者乐水，仁者乐山；智者动，仁者静；智者乐，仁者寿。"

现代地理学和景观理论也认为，滨水带对于人类有着一种内在的持久吸引力，择水而居是人类选址定居的基本方式，依山傍水是对理想居住环境的基本描述。世界上但凡有名的名城都市都和河流密不可分，河流几乎成了城市的形象代表。伦敦有泰晤士河，巴黎有塞纳河，维也纳有多瑙河，这些城市更是全球经济增长最快的区域，无论经济、文化发展还是优良的自然环境都具备得天独厚的先天条件。从美国的东西海岸到中国自南北串联的滨水城市都像是一个个璀璨的明珠熠熠生辉。

国内外对环境重要性的认同是一致的，从发达国家的环境理念到中国的"美丽中国"建设，都在追求人与自然、城市与环境景观的和谐与融合。成功的滨水空间不仅仅是滨河绿化和驳岸处理，而且是一个综合设计，关系到一个城市的环境品质、人文历史和未来发展格局，将滨河景观带与城市生活、户外健身、旅游休闲和商业活动相结合，不仅可以塑造生态安全体系，还可激发城市活力，增强城市的亲和力。精彩的滨河景观带可形成城市公共活动空间的骨架，构建旅游观光风景带。

岚山东南临海，西南环河，是山环水绕的风水宝地。绣针河不仅勾画了岚山的城市轮廓，带给了岚山活力充沛的生态景观带，也是一条记载和见证岚山这座滨海小城的建成、发展和未来的渊源历史之河，讲述着岚山城市与河流共生共荣的发展历程。岚山大景观由阿掖山风景区、多岛海景观带和绣针河生态景廊三大部分组成，城市为山、海、河所环绕，形成了深蓝、浅蓝、深绿的三大颜色板块，构建了完美的自然生态体系。

规划范围以上游跨河铁路桥为起点至下游入海口，全长约 6.6

km，规划总面积 143.2 ha。本规划区域全程紧邻岚山主城区，与城市关系非常紧密，是岚山尤其是当地渔民生产生活中重要的生命线。

滨河临海是岚山的重要城市特色，本河段开始为河口湿地区（海水回水上限至海口之间咸淡水河段、沿岸与河漫滩地形成的湿地），为淡水海水交融的河段，平面规划遵循了原始地形和场地特点，基本延续了原有的芦苇岛和原生植物，在东岸开阔处规划设计一个以海洋元素为主题的广场，将岚山滨海城市的海洋文化进行景观化展示，为公园景区丰富文化深度层次，是展示岚山滨海文化的一个窗口。"吃海鲜到岚山"是日照地区普遍认同的话，岚山海产丰富、口感鲜美，"岚山海鲜"已成为一定范围内的知名品牌。沿海码头、出海渔民、木船、渔网，在现场考察中能感受到浓郁的海边渔家风情。现状主要为荻水村渔民的海鲜码头和海产品加工区，在玉泉路与码头之间现状为一条土坡山岭，植被以黑松为主。渔码头以小型木船为主，具有浓郁的沿海风情。岚山渔业资源非常丰富，是中国八大渔场之一，渔文化深远丰厚，岚山渔民号子等非物质文化遗产也极具保护价值，渔民在历代生产生活中延续下来的特有民风民俗以及特色海产品和特色美食，都具备很高的旅游体验价值。

方案构思将岚山本地传统的出海捕鱼方式、当地特色海鲜美食结合本地传统渔家民俗等，打造成一个集合渔业生产、渔业旅游、海鲜美食、海鲜交易的综合性"渔码头"，升级风味醇厚、特色鲜明的岚山"渔码头"，弘扬深远丰厚的岚山"渔文化"。规划设计定位为：将自然、原生态的捕鱼方式及一系列岚山独有的渔文化，打造成一个岚山乃至日照的传统渔业基地；岚山的乡愁，是空气中海米的味道、海边的渔码头、木渔船和船上飘舞的那一丛竹叶芦花。记住乡愁，让渔业生产转化为岚山的旅游参观点。

中国文化报曾刊登过一篇文章："记得乡愁"的规划是好规划，按照当地的本土文化和资源打造，将其独特性和唯一性视为规划设计之本，才能让规划设计有灵魂。现状渔码头为荻水村渔民自主修建经营的渔船生产栖息港湾，随海水的涨潮和退潮沿河道出入海域生产捕捞，方案本着降低成本、维护渔民已有利益和方案的可实施性原则，全部拆除重建势必会导致资源浪费和造价成本偏高，方案采用"外装饰"的手法，维持原有的建筑主体结构和基本布局，采用

现代工艺和材料，对原建筑进行外包装，形成有传统渔村风味、有旅游观光价值的建筑外观形式。局部重要节点和严重影响整体规划布局的建筑将予以拆除重建，新建建筑形式可采取传统的建筑手法，形成室内功能设施全现代化、外观效果传统化的渔民码头和海岸乡村小镇的整体风貌。整个地块占地面积超过 6 万 m²，市场部分用地面积为 2.6 万 m²，建筑面积为 6000 m²，停车位 128 个，设置有公厕、管理房、自行车驿站等公共服务设施。建筑形式为新中式风格，相互围合，建筑外空间形成商业街区，满足海鲜美食、海鲜交易等活动，创建"鱼市场"空间场所。中间设置有渔网结构形式的遮光造型，为步行街带来了舒适的商业交易餐饮环境，购物、消费、观光被完整地结合起来。市场内街可进行露天餐饮、休闲购物等，海洋主题、渔主题雕塑可适当布置，以丰富商业街的文化氛围。

捕鱼、造船、岚山号子、晒海米等岚山渔文化通过浮雕、小品等形式与景观完美融合，在观赏景致的同时感受岚山的渔文化。场地原来是岚山的盐业生产基地，是安东卫盐场的原址。海盐产地是国家和地区经济命脉，是兵家必争之地。盐同时也是一种广义的文化产品，具有十分丰富的文化内涵。当今盐不仅仅为人们生活所需要，更是广泛地应用于工、农、渔、医药等众多领域，盐的保健作用也逐渐被人们所认识和喜爱，盐疗盐浴可有效缓解疲劳，尤其是对风湿性关节炎、呼吸系统疾病有很好的疗效。方案将顺延原有盐场的历史文脉，用传统制盐技术，为游人提供一个晒盐体验、盐疗盐浴、了解中国盐文化的场所。

海盐博物馆与盐疗、盐浴、综合服务楼形成一个建筑组合群体，以低矮体量为主，三角地块空间较大，可满足建筑组合需求，同时在此位置设置可形成多方向的视觉中心点。

河水自山上流下来最终汇入大海，淡水完全变成了海水，在河口区几乎全是滨海景观，滨河空间内全部是海鲜养殖区，延续原有的场地特征和资源，打造一个渔业生产观光区，为游人提供养殖、捕捞、科普等一系列体验式活动。将养殖产业并入成为旅游产业，丰富了绣针河旅游项目的同时也成了多岛海风光带的连接点。

河流湿地是城市宝贵的生态线，是影响城市大环境的重要环节，以生态可持续的规划思路进行设计是首要选择，以乡土植物为主，按照低成本免维护可持续的要求，让景观形成自我的生态循环，为城市提供一条生态休闲的带状景廊。

市民的健身运动、休闲漫步、假日亲子等活动是健身景观带的主要活动，

同时可融合城市的个性特征和实际需要，如岚山的渔文化可以在绣针河中得到自然地融合，鱼市、渔码头、海鲜交易市场、盐文化、晒盐体验等独特的海洋城市风情，在绣针河中得到了充分体现，成为独具特色的河流景观，融合了城市文化功能需求的景观环境也随城市的发展得到提升，实现真正意义的可持续发展，让景观成为城市发展持久的推动力。

年度十佳景观设计

习水·尚逸乡村旅游开发总体规划
Xishui-Shangyi General Planning of Rural Tourism Development

单位名称：成都易合建筑景观设计有限公司。委托单位：尚逸乡村旅游服务公司。主创姓名：李川。成员姓名：黄燕、王绍东。设计时间：2015。项目地点：贵州省习水县。项目规模：392.23 ha。项目类别：旅游规划。造价：13975 万元。

设计说明：

习水·尚逸乡村旅游开发项目地处贵州省遵义市习水县境内。本次规划范围包括地母寺、尚华村东侧弃矿区、向阳坝、马鞍山、背儿山、詹家坳口、邓家山、张山沟、古牛背、菩萨山、长埂上等区域，总规划面积 392.23 ha。

习水·尚逸乡村旅游开发项目依托自然生态环境，构建具有区域特色的生态文明景区，衔接国际标准，发展旅游业，成为贵州省建设世界知名旅游目的地的重要组成部分。

抓住国发 2 号文件明确提出的贵州建设"文化旅游发展创新区"的战略机遇，借助道路交通建设不断推进、可进入性不断提升的优势，针对成都、重庆及川南城市群休闲避暑度假人群需求特点和习水、遵义、贵阳等项目地周边乡居民休闲消费需求，依托尚华村优越的自然生态环境和宜人的避暑气候，整合资源，转变以煤炭开采为主导的经济发展方式，培育新兴替代产业，以动感运动为焦点、以避暑度假为核心、以原乡观光休闲为基础，差异化开发山地娱乐运动、山地避暑度假、生态休闲体验、原生态观光旅游产品，打造尚逸乡村避暑山地休闲运动旅游区。

项目总体形象定位为"跃动尚逸，清凉一夏；跃动尚逸，舒心自怡"；功能定位为"运动娱乐、避暑度假、山乡休闲、生态观光"。

山乡花田效果图

总平面图

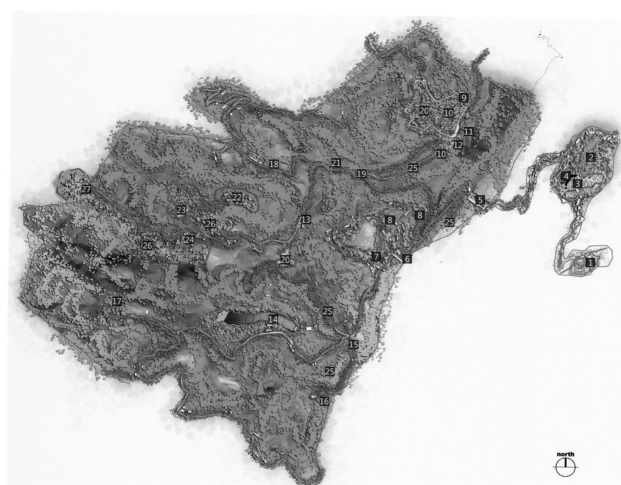

LEGEND 图例

1 地母寺
2 矿业遗址公园
3 亲子攀石乐园
4 石林大观园
5 游客接待中心
6 天堂岩
7 伴山度假酒店
8 山乡花田
9 ATV 全地形越野赛场
10 高山溜索
11 悬空玻璃栈道
12 苗家风情街
13 山茶驿站
14 青谷滑草场（银谷滑雪场）
15 云中澜桥
16 清风观景台
17 悠谷客栈
18 麻羊乐园
19 全地形车运营中心
20 星空草坪
21 尚逸野营
22 狩猎场
23 狩猎场管理服务站
24 山野驿站
25 登山健身步道
26 乐活果园
27 云深人家

north

景区 Logo 效果图

山茶驿站效果图

银谷滑雪场效果图

青谷滑草场效果图

向阳湖效果图

河南汤阴县羑里城易经文化主题景区规划

Henan Tangyin Youlicheng Yijing Cultural Theme Area Planning

单位名称：深圳市翰景美地设计顾问有限公司。委托单位：河南省汤阴县旅游局。主创姓名：周煜。成员姓名：于希贤、范富霞、孙林森、欧阳振、林彬、粟晓雯、周增林、柯亚强。设计时间：2011 年。项目地点：河南省汤阴县。项目规模：15.51 ha。项目类别：旅游区规划。造价：20 亿元。容积率：0.8。

设计说明：

《易经》是中华文化的瑰宝，为群经之首，本景区占地面积约 155 ha，因"文王拘而演周易"而拥有深厚的文化渊源，景区以"文王"和"易经"为主分两条线索。

1. 文王：以周文王及他的先祖、子嗣、属臣等相关人物的生平、形象为景点内容，增加游客对周文王的了解。

2. 易经：以周文王推演的后天八卦及六十四卦为线索，以周易文化为主题。

景区风格定位：景区建筑参照现有羑里城老景区的明朝建筑为主要建筑风格，公园规划为自然生态式风格规划。

规划片区共划分为 A、B、C、D、E、F、G 等多个地块。

A 地块为核心朝拜景区：根据既济卦卦象规划。以原有的羑里城老景区为主，包括外扩 100 m 范围的遗址保护区等。

B 地块为文化休闲区：根据八主卦的方位和含义来规划。以周易文化主题公园为主。

C 地块为商业服务区：按周集、商埠文化规划，以滨水商业街区、主题宾馆和生态停车场为主。

D 地块为博物馆区：易经博物馆共八个馆，象征八卦，分别是——科学易、人文易等。

E 地块为文化教育交流区：以九宫八卦的方位来规划的羑里易经国学研究院。

F 地块为滨水休闲区：以环绕羑里城的护城河为主，包括滨水公园、水岸游船码头等。

G 地块为展示中心区：以展览会议中心为主。

本规划特点：创造性地将周易文化融入规划设计，并且根据卦的方位和含义规划易经主题公园，做到了文化交流与休闲体验的结合，高雅与民俗的结合，使高深的易经既能走上神坛，又能走入民间，真正实现文化的普及。

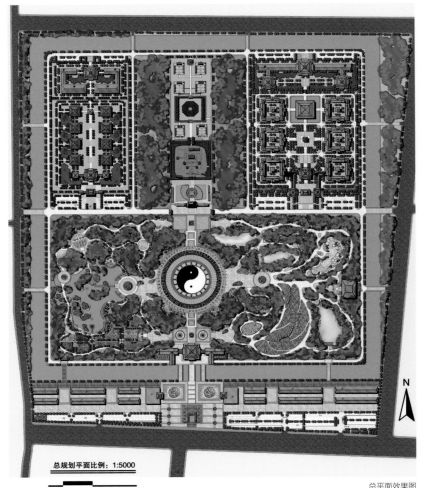

总规划平面比例 1:5000

总平面效果图

研究院效果图

博物馆效果图

湿地公园效果图

实景图

实景图

实景图

206

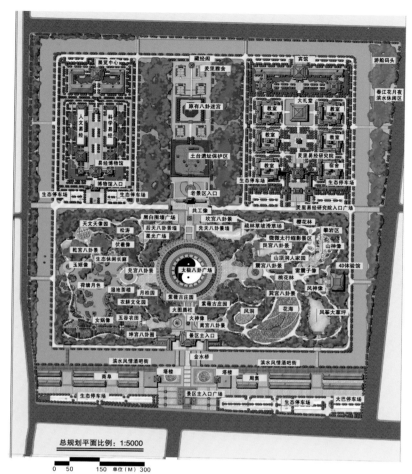

景点标注图

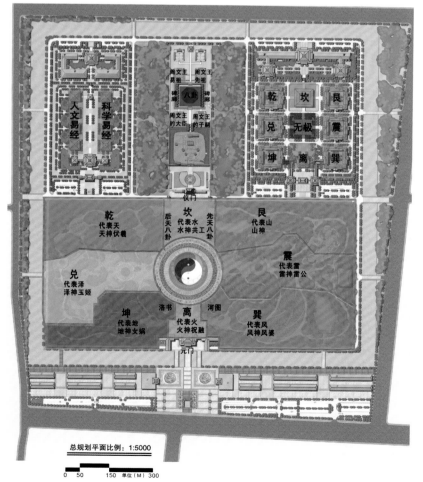

景点标注图

楚江南
chujiangnan

年度优秀景观设计

湖北楚江南景观设计

Hubei Chujiangnan Landscape Design , Hubei, China

单位名称：苏州合展设计营造有限公司。委托单位：中南建筑设计院股份有限公司。主创姓名：许可。成员姓名：杨乐、吴飞超、王绪臣、姚郁琴、张亚晟、张泽汀。
设计时间：2014。项目地点：湖北武汉英山县。项目规模：418 ha。项目类别：旅游度假区规划。

设计说明：

设计将以温泉健康养生功能为主轴，串联各种配套业态功能，来满足不同社会阶层、消费档次和年龄层次的温泉健康旅游需求。以温泉为景观主轴串联山、水、田、园、居，形成以温泉度假为主，农业观光并重的田园温泉生活景观空间。基地内景观资源丰富，主要以"山、水、泉、居、田、园"六大元素构成，景观资源相互渗透和融合，形成了多元化的环境形态和不同类型的空间体验。项目基地拥有大规模的绿地范围，同时拥有山、水、温泉等不同自然资源。设计旨在打造一个大型旅游度假及居住的自然综合体，从而吸引消费者，最大化利用场地资源打造独树一帜的生活及旅游形态以满足消费者需求。

设计感悟：

本次整体规划结合现有地形，利用现有水系和温泉资源打造了一个以山、水、岛、温泉为依托的温泉度假城、养生雅居地。项目片区分布清晰，建筑功能完善，环境可有效结合片区功能和自然优势打造不同类型的自然山体、水体公园。景观设计师的任务和责任已转变为帮助人们合理地进行土地和其他自然资源的利用以及为人们创造户外活动空间，所有的景观设计都必须建立在尊重自然的基础之上，生态设计应是景观设计的一个普遍原则。在设计过程中，不应当将人与自然对立起来，应将人看作自然系统中的一个因子，生态设计意味着人为过程与生态过程相协调，遵循生命的规律，对环境的破坏达到最小。

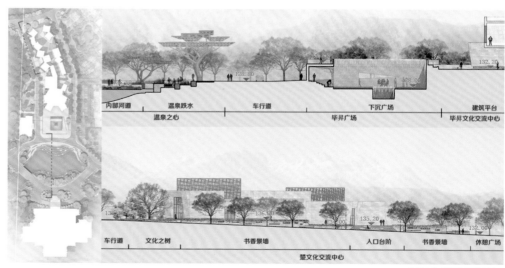

毕昇文化广场效果图及剖面

楚江南

田园风情体验路段—陌上花开

楚江南

田园风情路段—亲水休憩空间

总平面图

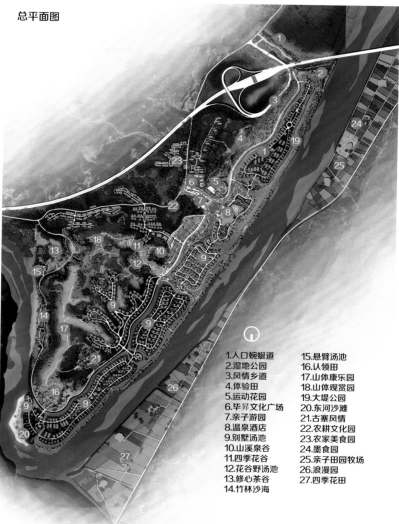

1.入口蜿蜒道　　15.悬臂汤池
2.湿地公园　　　16.认领田
3.风情乡道　　　17.山体康乐园
4.体验田　　　　18.山体观赏园
5.运动花园　　　19.大堤公园
6.毕昇文化广场　20.东河沙滩
7.亲子游园　　　21.古寨风情
8.温泉酒店　　　22.农耕文化园
9.别墅汤池　　　23.农家美食园
10.山溪泉谷　　　24.墨食园
11.四季花谷　　　25.亲子田园牧场
12.花谷野汤池　　26.浪漫园
13.修心茶谷　　　27.四季花田
14.竹林沙海

毕昇文化广场鸟瞰

年度优秀景观设计

张家界澧水风貌带景观规划设计

Lishui Style Landscape Planning and Design, Zhangjiajie, China

单位名称：江苏大千设计院有限公司。委托单位：张家界澧水风貌带指挥部。主创姓名：刘诚。成员姓名：田柱、蒋艳飞、陈新机、杨乐、冯宣淇、池青青。
设计时间：2015。项目地点：张家界。项目规模：48.78 ha。项目类别：规划设计。

设计说明：

张家界澧水两岸的风貌设计以把张家界建设成世界旅游精品和国际性旅游城市为目标，落实城市总体规划对澧水两岸风貌提出的规划要求，打造出具有浓郁民族风情和地方特色的旅游观光休闲场所。

目标：把澧水风貌带的景观建设视为一个改变大众对张家界印象的契机，期望把澧水风貌带打造成一个让外地游客更好地认识张家界、让本地居民深入理解张家界的场所。

设计愿景：城市魅力的展示窗口，城市活力的表演舞台，一本立体的旅游手册。

风貌带景观定位：西段两岸布局有枫香岗组团城市旅游度假区、荷花组团会展商务中心、且住岗组团旅游服务中心。本段风貌带景观定位营造轻松、闲适的休闲度假风光。中段拥有丰富的人文景观资源，集商业中心、行政中心和交通枢纽于一身。本段风貌带景观定位展示城市滨水风情与人文特色，东段拥有较好山水相接景观，大面积水岸香樟林带景观以及水坝下游富于季节性变化的河道自然景观，本段风貌带景观定位强化自然生态特色。

花海水岸透视图

依水凭栏效果图

南岸看城 远看北岸，南门口、回龙阁、古人堤、崇文塔、基督教堂沿河分布，正是张家界城市面貌的展示长廊，犹如张家界的清明上河图展现在游人眼前。

两岸看水 澧水是张家界的活力之源，宽阔的江面在城区形成一道独特的风景线。

北岸看山 向南远眺，云雾中若隐若现的群山和山脚下的张家界新城区，犹如海市蜃楼般美丽壮观。

城市观景资源格局

龙舟竞技效果图

肥西官亭生态园景观工程设计

Guanting Ecology Garden Landscape Engineering Design in Feixi County,Hefei,China

单位名称：岭南园林设计有限公司。委托单位：肥西县官亭镇人民政府。主创姓名：刘昌林。成员姓名：孙百宁、李博、李祉析、胡旭冉。设计时间：2015.05。
项目地点：肥西县官亭镇。项目规模：120 ha。项目类别：旅游度假区规划。造价：2.4亿元。

设计说明：

官亭镇东接合肥市，西连六安市，区位优势明显。本项目区块似一颗璀璨的明珠点缀在312国道南侧，总占地面积约120 ha。景观设计结合上位规划与当地特色将其定位为森林生态旅游郊野公园。

设计遵循生态规律，因势利导，利用现有的苗圃为基底，严格保护水资源，梳理水系，完善湿地生态。

建立森林与水间的景观联系。景观设计以自然、森林公园为主题，以粗犷、郊野、生态自然的设计手法，结合现状丰祥湖进行提升改造，完善服务设施，提高风景区品质，服务于市民。

在景观布局上，以一心、五线、八点、十二景为景观布局，即为"1个游客服务中心，5条游览线路，8个游乐设施点，12个景观节点"。用良好的交通旅游路线把各个景点串联开来，使之成为整体，多个景点、多条线路为游客提供了一个放松身心的郊野休闲娱乐去处，同时也提升了周边区域的整体环境品质。

随着经济的发展，我们希望官亭镇不再以农业为主要的经济来源，通过景观的提升，把官亭镇打造成为4A级国家森林公园也是我们的使命，从区域出发，整合资源，协调发展，体验为本，建设体验游憩网络。完善服务设施，提高风景区品质。

本案尊重原有地形地貌与当地历史人文，如何将第一产业转变为旅游资源是对设计的一个巨大挑战。对土地的敬畏是耕地保护、旅游开发的原始出发点，对现场深入的调研、分析是方案设计的前提，从全局性和整体性上宏观把握区域规划是此次方案设计的关键。

湿地景观效果图

滨水栈道效果图

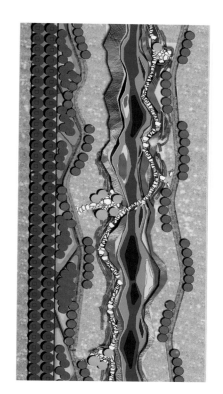

河道改造示意图

入口景观　　　　　　　　　　　　　　　期待

景观大道　　　　　　　　　　　　　　　酝酿

疏林草地　　　　　　　　　　　　　　　渐起

休闲服务　　　　　　　　　　　　　　　顺转

森林公园　　　　　　　　　　　　　　　释放

回味

总平面图

鸟瞰图

年度优秀景观设计

浙江嵊泗县黄龙乡峙岙石村旅游项目方案设计

The Shengsi Islands (Yellow Dragon Island) Tourist Ecological Planning System Design

单位名称：东华大学服装与艺术设计学院环境设计系。主创姓名：黄更、林峰。成员姓名：吴漫意、魏三峡、邓思楠。
设计时间：2014.10。项目地点：浙江嵊泗县黄龙乡峙岙石村。项目规模：40 ha。项目类别：旅游区规划。造价：600 万元。

设计说明：

　　黄龙岛位于我国东海东部，是嵊泗列岛中的崎岖岛群。岛上陆地面积为 5.51 km²，因山势雄伟，多裸岩，岩土澄黄，远望似黄龙蟠海而得名。峙岙石村坐落于黄龙，三面环海，随处可见怪石奇礁，可看见东海第一奇石"东海云龙"元宝石。典型海洋捕捞作业、惊险的作业环境，形成了峙岙渔民独特的生产方式和劳动智慧。渔家人对海的喜怒哀乐，无不浸染渔家的信仰、道德、情感和价值。祭海、开捕节、舟山锣鼓等互联共生，逐渐积淀出典型的原生态渔村。

　　本次的项目设计包含两个部分：第一部分峙岙石村以及元宝石为主要景点的一日游线路；第二部分以赤膊山天然礁岩为主的原生态景区；每个部分都由许多节点串接合成。在设计中强调原生态理念，在保护现状地形和原有风俗前提下，强调生态和环境保护，开发的主题服务于自然。设计与风俗、文化、环境相协调，确保生态主题的充分展现，体现出当地的地域文化，令外地的游客感受当地的文化气息。同时设计概念新颖，将生态渔村融入现代人的生活要素，保持特色不随波逐流。

　　最终以貌、节、习、娱、俗、捕构成当地原生态特色，以宿、食、产、销支撑起当地的旅游经济，完成以生态设计解决旅游景区发展的问题。

设计感悟：

　　在自然状态下，未受到人为影响和干扰，呈现原生态景观的价值。原生态环境是景区景观设计中背景与骨架，要注意对景区景观中的原生态环境进行分析。原生态即为特色，生态旅游景区区别于一般的旅游景区的地方就在于它的原始性和自然性。

水库平台服务配套实景

渔俗博物馆效果图

水库休憩平台实景

餐厅效果图

水库休憩平台实景

赤膊山实景

文化传承——民族文化演绎与创新

四川金川观音桥景区民族文化主题景观设计

单位名称：成都杨振之来也旅游发展股份有限公司。委托单位：金川县人民政府。主创姓名：何巍。成员姓名：赵柯、王强、刘叶飞、张荣平、袁雪等。
设计时间：2011。项目地点：金川县观音桥景区。项目规模：100 ha。项目类别：文化景观设计。造价：2 000万元。

四川金川观音桥景区民族文化主题景观设计深入挖掘藏传佛教的观音文化内涵，将观音文化精髓、祈福载体、朝拜方式、宗教仪式、吉祥八宝等运用到景观设计当中，透过空间景观、视觉造型，形成特有的景观体系，构建鲜明的地域特征，更好地保护和传承民族文化。

设计说明

1. 象山转经筒

象山原为自然山体，与观音庙遥相呼应，但缺乏标志性景观。因此，规划创意性地利用了藏族百姓祈祷用的法物——转经筒作为原型，进行提炼与放大，结合对景的设计手法，在象山顶上新建亚洲第二大的转经筒，与周边山体组成自然和谐的景观。

转经筒高26 m，直径10 m，筒身采用藏区佛教经文、吉祥八宝、鸟兽等图案做装饰，色彩鲜明、气势磅礴、大气恢宏，是整个景区的视觉焦点和形象标识，体现了浓郁的藏传佛教文化氛围。

2. 煨桑塔

煨桑是藏区神秘的原始祭祀祈福仪式。在煨桑广场新建全世界规模最大的煨桑塔，高18 m，塔身为5层四方形基座，采用吉祥八宝（宝伞、宝鱼、宝瓶、白海螺、吉祥结、胜利幢、金法轮、莲花）壁画做装饰，塔身以宝瓶为原型，白色底漆上祥云缭绕、五彩飞马、袅袅梵音等元素，体现了浓郁的藏族宗教色彩和民俗特色。整个煨桑塔体量巨大，色彩鲜艳，在四周经幡的映衬下，极具视觉冲击力和感染力。

转经筒效果图

煨桑塔实景照片

莲花广场效果图

3. 莲花广场

莲花广场是游客集散的公共活动空间。规划创意性地利用佛教圣物——莲花为原型，对其进行提炼、模仿和重组，通过景观小品、地面铺装等进行主题演绎。整个广场空间开敞，中央为"六瓣莲花海螺"标志景观，采用海螺 GRC 板塑形，底座加固，莲身亦采用 GRC 板塑形，并喷涂金色高反光金属漆。周边为六个小型的莲花池，与观音庙"六山六水"风水相契。地面由水、砖、卵石拼接呈现出莲花图样。

4. 玛尼石墙

观音庙下方陡坎原为裸露的泥土，景观效果较差，影响景区形象。因此，规划创意性地利用藏族的传统民间艺术——玛尼石，采用造景的设计手法，通过层次化的堆砌成墙方式对裸露的堡坎进行遮挡。这些石片大小不一，成千上万，全部通过信徒捐建，在原石片的基础上，雕刻有各种经文、佛像、神兽等，内容丰富、造型生动且富有灵性，是玛尼石的文化大观园。

玛尼墙实景照片

山东省青岛市柏果树河万达段生态河道景观设计

Landscape Design of Ecological River Course in Wanda Section of Baiguoshu River in Qingdao, Shandong

单位名称：深圳市铁汉生态环境股份有限公司、万达文化旅游规划研究院有限公司。委托单位：青岛万达东方影都投资有限公司。主创姓名：朱建宁、丁珂、禹晓峰。
成员姓名：郑光霞、刘计磊、李东泽、张林芳。设计时间：2015。项目地点：山东省青岛市黄岛区。项目规模：25.2 ha。项目类别：绿地系统规划。

设计说明：

项目位于山东省青岛市柏果树河万达段，面积约
25.2 ha，长1 890 m，宽约115～230 m，距青岛市
区42.8 km，交通便利。河道为季节性自然河流，水量
受季节影响明显，河槽宽窄不一。上游自然溪流，中游
水量充足，下游宽阔河道，流入大海。现状杨树槐树长
势好，芦苇滩自然分布，具备基本的生态河流湿地基底。
但生境过于荒野化、缺乏景观层次；植物单一，生境单
一，生态功能脆弱。

在尊重河道现状湿地、植被基础上，营造优美自然
的河岸线及丰富多彩的水景观形态。运用溪、瀑、湾、湖、
河等形态，充分展现河道魅力；将软景设计作为重点，
植物选择以乡土树种为主，恢复河道本身的植物群落系
统，打造一条能够自我净化、自我修复的健康循环的生
态河道，营造良好的生境系统，为鸟类、河道生物提供
自然栖息地，形成绿树掩映、鸟飞鱼潜、人与自然和谐
共生的生态廊道。

滨水健身步道效果图

林下交流空间效果图

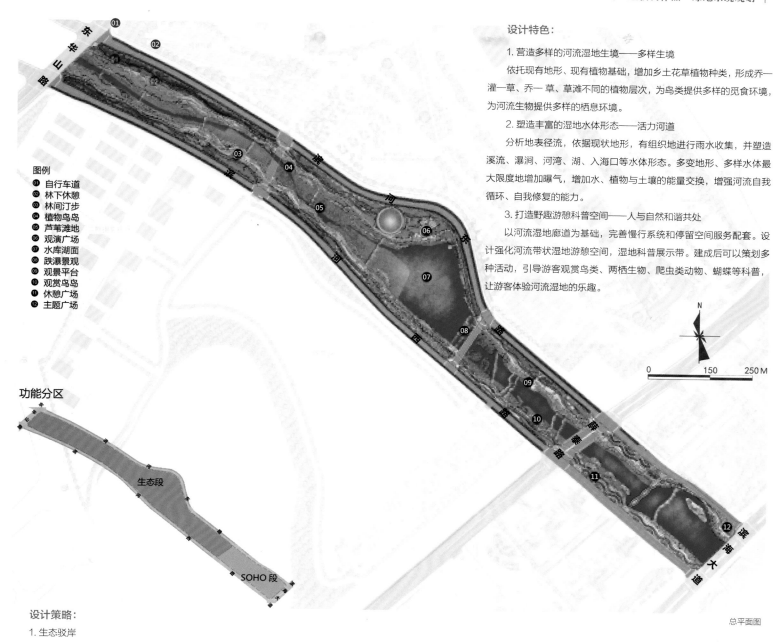

设计特色：

1. 营造多样的河流湿地生境——多样生境

依托现有地形、现有植物基础，增加乡土花草植物种类，形成乔—灌—草、乔—草、草滩不同的植物层次，为鸟类提供多样的觅食环境，为河流生物提供多样的栖息环境。

2. 塑造丰富的湿地水体形态——活力河道

分析地表径流，依据现状地形，有组织地进行雨水收集，并塑造溪流、瀑涧、河湾、湖、入海口等水体形态。多变地形、多样水体最大限度地增加曝气，增加水、植物与土壤的能量交换，增强河流自我循环、自我修复的能力。

3. 打造野趣游憩科普空间——人与自然和谐共处

以河流湿地廊道为基础，完善慢行系统和停留空间服务配套。设计强化河流带状湿地游憩空间，湿地科普展示带。建成后可以策划多种活动，引导游客观赏鸟类、两栖生物、爬虫类动物、蝴蝶等科普，让游客体验河流湿地的乐趣。

图例

① 自行车道
② 林下休憩
③ 林间汀步
④ 植物鸟岛
⑤ 芦苇滩地
⑥ 观演广场
⑦ 水库湖面
⑧ 跌瀑景观
⑨ 观景平台
⑩ 观赏鸟岛
⑪ 休憩广场
⑫ 主题广场

功能分区

0　150　250 M

总平面图

设计策略：

1. 生态驳岸

上游以缓坡驳岸为主，通过现状湿生群落构建良好的生物生境。中游水库在现状驳岸的基础上通过增加浮桥与挺水植物，改造水利设施，营造丰富的水体形态。下游入海口处以抛石驳岸为主，防止海水对内陆河道的冲刷。

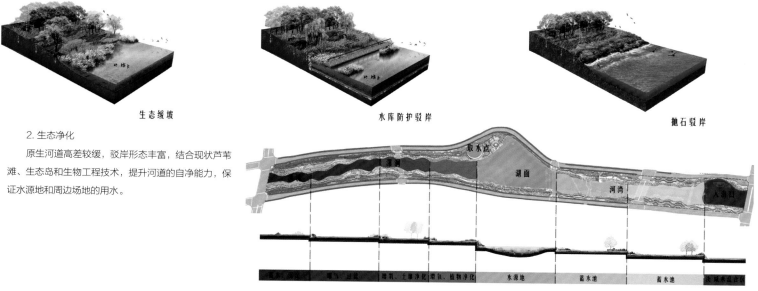

生态缓坡　　　　　　　水库防护驳岸　　　　　　　抛石驳岸

2. 生态净化

原生河道高差较缓，驳岸形态丰富，结合现状芦苇滩、生态岛和生物工程技术，提升河道的自净能力，保证水源地和周边场地的用水。

水位变化剖面图

3. 生态河道

场地降水分布不均，降雨多集中在夏季和秋季，冬季最少，因而也相应地带动水位的变化，形成了丰水位和枯水位。

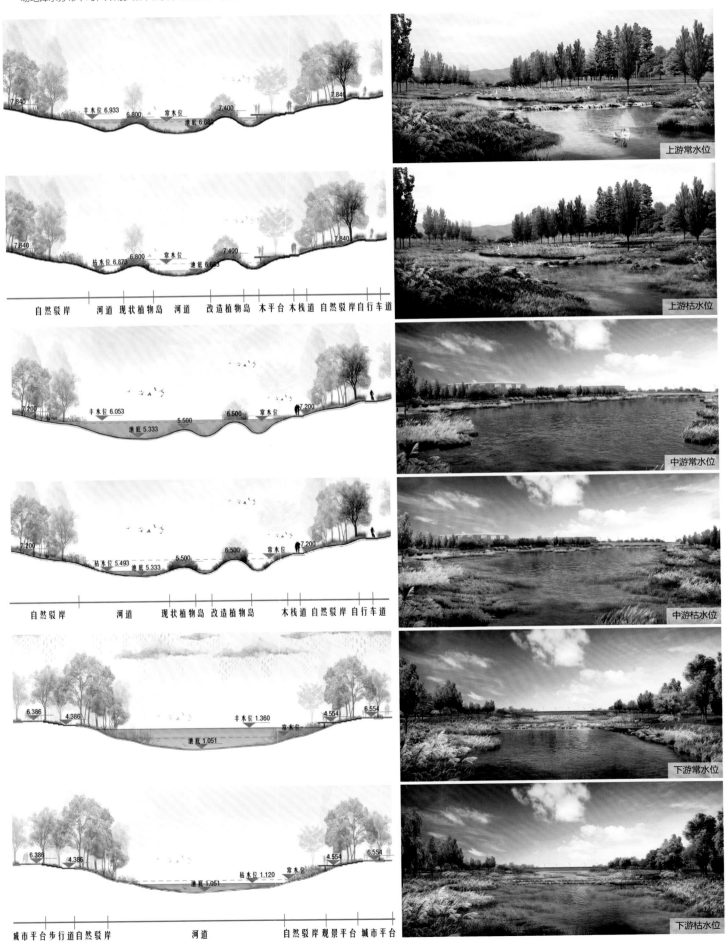

4. 生物生境与游憩

　　保护原生河道的湿地植物生境和动物生境，逐步恢复稳定的植物群落，发挥原生湿地的生态效益，为相应物种提供栖息环境和觅食环境，营造和谐、可持续的生物生境。同时建立完整的慢行系统，强化带状湿地游憩空间、湿地科普展示空间，同时为人们提供散步、慢跑、科普、娱乐等活动休憩场所。

休闲科普空间

生态跌水

河南修武生态系统规划设计
Eco-Master Planning,Xiuwu,Henan

单位名称：北京东方利禾景观设计有限公司。委托单位：河南省修武县人民政府。主创姓名：詹震、张帅、龙金花。成员姓名：张猛、孙静、史旭、何青树、胡婷婷、孟会。
设计时间：2014.12。项目地点：河南省修武县。项目规模：67 640 ha。项目类别：绿地系统规划。

设计说明：

项目位于河南省修武县，北部为山区和丘陵，南部为冲积平原，地势北高南低，规划面积 67 640 ha。

"览云台胜境，映生态古城"为本项目设计主题。依托云台山景区及古城文化资源，打造自然观光、生态体验、度假养生、农业休闲、古城文化五位一体的最美生态休闲小城。将自然山体和城市公共绿地通过景观廊道串联起来，形成一个网状的绿地系统。采用原生设计手法，通过微地形处理及自然式的种植形式，营造出更为丰富的景观空间，将云台山优美自然的山体风貌融入城市景观中。对货车通行进行时段管控，绕城市外围通行，并设置城市慢行系统从市区直达云台山，改善环境同时增强城市与景区的关联。

城市中心区结合城市绿廊设置雨水收集及净化系统。雨水由"建筑屋顶、广场及绿地、生态绿街—生态蓄水湖—生态河道"形成连续的雨洪管理系统，维持场地开发前后的水文及生态平衡。具体措施为：① 建筑、广场及绿地：由雨水设施收集大部分雨水，经过沉淀净化，达到景观灌溉、冲洗路面等用水标准。② 生态绿街：生态草沟与雨洪管理结合，运用道路之间的生态草沟，对雨水进行收集、沉淀、再利用，同时保持雨水自然渗透。③ 生态蓄水湖：主要收集湖区周围绿地与生态绿街雨水，经过滞留、沉淀、净化，流入河道。

设计感悟：

城市绿脉让我们的生活更健康，原生设计让城市更具地域特色，生态绿街让城市充满生机。设计除了激发城市的文化特质，还将优美自然的山体风貌融入城市设计中，实现景与城的融合。

台创园绿道—马道河村改造前

台创园绿道—马道河村改造后

图例：

生态休闲文化城
1 文化古城
2 运粮河商业街
3 大沙河郊野公园
4 大狮涝河生态廊道

农业创意体验区
5 文化创意产业园
6 休闲农业养生园
7 台湾文创园
8 开心农场
9 科普农艺园

现代农业展示区
10 有机农业示范区
11 农业科技园
12 葡萄庄园
13 花卉种植园

七贤文化生活区
14 文化旅游小镇
15 合院式酒店
16 矿坑花园结合地产开发
17 GOLF 结合地产开发

田园养生度假区
18 陶瓷文化村
19 艺术家作坊
20 溪谷养生区

山体生态防护区
21 山体修复
22 红叶观赏林

云台山风景区
23 茱萸峰
24 马鞍石水库

生态系统规划总平面

慢行连接
PEDESTRIAN CONNECTION

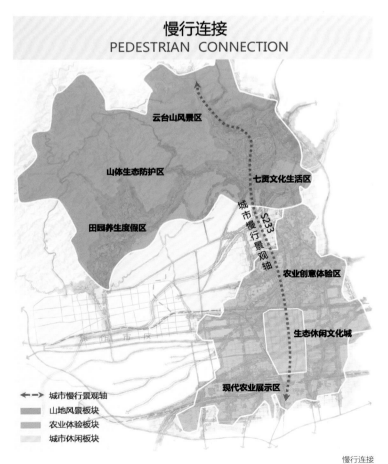

云台山风景区
山体生态防护区
田园养生度假区
七贤文化生活区
城市慢行景观轴
S233
农业创意体验区
生态休闲文化城
现代农业展示区

←→ 城市慢行景观轴
　　山地风景板块
　　农业体验板块
　　城市休闲板块

慢行连接

产业衔接
INDUSTRY CONVERGENCE

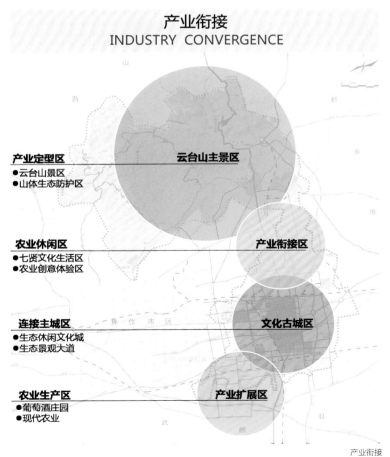

产业定型区
●云台山景区
●山体生态防护区
云台山主景区

农业休闲区
●七贤文化生活区
●农业创意体验区
产业衔接区

连接主城区
●生态休闲文化城
●生态景观大道
文化古城区

农业生产区
●葡萄酒庄园
●现代农业
产业扩展区

产业衔接

生态休闲文化城鸟瞰图

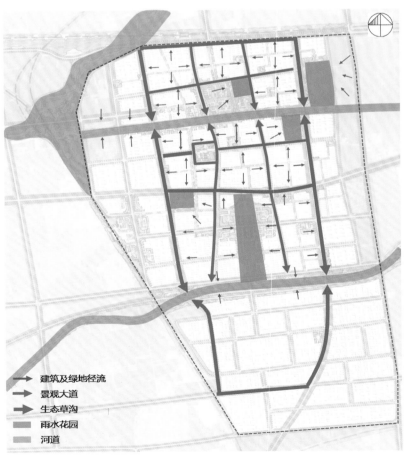

→ 建筑及绿地径流
→ 景观大道
→ 生态草沟
雨水花园
河道

生态休闲文化城汇水分析图

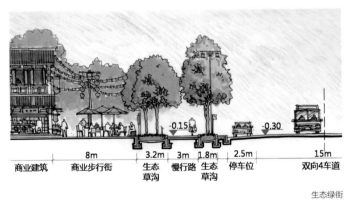

商业建筑　商业步行街　生态草沟　慢行路　生态草沟　停车位　双向4车道
　　　　　　8m　　　　3.2m　3m　1.8m　2.5m　　15m

生态绿街

生态草沟

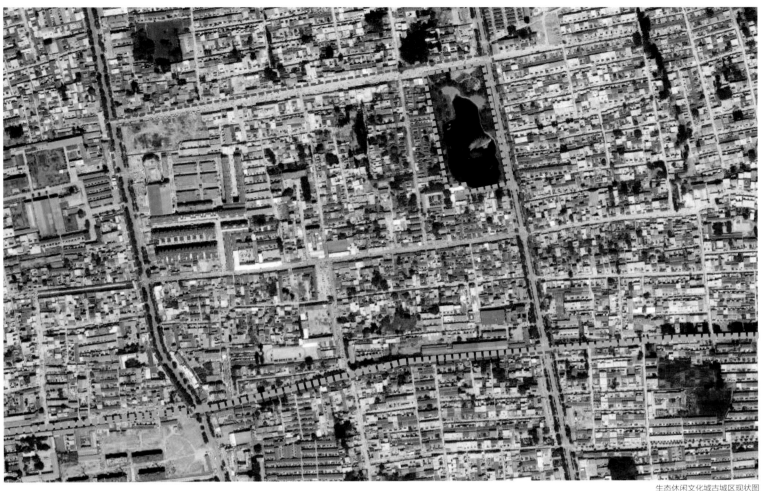

生态休闲文化城古城区现状图

白音潭改造前后对比图

运粮河改造前后对比图

年度十佳景观设计

西安市城市生态系统——城市绿地小广场近期建设规划

Xi'an Urban Eco-system—Recently Construction and Planning of Urban Green Square

单位名称：西安市城市规划设计研究院。委托单位：陕西省西安市人民政府。主创姓名：倪娜。成员姓名：龙小凤、尹宏程、曹恺宁、郝钊、于佳永、高磊、黄梦楠。
设计时间：2015.06。项目地点：陕西省西安市。项目类别：绿地系统规划。

设计说明：

西安市规划绿地数量较多，建设速度也非常快，但现状建成绿地与街景公园绿地建设数量较少，总量差距仍较大，只能有限地提升城市环境，无法介入城市微循环。由于实施主体不统一，导致新建的绿地广场虽然"量"基本达到要求，但实施质量和后期维护良莠不齐。此外轨道交通等城市基础设施建设对现状绿地小广场破坏较大，存在重复建设的情况。近年来西安市不仅将绿地广场建设作为惠民工程加大了建设力度，更将绿地建设和文化遗存有机结合，使西安的公园绿地更有文化内涵，充分彰显历史人文、山水生态和古都风韵。

城市出入口及绿地小广场作为与市民生活紧密相关的绿化空间，是对城市绿地系统的重要补充和完善。为加快提升城市内外景观形象，本次《西安城市生态系统——城市绿地小广场近期建设规划》重点结合城市出入口及主城区内部重要节点进行近期绿地小广场的规划编制工作。我们以提升城市环境品质"生态优先"为规划理念，积极推进城市绿地建设和街景公园建设，进一步改善城市微循环，净化空气质量，提升和完善城市绿地景观系统。

解家村绿地广场效果图

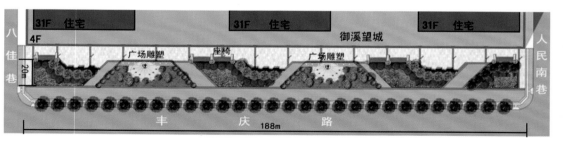

解家村绿地广场平面图

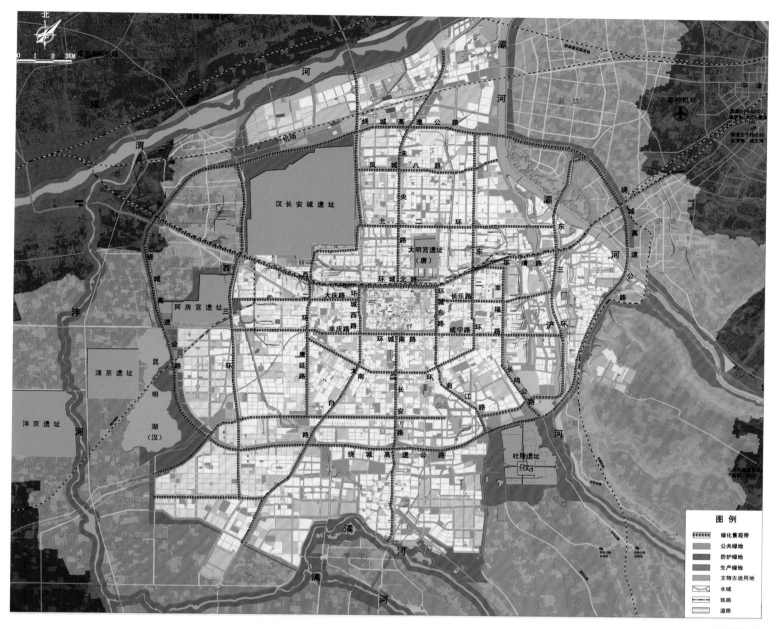

西安绿地系统

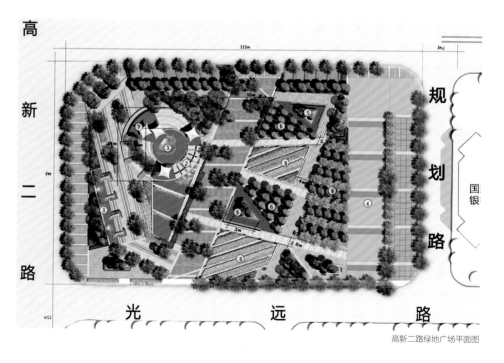

高新二路绿地广场平面图

高新二路绿地广场效果图

①	景观花池	⑨	休闲广场
②	步行道铺装	⑩	入口广场
③	景亭	⑪	卫生间
④	亭子	⑫	组合花池
⑤	石汀铺面	⑬	景观廊架
⑥	景观水池	⑭	休闲空间
⑦	木质廊架	⑮	停车场
⑧	景观花池	⑯	充电桩

西铜高速出入口绿地广场平面图

西铜高速出入口绿地广场效果图

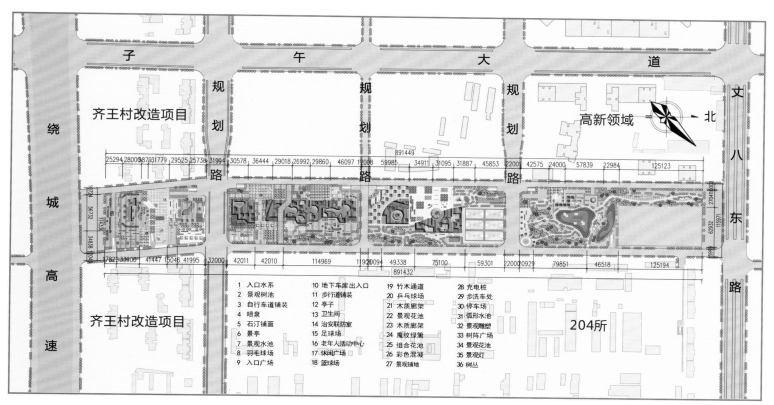

子 午 大 道

齐王村改造项目

绕城高速

规 划 路

齐王村改造项目

高新领域

北

丈八东路

规 划 路

204所

1 入口水系	10 地下车库出入口	19 竹木通道	28 充电桩
2 景观树池	11 步行道铺装	20 乒乓球场	29 步洗车处
3 自行车道铺装	12 亭子	21 木质廊架	30 停车场
4 喷泉	13 卫生间	22 景观花池	31 弧形水池
5 石汀铺面	14 治安联防室	23 木质廊架	32 景观雕塑
6 景亭	15 足球场	24 魔纹绿篱	33 树阵广场
7 景观水池	16 老年人活动中心	25 组合花池	34 景观花池
8 羽毛球场	17 休闲广场	26 彩色混凝	35 景观灯
9 入口广场	18 篮球场	27 景观铺地	36 树丛

204所绿地广场总平面图

高新领域

丈八东路

市政设施

道 大 午 子

规 划 路

公共绿地

齐王村改造项目

南 三 环

204所绿地广场效果图

年度十佳景观设计

连云港灌云县燕尾新城湿地公园景观规划设计

Wetland Park Landscape Design of Yanwei New City of Guanyun County Lianyungang

单位名称：苏州工业园区景观绿化工程有限公司。主创姓名：何玉江。成员姓名：张怀荣、严雅静、李嘉轩、陈剑锋。设计时间：2013。
项目地点：江苏连云港。项目规模：274 ha。

设计说明：

该湿地公园项目位于江苏连云港灌云县，占地 274 ha。项目主体以湿地恢复为宗旨，是结合新城开发、住宅、商业等多功能为一体的景观综合体。

燕尾新城湿地公园作为重要的城市公共空间，承载着众多功能。

1. 一个整体的景观框架

对规划进行梳理，亦如行文中"起、承、转、合、开"，注重分区特色同时强调整体性，从景观层面、人文层面、色彩层面、商业层面对湿地公园进行把控。

2. 三个各具特色的廊道

廊道呈现了三个重要的道路空间：环湖运动步道、人文体验廊道、空中漫游廊道。

3. 八个功能明确的区域八个特色景观区域

各分区主题明确，独具特色，形成功能的互补和对接。包含：湿地修复示范区（润州园）、湿地展示区（灌云园）、管理服务区、湿地观光旅游区（福胜园）、湿地外围缓冲区（百草园）、文化水街（文化水廊）、高密度住区、低密度住区。

4. 湿地公园区交通规划

（1）陆上交通：可分为三个等级，包括公园一级园路、二级园路和三级园路。结合已有的路网进行升级改造，一方面减少了工程建设对湿地的影响，另一方面保留了地方乡土记忆，最终形成人车分流、体系健全的游览交通体系。

（2）水上交通：通过梳理水系、改善水质，建立起水上交通游线。规划利用传统的人力木舟作为水上交通工具，联系滨水主要景点，游人在感受润州园湿地景观的同时，还可穿梭于小桥流水中。

大地记忆 THE MEMORY — 场地机理的利用 Use of space mechanism

文脉延续 CULTURAL CONTINUITY — 传统文化的传承 local culture of Linfen

生境营造 HABITAT CREATION — 多样化生态环境的营造 Create a diverse environment

大地特色 THE MEMORY

燕尾新城湿地公园基地具独特色，体现了海、港、城、自然、近自然、半人工、人工的大地记忆，在规划中充分考量基地记忆，功能强链梳理和市区体现从自然到城市的过渡。运用象形美家，将"燕尾"的形态运用到湿地规划设计当中，从概念到形式，全方位诠释大地特色。

海-港-城 自然-近自然-半人工-人工 Use of space mechanism

场地分析 Texture analysis
抽取整合 Extraction of integration
功能分布 Functional layout
发散发展 Divergent development

海 HAI 港 GANG 城 CITY

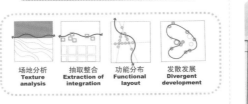

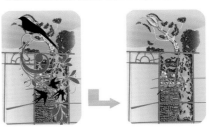

1. 鸟岛
2. 生态栖息岛
3. 引鸟塔
4. 水杉半岛
5. 河间洼地
6. 湿地水林带
7. 浅滩岛
8. 池杉岛
9. 河漫滩
10. 大叶浮水植物园
11. 观鸟栈道
12. 湿地高草植物园
13. 河岸森林
14. 河岸灌丛
15. 荷花塘
16. 湿生植物园
17. 钓鱼平台
18. 花卉园
19. 蜻蜓池
20. 长堤
21. 瞭望平台
22. 听蛙塘
23. 观鱼池
24. 鱼类知识园
25. 水生植物园
26. 野草园
27. 游客接待中心
28. 桃花源广场
29. 游船码头
30. 儿童戏水池
31. 游戏屋
32. 运动场
33. 智慧小屋
34. 湿地微缩园
35. 露天演出场
36. 露天演出场
37. 水文化广场
38. 生态瞭望塔
39. 芦塘探幽
40. 滨水露营地
41. 垂钓台
42. 人工泥潭
43. 休闲茶楼
44. 湖滨走廊
45. 文化长廊
46. 文化主题园
47. 历史文化雕塑
48. 湿地望远镜
49. 湿地探索小径
50. 水林茶舍
51. 岁月丛林
52. 修养丛林
53. 鸟之丛林
54. 故事丛林
55. 风之丛林
56. 水之丛林
57. 茶室
58. 咖啡厅
59. 多功能会议室
60. 生态教室
61. 影音放映厅
62. 水上餐厅
63. 婠水广场
64. 展览馆
65. 体育馆
66. 影剧院
67. 运动场
68. 特色水街
69. 办公商业
70. 高层住宅
71. 中心绿地
72. 宅间绿地
73. 别墅住区
74. 洋房住区
75. 小高层住区
76. 特色溪水
77. 中心环岛
78. 休闲绿地
79. 小区出入口
80. 特色环道

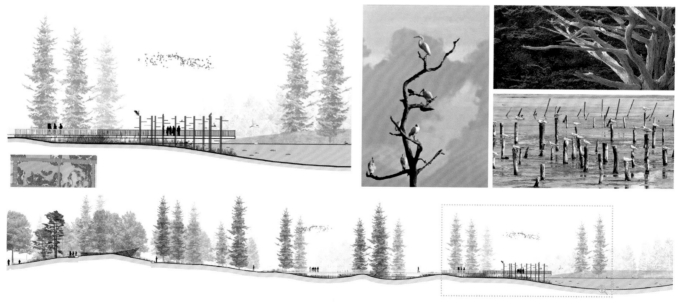

文脉延续
CULTURAL
CONTINUITY

文

地方文化的传承
local culture

连云港市市花
玉兰花
Landscape
Design

连云港特产
水晶之都
Landscape
Design

燕尾新城
Landscape
Design

格状单一列序的矩阵
The status of a single
site matrix

湖面基质
LAKE

草地斑块
LAWN

岛屿斑块
ISLANDS

山林斑块
TREE

道路廊道
ROAD

河流廊道
RIVER

生境营造
HABITAT
CREATION

生态

多样化生态环境的营造
Create a diverse environment

年度十佳景观设计

苏州·浒墅关阳山环路景观设计
Suzhou Xushuguan Yangshan Road landscape Design

单位名称：苏州筑园景观规划设计股份公司。委托单位：苏州阳山新城投资开发管理有限公司。主创姓名：刘祥东、高莹、吴辉。成员姓名：刘潇、杨琴、贾舒涵、史来勇、廖罗华。
设计时间：2012。项目地点：江苏苏州。项目规模：36.7 ha。项目类别：绿地系统规划。

设计说明：

阳山环路全长 4.5 km，设计红线面积 367 000 m²，景观面积 249 658 m²。依路况，以道路边缘线向外扩 6 ~ 50 m 不等为其设计范围。

现状存在四大道路节点，分别为太湖大道、观山路两个重要门户节点，以及嵩山路、鸿禧路两个内部节点。

阳山环路以城为依托，山为背景、园为活力，在这样特有的环境下有意将其打造一条在山林中穿行的特色道路，以融山、近绿、享人文为设计主题，契合休闲生态农业旅游的趋势，打造联结城市副中心与阳山休闲农业游的绿色廊道、展现阳东新城特色的一条慢休闲生态景观大道。

具体设计中，阳山环路全路以常绿基调为主，配以季相树种以展现四季风景之美，采用大节奏、大尺度构图，体现现代、大气的景观风格并与新城风格相协调。设计手法上融合山林与新城以及江南山水写意的空间手法展示古典园林特色韵味与现代新城的魅力。

在设计手法上主要采用融合山林与新城，融合江南山水写意空间手法，具体体现在以下几点：

延续：　生态、科技、人文（太湖大道的延续）

特色：　中国、苏州、新区（真山真水新苏州）

揽景：　融山、园林、景团（园林手法自然景致）

魅力：　绿廊、元素、花窗（城市未来的花园）

休闲节点效果图

规划系统分析

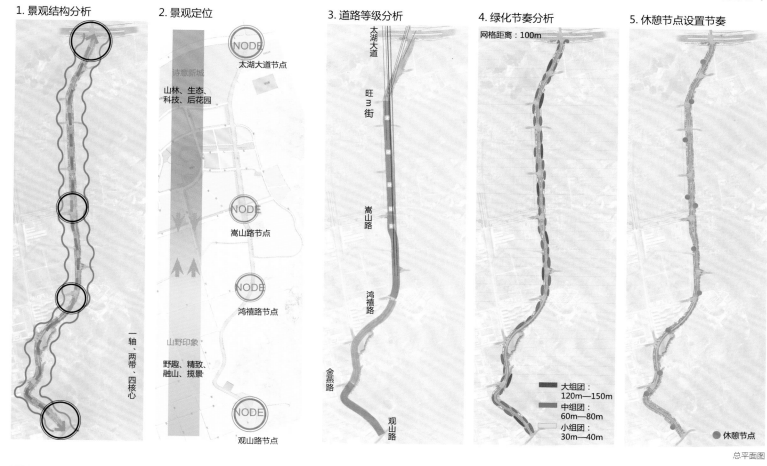

1. 景观结构分析

一轴、两带、四核心

2. 景观定位

诗意新城
山林、生态、
科技、后花园

太湖大道节点

NODE
嵩山路节点

NODE
鸿禧路节点

山野印象
野趣、精致、
融山、揽景

NODE
观山路节点

3. 道路等级分析

太湖大道
旺3街
嵩山路
鸿禧路
金燕路
观山路

4. 绿化节奏分析

网格距离：100m

大组团：
120m—150m
中组团：
60m—80m
小组团：
30m—40m

5. 休憩节点设置节奏

● 休憩节点

总平面图

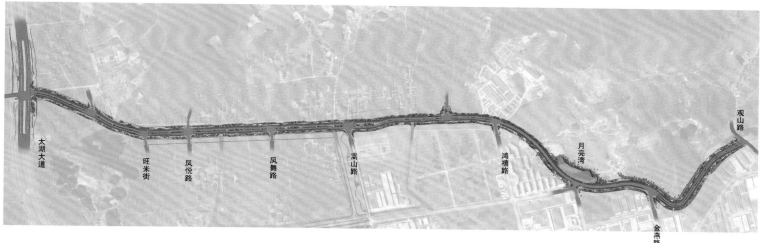

太湖大道　旺米街　凤悦路　凤舞路　嵩山路　鸿禧路　月亮湾　观山路　金燕路

效果图

年度十佳景观设计

友谊路延长线改扩建园林绿化工程

单位名称：广西建工集团第五建筑工程有限责任公司设计研究院。委托单位：南宁绿港建设投资集团有限公司。主创姓名：莫丽丽。成员姓名：李霞光、唐运、陈耀曦、农伟国、袁江婷、周俊豪、雷冬婷。设计时间：2014。项目地点：南宁市经开区。项目规模：14.8 km。项目类别：道路绿化设计。

设计说明：

友谊路延长线位于南宁国家经济技术开发区，随着南宁城市规模的不断扩大和城市发展建设重心的不断南移，而成为自治区和南宁市的重点建设区域。友谊路延长线是南宁经济开发区重要的南北出入通道。

友谊路延长线改造扩建工程将原来不足 20 m 宽的道路扩宽为 60 m，提高了道路标准，改善了路网结构，将在很大程度上缓解该区域的交通紧张状况，也带动了整个经开区经济发展。吴圩镇明阳工业区为本改造扩建工程路段重要的工业集中区，友谊路延长线的建设，将大大地推动明阳工业区的交通能力，对以明阳工业区为中心向周围发展建设起到至关重要的作用。

在道路拓宽工程基础上，景观工程也随着大环境战略地位的提升和发展而有了更高的

要求，友谊路延长线改扩建工程的景观设计应按照道路景观标准结合现状环境进行合理创新的设计，这对于改善友谊路延长线生态环境、彰显南北出入要道的景观特色、展示南宁"国家园林城市"的良好形象、创建"国家生态园林城市"有着重要意义。

以"七线一团"为主题："七线"是指在《南宁城市道路绿化规划》中西南向的机场高速及两条分别连接五一路和南站路的规划路。友谊路延长线是临近机场高速的一条新"线"，也因友谊路延长线位于南宁市国家经济技术开发区，区内有大型化工企业，故道路绿化规划配合机场高速路的风格，选择植物抗性较强的品种，提高净化空气等生态防护功能。"一团"是指吴圩观果组团，吴圩观果组团是南宁再中心城区外围打造的"绿卫星"组团之一，吴圩生态环境优良，能很好地实现"绿满四季，花果飘香"，是南宁发展"双城"的主要因素之一。

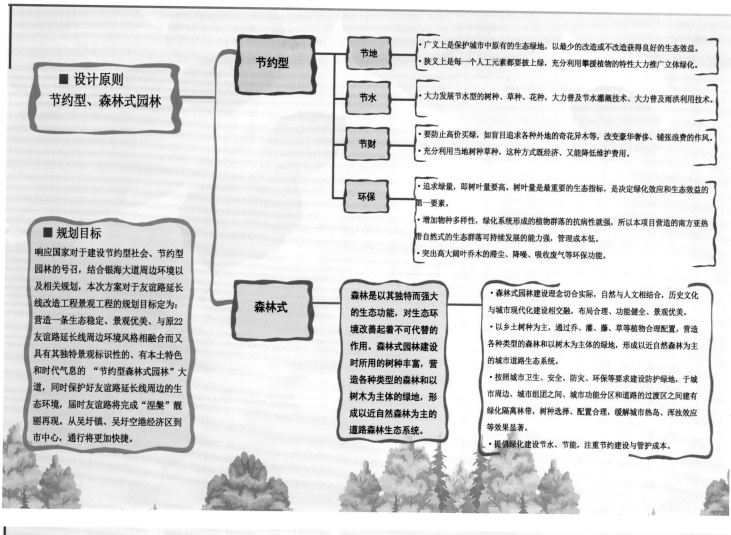

■ 设计原则
节约型、森林式园林

节约型

节地
- 广义上是保护城市中原有的生态绿地，以最少的改造或不改造获得良好的生态效益。
- 狭义上是每一个人工元素都要披上绿，充分利用攀援植物的特性大力推广立体绿化。

节水
- 大力发展节水型的树种、草种、花种，大力普及节水灌溉技术、大力普及雨洪利用技术。

节财
- 要防止高价买绿，如盲目追求各种外地的奇花异木等，改变豪华奢侈、铺张浪费的作风。
- 充分利用当地树种草种，这种方式既经济、又能降低维护费用。

环保
- 追求绿量，即树叶量要高。树叶量是最重要的生态指标，是决定绿化效应和生态效益的第一要素。
- 增加物种多样性，绿化系统形成的植物群落的抗病性就强，所以本项目营造的南方亚热带自然式的生态群落可持续发展的能力强，管理成本低。
- 突出高大阔叶乔木的滞尘、降噪、吸收废气等环保功能。

■ 规划目标

响应国家对于建设节约型社会、节约型园林的号召，结合银海大道周边环境以及相关规划，本次方案对于友谊路延长线改造工程景观工程的规划目标定为：营造一条生态稳定、景观优美、与原22友谊路延长线周边环境风格相融合而又具有其独特景观标识性的、有本土特色和时代气息的"节约型森林式园林"大道，同时保护好友谊路延长线周边的生态环境，届时友谊路将完成"涅槃"靓丽再现。从吴圩镇、吴圩空港经济区到市中心，通行将更加快捷。

森林式

森林是以其独特而强大的生态功能，对生态环境改善起着不可代替的作用。森林式园林建设时所用的树种丰富，营造各种类型的森林和以树木为主体的绿地，形成以近自然森林为主的道路森林生态系统。

- 森林式园林建设理念切合实际，自然与人文相结合，历史文化与城市现代化建设相交融，布局合理、功能健全、景观优美。
- 以乡土树种为主，通过乔、灌、藤、草等植物合理配置，营造各种类型的森林和以树木为主体的绿地，形成以近自然森林为主的城市道路生态系统。
- 按照城市卫生、安全、防灾、环保等要求建设防护绿地，于城市周边、城市组团之间、城市功能分区和道路的过渡区之间建有绿化隔离林带，树种选择、配置合理，缓解城市热岛、浑浊效应等效果显著。
- 提倡绿化建设节水、节能，注重节约建设与管护成本。

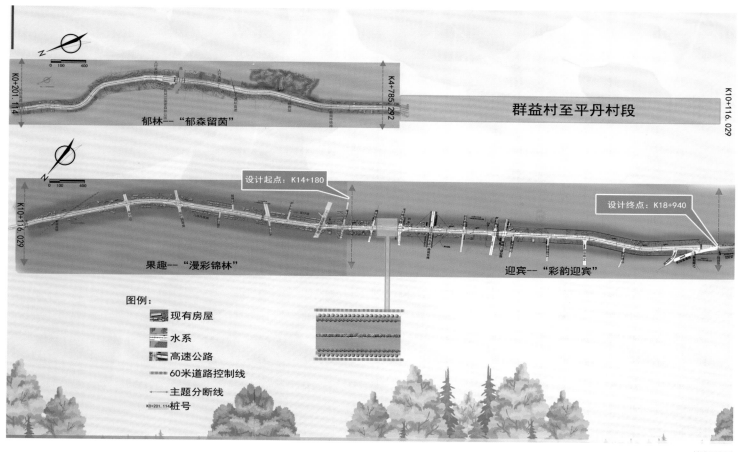

郁林——"郁森留茵"

群益村至平丹村段

设计起点：K14+180

设计终点：K18+940

果趣——"漫彩锦林"

迎宾——"彩韵迎宾"

图例：
- 现有房屋
- 水系
- 高速公路
- 60米道路控制线
- 主题分断线
- K0+201.114 桩号

岭南园实景

年度十佳景观设计

柳子河河滨公园景观设计
Liuzi River Riverside Park Landscape Design

单位名称：天津市北方园林市政工程设计院有限公司。委托单位：烟台市规划局经济技术开发区分局。主创姓名：赵丙政。成员姓名：路虎帅、塔耀宇、雒晓琳。
设计时间：2015。项目地点：山东省烟台市。项目规模：58 ha。造价：2.38 亿元。

设计说明：

柳子河河滨公园，位于烟台开发区南部，是结合滨水景观及绿带公园打造的城市绿肺及休闲空间。设计范围西起 206 国道、东至夹河，全长约 5.5 km。主要设计内容包括柳子河河道、南侧 30 ~ 100 m 宽的绿化景观带以及嘉陵江路北侧绿化带，总用地面积约 58 ha。

本次规划设计主题为"活力纽带"，意在将柳子河公园塑造成河流与绿地之间、人与自然之间、城市与自然之间的"纽带"。项目设计综合考虑河道定位及周边规划用地性质，将公园规划结构定义为"一带、六区"，分别打造自然生态的河道滨水景观带和六个定位明确、主题突出的城市公园分区。

河道规划通过水位控制、驳岸改造、河底改造和桥梁设施更新等手段，补充水量、改善水质、丰富桥体、坝体形式，提升了柳子河整体景观品质。公园区域则规划了 4 m 宽的公园慢行系统，结合休闲广场串联整体布局，把握公园对外展示效果及内部空间的塑造，灵活运用对景、框景、透景、夹景等手法打造公园丰富视觉效果。此外结合周边现状及用地规划，公园规划为六大功能区：西站窗口展示区、宜居休闲娱乐区、衡山路门户风尚区、户外运动体验区、休闲文化参与区、生态景观风景区。六大主题区域功能定位明确、主题特色鲜明，贯通柳子河南侧 5.5 km 的生态休闲空间，为城市塑造了一处自然、休闲、宜居的乐土。

儿童活动区效果图

河道整体效果图

城市广场效果图

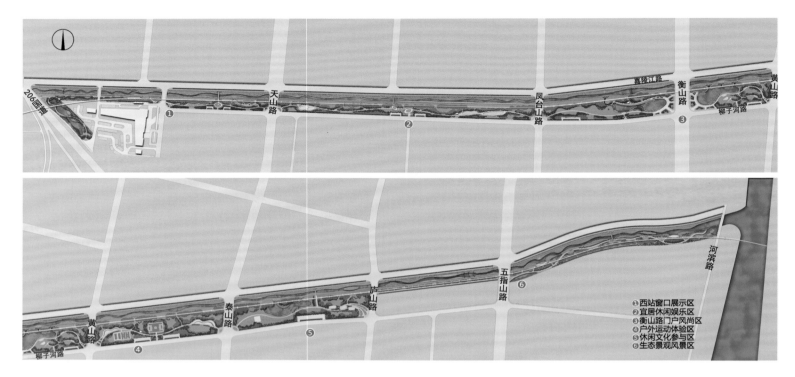

① 西站窗口展示区
② 宜居休闲娱乐区
③ 衡山路门户风尚区
④ 户外运动体验区
⑤ 休闲文化参与区
⑥ 生态景观风景区

活动广场效果图

亲水平台效果图

草雕花卉效果图

桥梁夜景效果图

包头市昆河湿地公园
Baotou Kunhe Wetland Park

单位名称：内蒙古和信园蒙草抗旱绿化股份有限公司。北京蒙草节水园林科技有限公司。委托单位：包头市昆都仑区人民政府。主创姓名：郭建梅。成员姓名：安喜志、李建胜、朱秋成、蔺莎、李锦、蒋萌、陈岩松、石红梅、彭英豪、豆蕾、郭威、周彬欣。设计时间：2014。项目地点：包头市昆区昆河上游。项目规模：96 ha。项目类别：绿地系统规划。造价：1.5 亿元。

设计说明：

本项目位于包头市昆都仑区昆河上游，为北方干旱缺水郊野河道，项目将在满足行洪和生态景观的要求下，增加河道绿化效果，形成生态水面，恢复当地薄弱的生态环境，真正实现水清岸绿，打造生态景观性效果。

场地长约 3 km，均宽约 300 m，总面积约 96 ha。场地上游有昆都仑水库，需考虑其行洪及水库冲淤等管理方式，场地中有挖沙留下的沙坑，冬春两季，风起沙扬，本河道段为城市重要水源地，取水管线穿插其中；河道中常年有水库的渗漏水 0.3 m³/s，这将是河道修复主要的水源。

本案的关键点是用双河槽解决河道行洪（200 m³/s）与小水景观（0.3 m³/s）矛盾，首先用地形和种植将河槽一分为二，主河槽约 70 m 宽，在现状河床较低处开挖而成，能满足河道泄洪需求；景观水系位于河道较高处，做减渗形成小水系，水源来自截伏流收集水库渗漏水，以形成自然溪流景观；两河槽中间布置生动地形、园路与植物种植。而后用主行洪河槽串联沙坑调蓄雨洪及吸纳水库冲淤的淤泥，并能在夏季形成湿地水面。最后将城市休闲游憩与河道生态环境建设相结合，创造亲水空间。此外，设计倡导近自然的种植模式及种植总量，考虑与场地用水的承载力的平衡。仅仅五个月，昆河从昔日黄沙漫天、植被稀疏，变成如今林木茂密、花草芬芳，溪流潺潺，湿地草长莺飞。

昆河湿地公园项目，其核心点是用生态的思路兼顾水利与景观及其社会游憩功能，而非只重其水利功能。

东入口实景

河道现状

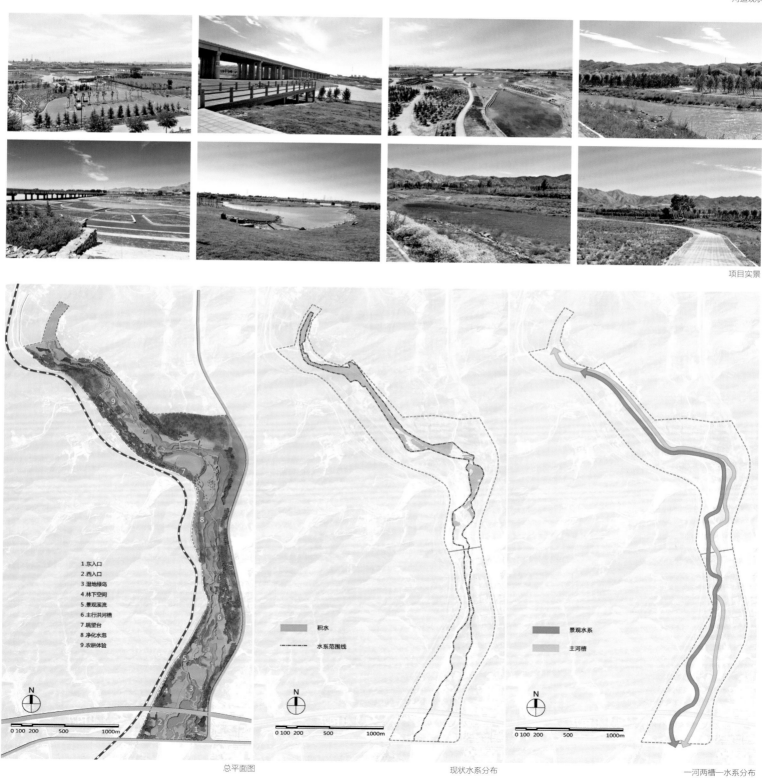

项目实景

1.东入口
2.西入口
3.湿地绿岛
4.林下空间
5.景观溪流
6.主行洪河槽
7.眺望台
8.净化水泡
9.农耕体验

积水

水系范围线

景观水系

主河槽

总平面图

现状水系分布

一河两槽—水系分布

年度优秀景观设计

满洲里市扎赉诺尔区城市绿地系统规划

The Urban Green System Planning of Zhalainuoer District in Manchuria City

单位名称：黑龙江省城市规划勘测设计研究院。委托单位：满洲里市扎赉诺尔区城市规划办公室。主创姓名：马力。成员姓名：韩杨、归红、武胜楠、谢冰、苏琳、邱成刚、滕翊彤、翟日红、张赫、王超、张双玲、谷磊、么迪、王丽娟。设计时间：2014。项目地点：满洲里市扎赉诺尔区。项目规模：5978ha。

设计说明：

随着"十八大"提出的"生态文明"及"美丽中国"宏伟目标的逐步实现，有着"城市绿肺"之称的城市绿地便发挥起越来越重要的作用。依照国家政策，结合满洲里市扎赉诺尔区实际情况，以呼伦贝尔市创建"国家森林城市"为契机，以满洲里市边境口岸旅游城市发展为动力，结合扎赉诺尔区所处呼伦贝尔草原腹地的天然生态环境，有针对性地规划此城市绿地系统项目。

扎赉诺尔区是内蒙古自治区的工贸卫星城，距满洲里市区24km，其区域呈不规则长条状，城区面积为2 795.00ha，总人口为16万人。扎赉诺尔区包括新区、老区、工业区，三片城区之间由生态绿地相连接。城区内部有一条贯穿老城区的301国道，两端分别通往满洲里市区及呼伦贝尔市。

扎赉诺尔区城市绿地系统规划以可持续发展为原则，整体空间布局以各组团内部集聚、改造提升为主要发展方向。城区内的三个片区分别打造为新区——"魅力新区、生态乐活"、老区——"历史老区、百年记忆"、工业区——"矿业立城、褐煤海洋"的特色片区形象。强化绿地建设的近人性、切实性和景观性；综合考虑居民游憩、康乐等活动需要；健全游憩绿地系统，创建环境优美、生态健全的人居环境，坚持走可持续发展之路。通过绿地系统合理布局，形成山水交融、绿脉渗透的生态安全格局，成为具有东蒙矿区特色的国家园林示范区。

扎赉诺尔区绿地的系统化建设，将以建成慢行系统、普及"绿色出行，转角遇见绿"为目标，即在城区内建成新区绿地"山水绿道"、老区绿地"遍地开花"、工业区绿地"纵横交错"的绿地系统结构。

扎赉诺尔区城市绿地现状图

扎赉诺尔区与周边主要区域联系示意图

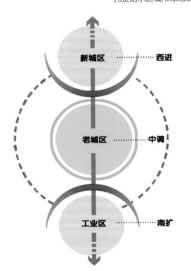

扎赉诺尔区城市绿地发展示意图

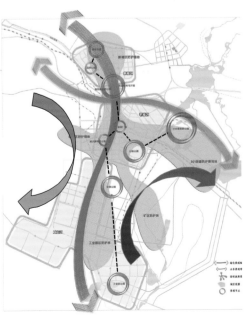

扎赉诺尔区城市绿地系统规划结构分析图

扎赉诺尔区城市绿地现状图

扎赉诺尔区城市绿地近期规划图

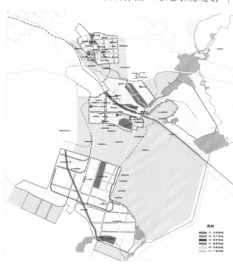

扎赉诺尔区城市绿地远期规划图

扎赉诺尔区城市绿地线性水系分析图

扎赉诺尔区邻近绿地系统概念分析图

扎赉诺尔区城市防灾避险绿地分析图

扎赉诺尔区城市绿地系统效果图

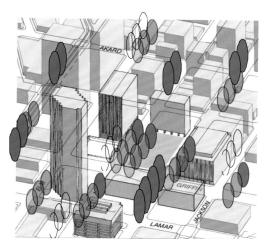

扎赉诺尔区绿化种植概念图

扎赉诺尔区绿化指标一览表（2014-2030 年）

	建设用地 （hm²）	主城区人口 （万人）	绿地面积 （hm²）	绿地率 （%）	绿化覆盖率 （%）	人均公园绿地 （m²/人）
现状 （2014年）	2795.00	16	668.76	23.78	28.78	7.27
近期增量	1516.00	2	582.49	5.24	5.24	6.22
近期期末 （2015-2022年）	4311.00	18	1251.25	29.02	34.02	13.49
远期增量	1667.00	2	1029.67	3.76	3.76	11.03
远期期末 （2023-2030年）	5978.00	20	1959.86	32.78	37.78	24.52

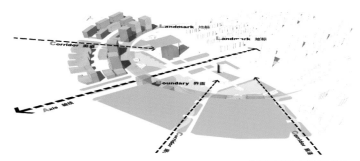

扎赉诺尔区绿化种植概念图

247

APEC 会址雁栖湖国际会都门户景观

The Landscape Design of Yanqi International Conference Center,Beijing

单位名称：中国建筑设计院有限公司。委托单位：北京被控国际会都房地产开发有限责任公司。主创姓名：史丽秀。成员姓名：李存东、赵文斌、刘环、董荔冰、于跃、张研奇、魏华、曹雷。设计时间：2013.11-2013.12。项目地点：北京雁栖湖国际会展中心。项目规模：南广场：0.995万㎡。入口广场：1.16万㎡。项目类别：公建周边景观设计。

设计说明：

1. 规划设计背景

第22届亚太经济合作组织 APEC 会议的成功召开，让全世界的目光都聚焦北京，作为领导人非正式会议的主会场之地——北京怀柔区雁栖湖国际会都自然成为中外关注的焦点。

2．规划设计思路

设计从场地现状和特定需求出发，解读中华文化的礼制精神和艺术魅力。以"礼"、"境"作为雁栖湖国际会都 APEC 核心岛入口及南广场的文化态度，用礼仪的形制布局广场空间的层次序列，用文化符号的情与意实现礼境融合，让设计回归文化，让景观溯源本土。

3．规划设计要点

① 根植中国传统文化；② 展现中国时代形象；③ 创新景观发展方向。

4．创新与特色

① 立意都以中国汉唐文化为设计依托，借汉阙、御冕、花格的形态为形象载体，通过抽象、提炼等设计手法，凝练出植根于中国传统文化内在结构的景观语言，传承与延续中国传统文化的精髓。

② 造型设计上追求文化符号的艺术化和创新的传承，在材料色泽上体现雍容华贵、开放亲和等气质，向世界展现了文化大国、开放大国、创新大国、发展大国的中国新时代形象。

③ 在整体自然生态环境中，营造了具有皇家礼仪形制的短轴空间序列，实现了"大自然、小工整"肌理的有机融合，创新了会都景观礼仪空间模式，将引领会都景观发展新方向。

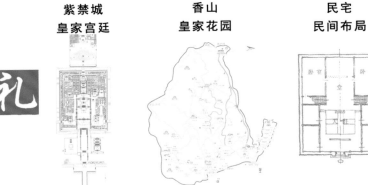

紫禁城
皇家宫廷

香山
皇家花园

民宅
民间布局

空间格局
开·合·轴线·借景

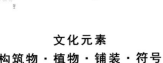

文化元素
构筑物·植物·铺装·符号

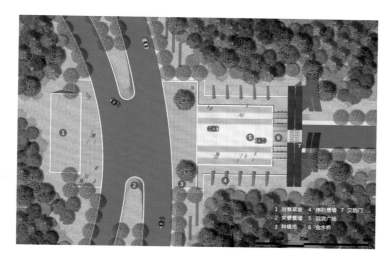

1 对景草坡　4 序列景墙　7 汉阙门
2 夹景景墙　5 迎宾广场
3 种植池　　6 金水桥

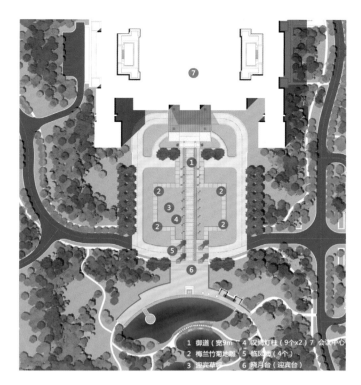

1　御道（宽9m）　4　汉崎灯柱（9个×2）7　会议中心
2　梅兰竹菊地雕　5　临风阁（4个）
3　迎宾草坪　6　晓月台（迎宾台）

年度十佳景观设计

广东零壹科技园景观设计

Guangdong Lingyi Technolagy Park Landscape Design

单位名称：深圳派尔景观规划设计咨询有限公司。委托单位：广东零壹置业有限公司。主创姓名：李锋。成员姓名：刘思奇、江明钦、王凯明、李翠翠。
设计时间：2014年。项目地点：佛山市禅城区欧洲工业园C区。项目规模：2.36 ha。项目类别：园区景观设计。容积率：3.0。

设计说明：

设计以"**低碳空间，惬意生活**"为主题，以"**生态绿岛——复合空间——文化集群**"作为景观设计构架，寻求明朗、律动的环境表达；将生态理念与高新科技相结合，运用现代造景手法，优化梳理园区出入口、各栋建筑出入口、人流集散、交通线路的交互关系，将绿地嵌于交通脉络之中，为人们的休憩和交流提供绿色空间；依靠材料质感及精致的细节体现集生态化、科技感、未来感于一体的产业园形象。

本案通过绿色建筑认证，为禅城首家、佛山市第二家LEED金质认证单位。

特色理念：

① 独创十分钟生活、工作圈。

② 低成本，办公生活一体化，开创2.5产业园区典范。

③ 改变创业人群的生活、工作方式，与时俱进，引领时代潮流。

④ 利用科技创新，为创业人群提供创业平台、孵化器功能，以达到创业带动就业的目的。

以**LEED**绿色认证为参考标准

生态之旅--探寻**生态**可持续的**真谛**

空间**演绎**--**低碳**空间的营造

乐活.生活

架空层锈红钢板设计

采光井吧台设计

多功能活动区设计

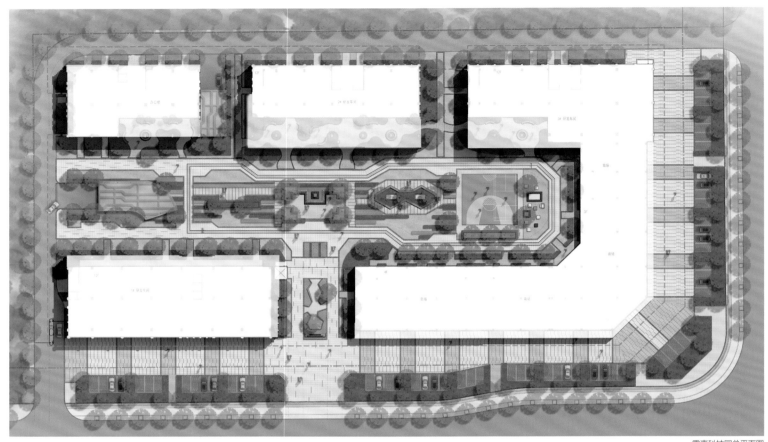

零壹科技园总平面图

多功能活动区效果图

主入口效果图

采光井吧台效果图

架空层锈红钢板效果图

年度十佳景观设计

内蒙古包头市白云鄂博矿山公园景观工程设计

Landscape Design Project of Mine Park, Bayan Obo District, Baotou City, Inner Mongolia

单位名称：内蒙古和信园蒙草抗旱绿化股份有限公司、北京蒙草节水园林科技有限公司。委托单位：包头市云博投资发展有限公司。主创姓名：郭建梅。成员姓名：安喜志、王飞、李建胜、蔺莎、朱秋成、石红梅、彭英豪、豆蕾、蒋萌、郭威、周彬欣。设计时间：2014。项目地点：内蒙古包头市。项目规模：47 ha。项目类别：园区景观设计。造价：8000 万元。

设计说明：

本项目位于"稀土之都"白云鄂博，属于采矿遗留废弃荒地，面积约为 47 ha。地形为四周山石高地，中间呈盆地状，高差十余米，场地现状土壤情况恶劣，有垃圾回填土、煤渣土、盐碱土、石质土，局部地段岩石出地表之上呈石芽状，基本不具备种植条件。为了让这块不毛之地恢复历史上的草原风貌，设计之初设计师进行了土壤检测、地质勘测、水文分析等大量的前期工作，并在设计中有针对性地提出解决方案：

① 从思想文化方面，设计拟把公园划分为 6 个主题区域，根据主题故事线，分别体现草原敖包祭奠、草原游牧、铁矿发掘、工业开采、矿区文化传承和工业文明纪念。通过故事线的构造体现人类探索神秘、战胜自然的信心和勇气。

② 针对大量存在的山石区，设计通过对现状石头的梳理，在园区东侧高差较大处的石头设置石谷，并通过岩画的形式呈现文化发展的脉络。

③ 在体现生态性方面，建筑和园林小品多为自然材料制作，尽量贴近自然；景点景观以自然景观为主，突出自然野趣，园内不设置大型人造景点；植物配置以本土植物为主，形成植物群落，为野生动物创造自然生境。

④ 在盐碱地区域选用耐盐碱的观赏植物打造具有科普含义的盐碱植物园区。

⑤ 地被材料的选择以禾本科植物为基调，点缀抗逆性强的宿根开花地被，体现原始的草原风貌。

草原风貌实景（场地实质土壤改良）

盐碱植物园实景（盐碱地改造）

01 敖包广场

02 特色入口景墙

03 管理用房

04 滨水广场

05 蒙草展示园

06 儿童游乐区

07 纪念广场

08 矿渣石谭

09 石园广场

10 岩画石谷

11 湿地滨水平台

12 湿地木栈道

改造后实景照片

土壤改良效果展示

敖包广场效果图

岩画石谷效果图

纪念广场效果图

敖包广场实景照

岩画石谷实景照

纪念广场实景照

现状照片

蒙古冰草
禾本科，冰草属

冷蒿
菊科，蒿属

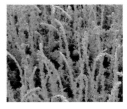

羊草
禾本科，赖草属

草木犀
豆科，草木犀属

碱蓬
藜科，碱蓬属

二色补血草
白花丹科，补血草属

碱茅
禾本科，碱茅属

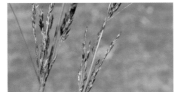

芨芨草
禾本科，芨芨草属

台地景观实景（矿渣石滩改造）

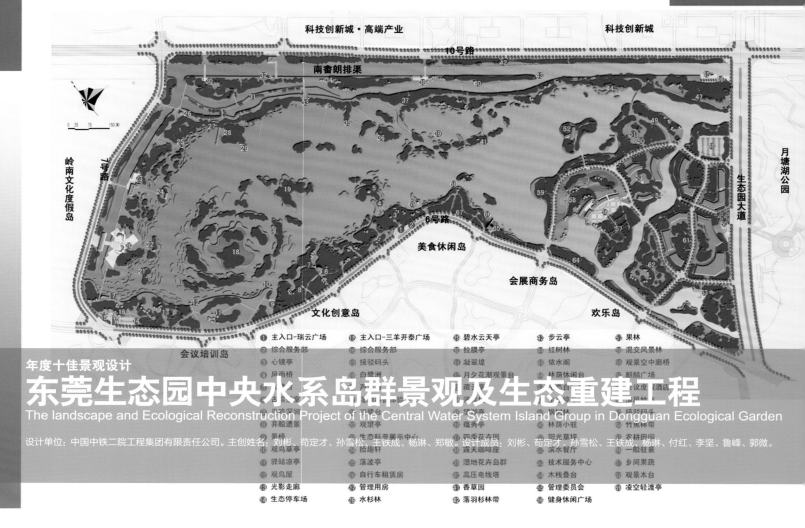

科技创新城·高端产业　　　科技创新城

10号路

南畲朗排渠

岭南文化度假岛

7号路

月塘湖公园

生态园大道

美食休闲岛

6号路

会展商务岛

文化创意岛

欢乐岛

会议培训岛

❶ 主入口-瑞云广场		⓬ 主入口-三羊开泰广场		碧水云天亭	步云亭	果林	
❷ 综合服务部		综合服务部		拉膜亭	红树林	混交风景林	
❸ 心镜亭		接驳码头		凝翠堤	依水阁	观景空中廊桥	
风雨桥		白鹭洲		月夕花潮观景台	林荫休闲台	麒麟广场	
景航		观望亭		蕴亭	林荫小驻	竹苑餐厅	
观鸟凉亭		拾趣轩		生态科普展示中心	阳光草坪	一船驻家	
驿站凉亭		落波亭		四季花卉园	农耕田园	乡间果蔬	
观鸟屋		自行车租赁房		湿地花卉品群	技术服务中心	观景木台	
光影走廊		管理用房		高压电线塔	木栈叠台	凌空轻渡亭	
生态停车场		水杉林		香草园	管理委员会		
				落羽杉林带	健身休闲广场		

年度十佳景观设计

东莞生态园中央水系岛群景观及生态重建工程

The landscape and Ecological Reconstruction Project of the Central Water System Island Group in Dongguan Ecological Garden

设计单位：中国中铁二院工程集团有限责任公司。主创姓名：刘彬、苟定才、孙雪松、王铁成、杨琳、郑敏。设计成员：刘彬、苟定才、孙雪松、王铁成、杨琳、付红、李坚、鲁峰、郭微。

设计说明：

东莞生态园中央湿地水系位于广东省东莞市东莞生态园区内，其内水系发达，池塘湿地密布，水网纵横，呈现出塘、渠、河三种景观类型。南畲朗渠线性水体景观与阡陌池塘肌理是区内水体最显著的特征。

结合中央湿地水系的原有特点，采用"保留、利用、再生、创造"的设计理念，利用"岛群景观、生态重建"的设计手法，致力于打造一个可供游客水体验、生态体验，同时生态和谐的可持续景观。

整个中央湿地水系区分成八个区域：岭南水乡特色湖滨带、湿地鸟类景观区、湿地水景区、湿地科普体验区、湿地风景林带区、湿地风景花卉区、行政管理区、文化商务区。

整个项目围绕湿地景观，设计出不同的特色板块供游客在观赏过程中全方位体验生态。同时在驳岸的设计上，采用了4种不同的驳岸，增强水景、绿地的可观性。

此项目已于2013年竣工。

现状分析：

中央湿地水系区内水系发达，池塘湿地密布、水网纵横，呈现出塘、渠、河的三种景观类型。南畲郎渠线性水体景观与阡陌池塘肌理是区内水体最为显著的特征。

区内地带性植物丰富，植被状况良好，水陆交接处植被尤为丰富。其中落羽杉主要分布于南畲郎渠两侧。

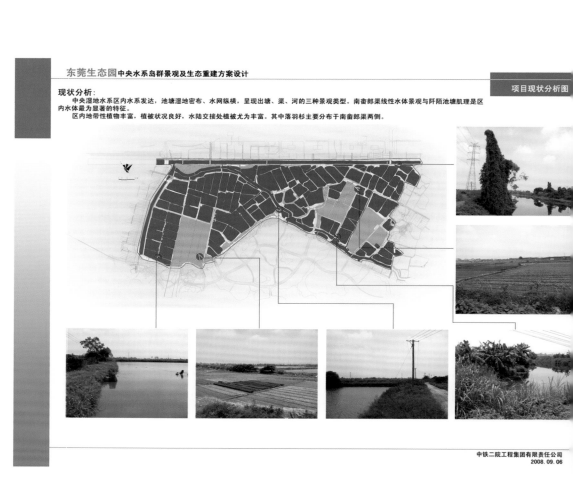

中铁二院工程集团有限责任公司
2008.09.06

东莞生态园 **中央水系岛群景观及生态重建方案设计**

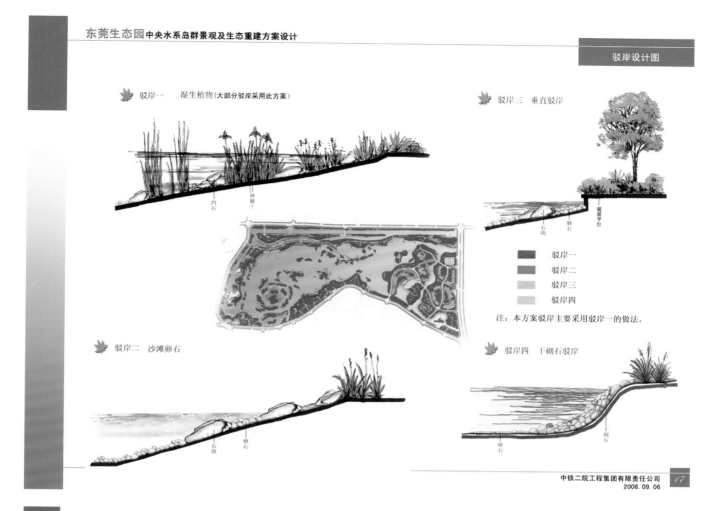

驳岸一 湿生植物（大部分驳岸采用此方案）

驳岸三 垂直驳岸

驳岸二 沙滩卵石

驳岸四 干砌石驳岸

■ 驳岸一
■ 驳岸二
■ 驳岸三
■ 驳岸四

注：本方案驳岸主要采用驳岸一的做法。

中铁二院工程集团有限责任公司
2008.09.06

17

东莞生态园 **中央水系岛群景观及生态重建方案设计**

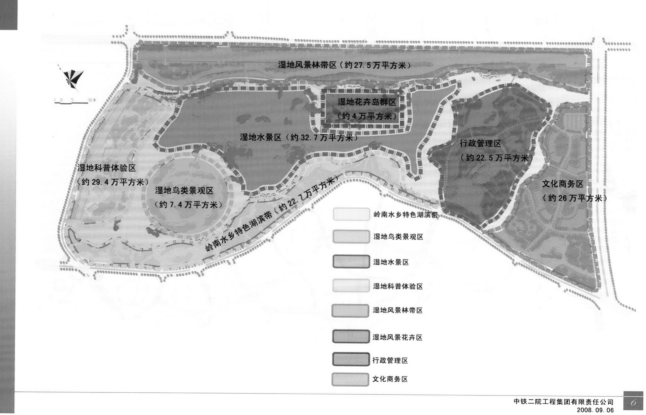

湿地风景林带区（约27.5万平方米）

湿地花卉岛群区（约4万平方米）

湿地水景区（约32.7万平方米）

行政管理区（约22.5万平方米）

湿地科普体验区（约29.4万平方米）

湿地鸟类景观区（约7.4万平方米）

岭南水乡特色湖滨带（约22.7万平方米）

文化商务区（约26万平方米）

岭南水乡特色湖滨带
湿地鸟类景观区
湿地水景区
湿地科普体验区
湿地风景林带区
湿地风景花卉区
行政管理区
文化商务区

中铁二院工程集团有限责任公司
2008.09.06

6

东莞生态园**中央水系岛群景观及生态重建方案设计**

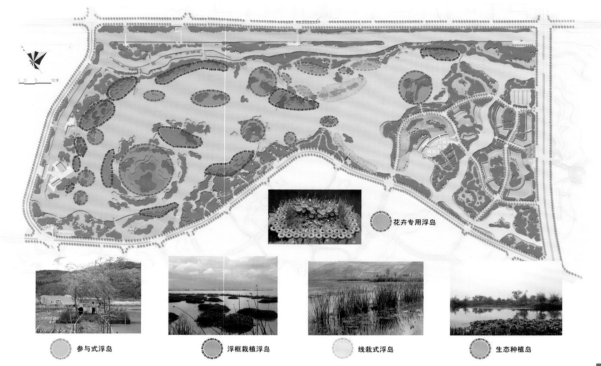

花卉专用浮岛

参与式浮岛　　　浮框栽植浮岛　　　线栽式浮岛　　　生态种植岛

中铁二院工程集团有限责任公司
2008.09.06
11

东莞生态园**中央水系岛群景观及生态重建方案设计**

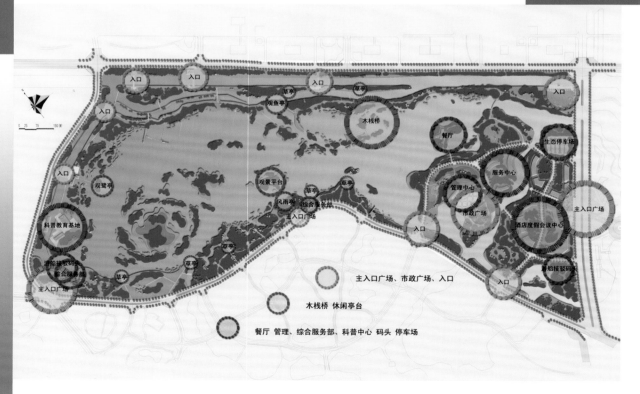

花卉专用浮岛、生态停车场、服务中心、管理中心、酒店度假会议中心、游船接驳码头等

主入口广场、市政广场、入口

木栈桥 休闲亭台

餐厅 管理、综合服务部、科普中心 码头 停车场

中铁二院工程集团有限责任公司
2008.09.06
15

东莞生态园 中央水系岛群景观及生态重建方案设计

香草园效果图

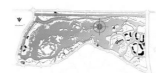

中铁二院工程集团有限责任公司
2008.09.06

28

东莞生态园 中央水系岛群景观及生态重建方案设计

景观桥效果图

中铁二院工程集团有限责任公司
2008.09.06

23

武警政治学院迁建工程景观设计及施工一体化工程

Armed Political Science relocation project landscape design and construction integration project

单位名称：江苏大千设计院有限公司上海分公司。委托单位：武警政治学院。主创姓名：俞旭齐。成员姓名：江铭、罗颖、薛廷宇、王凯、黄颖英、冯智俊、李雪、王幸傲。
设计时间：2014.03。项目地点：中国·上海。项目规模：13 ha。项目类别：园区景观。容积率：0.76。

设计说明：

　　武警政治学院规划占地面积20 ha，拟建教学区、办公区、体训区、培训会议区、宿舍区、后勤服务区，将为学员提供更加良好的学习生活环境。总建筑面积163 290 m²。建筑占地面积38 772 m²，运动场地31 566 m²，绿化、广场、道路、桥梁、河道等占130 030 m²。

　　设计目标：创造"五境"，即品位高雅的文化环境、严谨大气的军队环境、自然生态的休憩环境、节能环保的办公环境、和谐统一的生态环境。

　　设计手法：武警政治学院地处上海这个"海纳百川，兼容并蓄"的城市，多种元素形成了江南韵味的海派园林。用现代骨、海派魂、自然风三种设计手法打造学院的海派园林风格。

　　现代骨 —— 现代气息，简洁大气（设计景观树阵，植物空间营造等）。

　　海派魂 —— 中式基调，海派园林（打造具有上海风情的江南园林景观）。

　　自然风 —— 生态理念，自然园林（海派园林的理论基础是生态园林，打造生态水岸和自然园林）。

　　忆往昔，战火纷飞，战歌嘹亮，战地黄花香分外；

　　看今朝，军旗飘荡，军史辉煌，军人碧血热非常！

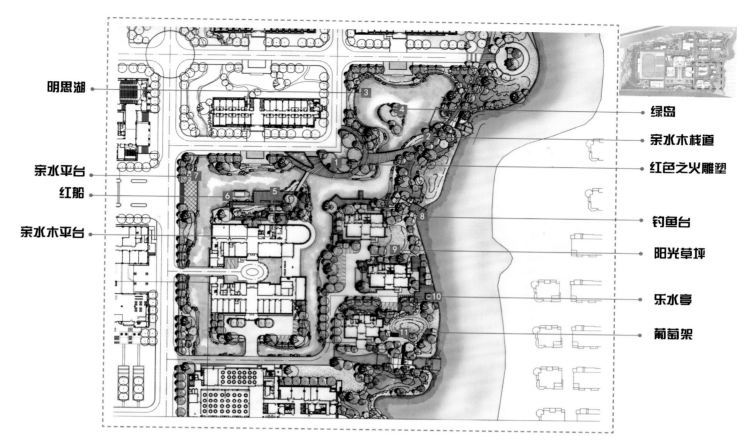

明思湖

绿岛

亲水木栈道

红色之火雕塑

亲水平台

红船

钓鱼台

亲水木平台

阳光草坪

乐水亭

葡萄架

"行政办公区"平面图

"赤水寒桥"效果图

"和平之光广场"效果图

"雪山云蔚"效果图

"霜行草宿"效果图

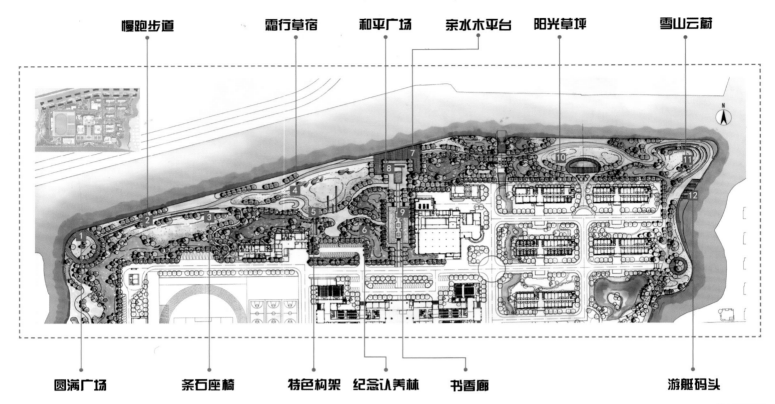

慢跑步道　　　　霜行草宿　　和平广场　　亲水木平台　　阳光草坪　　　雪山云蔚

圆满广场　　　　条石座椅　　　特色构架　纪念认养林　　书香廊　　　　　游艇码头

滨水区平面图

园区实景

淀浦河段 A 型护岸剖面图

淀浦河段 B 型护岸剖面图

淀浦河段 D 型护岸剖面图

园区实景

"海派风情带"效果图

年度十佳景观设计

广东梅县（新城）生态文化教育产业园及配套工程
（广东梅县外国语学校）投融资建设项目

Guangdong Meixian Foreign Language School Investment and Financing Construction Project

单位名称：深圳市铁汉生态环境股份有限公司。委托单位：梅县教育局。主创姓名：陈伟元、林俊英、邓立。成员姓名：李如健、黄玉霞、陈文倩、王芳、杨仕浩。
设计时间：2014。项目地点：广东省梅州市梅县区。项目规模：26.7 ha。项目类别：园区景观设计。

设计说明：

  基地位于有"世界客都"称誉的广东省梅州市辖内的梅县区剑英大道西侧，总用地面积为 26.7 ha，其中总建筑面积约为 10 万 m²，校园建筑设计融入客家围屋的元素。基地现状为山丘地形，整体地势为北高南低，东西部有小型山体，植被稀少。

  设计将生态景观与地域环境、建筑形式、学校教学理念、学生年龄活动需求、现代和传统风格以及软硬景六大元素高度融合，注入新生态、自然的理念，融入新氛围、人性的设计，创建新活力、多元的空间，打造新客家、诗意的风景。设计重点强调以植物造园为主导，引入乡土植物金柚，并注入植物文化，将现代生态技术与传统景观造园手法结合，打造"新客家"风貌的现代可持续发展校园。

  可持续的校园景观需要生态技术与生态景观做后盾。结合绿色建筑设计技术运用，采用屋顶绿化、建筑立面垂直绿化和护坡挡墙的生态修复等各种立体绿化方式，同时引入中水回收系统，将校园的生活污水进行净化和循环利用，并针对现状地形，在地势低洼处打造湿地雨水花园，汇集周边建筑屋面、道路、广场、山体和绿地生态草沟的雨水，大部分铺装选用透水性能良好的材料，有利于雨水的下渗和滞留，强调校园绿化覆盖率最大化，大量选用乡土树种。

  项目设计由宏观入微，综合考虑功能性、生态性和美观性。以功能为基础，重点强调生态为美，展现生态科普，打造特色生态文化名片，为梅县外国语学校成为与国际接轨的综合型现代化品牌校园助力。

南广场效果图

湿地效果图

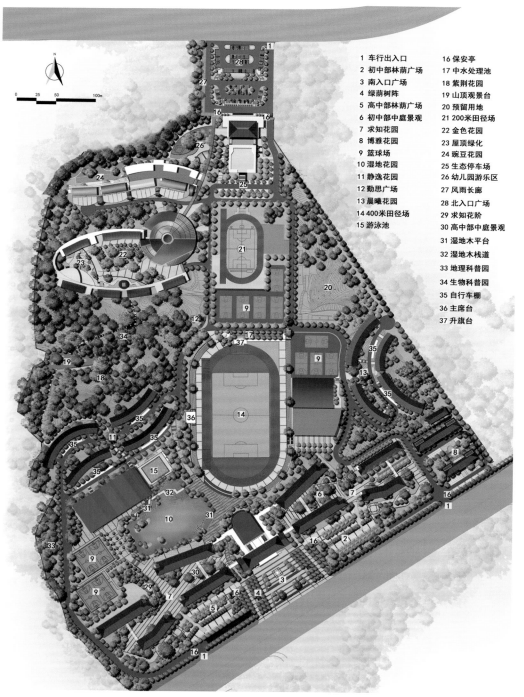

1 车行出入口
2 初中部林荫广场
3 南入口广场
4 绿荫树阵
5 高中部林荫广场
6 初中部中庭景观
7 求知花园
8 博雅花园
9 篮球场
10 湿地花园
11 静逸花园
12 勤思广场
13 晨曦花园
14 400米田径场
15 游泳池
16 保安亭
17 中水处理池
18 紫荆花园
19 山顶观景台
20 预留用地
21 200米田径场
22 金色花园
23 屋顶绿化
24 豌豆花园
25 生态停车场
26 幼儿园游乐区
27 风雨长廊
28 北入口广场
29 求知花阶
30 高中部中庭景观
31 湿地木平台
32 湿地木栈道
33 地理科普园
34 生物科普园
35 自行车棚
36 主席台
37 升旗台

总平面图

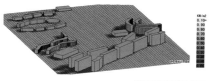

学校日照模拟分析图

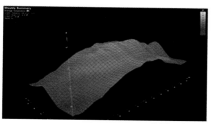

梅县年平均气温

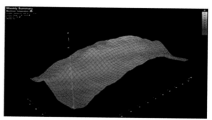

梅县年最高气温

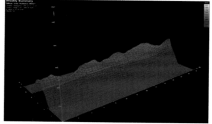

梅县年散射辐射

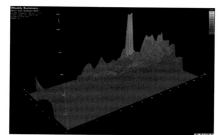

梅县年直射辐射

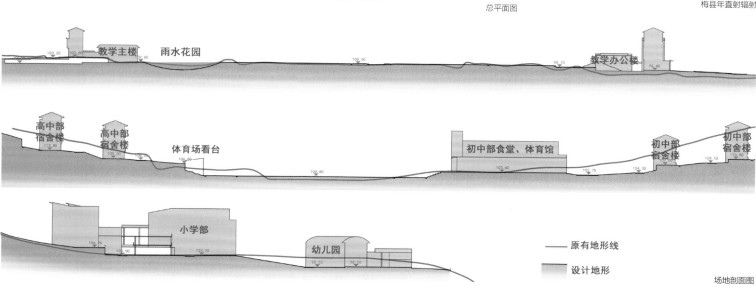

原有地形线

设计地形

场地剖面图

雨水花园效果图

雨水花园鸟瞰图

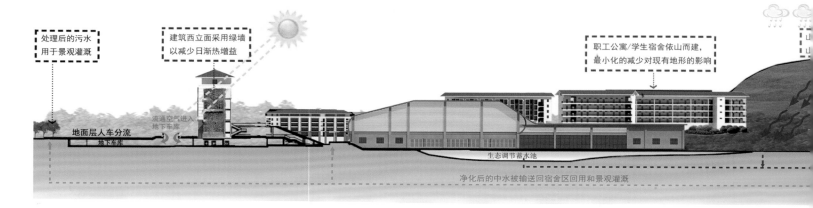

处理后的污水
用于景观灌溉

建筑西立面采用绿墙
以减少日渐热增益

职工公寓/学生宿舍依山而建，
最小化的减少对现有地形的影响

地面层人车分流

流通空气进入
地下车库

地下车库

生态调节蓄水池

净化后的中水被输送回宿舍区回用和景观灌溉

豌豆花园效果图

求知花园效果图

生态设计示意图

年度十佳景观设计

西双版纳云投喜来登度假酒店
Sheraton Xishuangbanna Hotel, China

单位名称：EDSA ORIENT。委托单位：云投建设有限公司。主创姓名：李建伟、黄智慧、王毅兵。成员姓名：钟恺、王希铭、余果。设计时间：2010。
项目地点：云南省西双版纳州景洪市。项目规模：10.55 ha。项目类别：酒店。造价：3500 万元。容积率：0.61。

设计说明：

西双版纳云投喜来登酒店位于云南省西双版纳州景洪市嘎洒镇，用地 10.55 万 m²。项目定位为"具有国际水准、中等规模的五星级温泉度假酒店"，EDSA ORIENT 应邀为此项目提供景观方案设计任务。

地处自然资源和人文资源都独具特色的西双版纳，如何为本项目创造丰富而独特、版纳专属的度假体验？这是设计自始至终一直在思考并着力解决的核心问题。

在飞机上看版纳，满是绿色的圆润山丘，一圈圈橡胶林勾勒出优美的等高线，灵感由此而来……酒店建筑规划设计时将酒店大堂抬高至二层，以获得良好的景观视线，由此带来酒店前场以及后场庭院和大堂之间一层的高差，从自然梯田得来的灵感正好用来消解过渡高差，由此提出了"梯田森林"的概念。

梯田贯穿全园而又各具特色：前场是疏朗的草坪梯田里散落群组的椰林，配合典型傣族符号的叠水池。

进入大堂后顺应建筑围合形成了后场三个庭院，中轴庭院以对称而循序渐进的序列逐渐展开节奏，倒影池、浅水台、泳池大水面一一展开……

东翼庭院结合宴会厅及餐饮功能，设计为其定义了婚庆的主题，种满了观花观果植物的梯田包绕着洁净的草坪，对对新人将踏着红地毯拾级而下，在浪漫芳香的气息中徐徐走入中央的婚庆亭……

西翼庭院结合娱乐健身功能，更结合身处版纳仰望清澈星空的感动，设计为其定义了望星的主题，在这一庭院里形成了梯田错落的独处吊脚楼、露天望星台等多个小空间，让人逃离城市的喧嚣，仰望星空冥想……

酒店后场泳池

酒店右翼

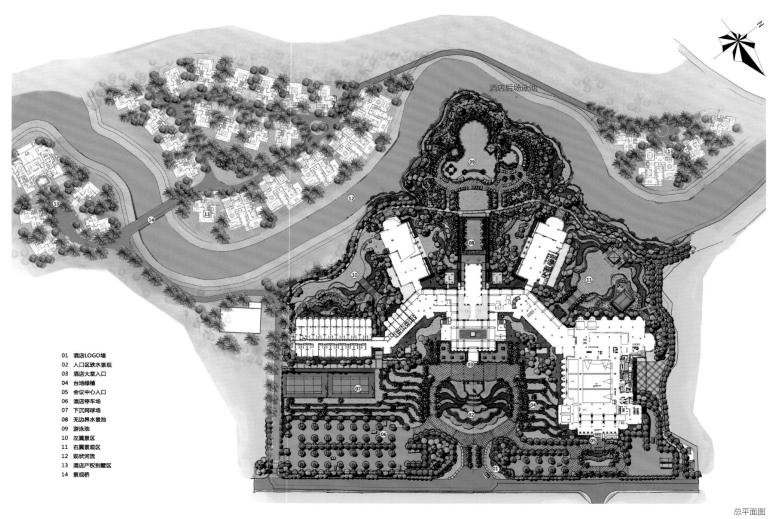

酒店后场泳池

01 酒店LOGO墙
02 入口区跌水景观
03 酒店大堂入口
04 台地绿植
05 会议中心入口
06 酒店停车场
07 下沉网球场
08 无边界水景池
09 游泳池
10 左翼景区
11 右翼景观区
12 现状河流
13 酒店产权别墅区
14 景观桥

总平面图

酒店右翼星月亭

酒店后场泳池

后场水景

酒店夜景鸟瞰

第六届广西园林园艺博览会总体规划设计
The 6th Garden EXPO, Guangxi, China

单位名称：北京东方艾地景观设计有限公司。委托单位：北京东方利禾景观设计有限公司。主创姓名：李建伟。成员姓名：何俊伟、王靓、李红庆、徐毛毛、史竞婷、李伦、张玉芬、江琪、李浩、戴思阳、卢珊、杨刚、李其斌、毕守栋、王幸大。设计时间：2014。项目地点：广西壮族自治区梧州市。项目规模：295.97 ha。项目类别：园区景观设计。造价：2.17亿元。容积率：2%。

设计说明：

广西园博园是代表广西壮族自治区园林艺术和花卉业发展水平的展览盛会。本届园博园旨在打造一座顺应时代趋势，完善城市绿地系统功能，集湖泊、湿地、山林保护、环境教育于一体的生态之园；一座彰显地域文明记忆，精神文化传承，集展示、传播、参与于一体的文化之园；一座服务新城市民，集健身、娱乐、体验于一体的休闲之园；一座带动周边城市发展，集城市功能、市民生活于一体的活力之园。

园博园总规划设计面积295.97 ha，实施面积183.76 ha，包括一期建设用地和二期建设用地。场地处于丘陵地带，背山面水，山川秀丽，植被良好，自然资源优势显著；设计需以生态景观规划统筹，发挥场地资源优势，延续山水相依的景观特色，打造独具地方特色的山丽水秀南国风情——园博园。故本次设计的总体概念为"西江明珠，岭南新韵"。

苍海湖西岸紧邻城市片区，适合打造热闹的入园滨水开放空间（西入口骑楼广场、苍海展示中心开幕广场、南国风情广场）；苍海湖东岸紧邻自然山体，是城市展园集中布置的区域，两岸由桥梁相连构成完善的慢行网络。结合场地现状，提取地方文化，在园区内打造多个特色景观节点（宝石园、专类园、湿地科普乐园等）并将山谷改造提升，设计了花溪谷；同时将园区内村庄加以改造使之与园博园整体氛围融合。

将整个场地分为九个片区，分别是北入口景观区、西入口景观区、特色展示园区、城市展园区、东部山林自然保育区、西岸南滨水展示区、西岸北滨水景观区、水岸林舍区、苍海公园景观区。

植物绿雕实景

① 水乐园	④ 骑楼大看台	⑦ 湿地栈道	⑩ 城市展园区
② 南国风情广场	⑤ 绿岛广场	⑧ 梧州园	⑪ 飘逸浮桥
③ 骑楼广场	⑥ 九曲花街	⑨ 宝石园	⑫ 苍海展示中心

总平面图

南国风情广场实景

南国风情广场实景

船型种植池实景

南国风情广场构筑实景

船篷亭夜景

年度十佳景观设计

第三届中国绿化博览会澳门展园

The third China Green Expo Exhibition of Macao

单位名称：北京华清天融城市规划设计有限公司。委托单位：第三届中国绿化博览会执行委员会。主创姓名：曹式军。成员姓名：郑村家、李晓峰、杨美英、胡洪超、刘建成。
设计时间：2015.3。项目地点：天津市武清区。项目规模：1500 m²。

设计说明：

澳门展园位于本次绿化博览会园区的西北侧，与香港和台湾展园相邻，园区面积为 1 500 m²，园区主要包括入口广场、大三巴牌楼、扑克牌主题水榭、弧形景观廊、归航小船、蜿蜒曲折水面和植物景观。置身其中可充分体味到澳门的历史文化与艺术相交融的浓浓气息。

入口广场的波浪形铺地采用黑白相间的洗米石，使游人联想到澳门议事厅广场的铺地纹样。大三巴牌楼作为澳门的地标性建筑，将其设计为立体绿化墙，钢架部分按图纸施工，立体化的绿植在养护过程中，尤其刚喷水后，绿墙上面水会沿柱子向下流淌，沿前广场流淌到路边，设计师设置了排水暗沟进行补救。水榭的设计构思，结合澳门的博彩业和葡京赌场，选取了扑克牌的四个花色作为水榭造型的装饰性元素，与白色金属框架形成鲜明的对比，顶部的花色沿侧壁延伸到下面的座位。以澳门的议事厅、前地的暖廊为蓝本而设计的弧形连廊，结合圆形水池与"归航"小船造型连接为一整体。弧形连廊的建筑细部施工、外饰颜色选择直到灯具的选样，体现澳门的地域文化特征。滨水植物的景观层次丰富，植物对水体的净化作用明显；睡莲可以在展园开放期间开放，也为园区增色许多。

澳门展园将会成为天津武清婚纱摄影的重要取景地。本次展园设计得到北京林业大学刘志成老师、董聪老师的悉心指导，在此深表谢意。

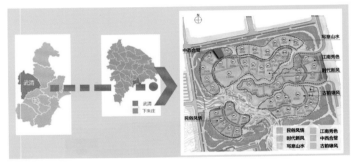

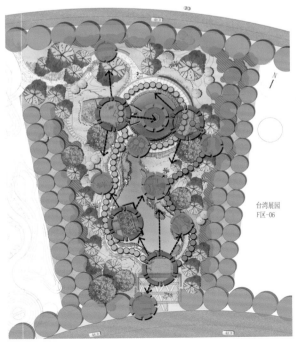

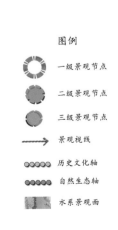

图例

⊙ 一级景观节点

● 二级景观节点

● 三级景观节点

→ 景观视线

历史文化轴

自然生态轴

水系景观面

景观结构图

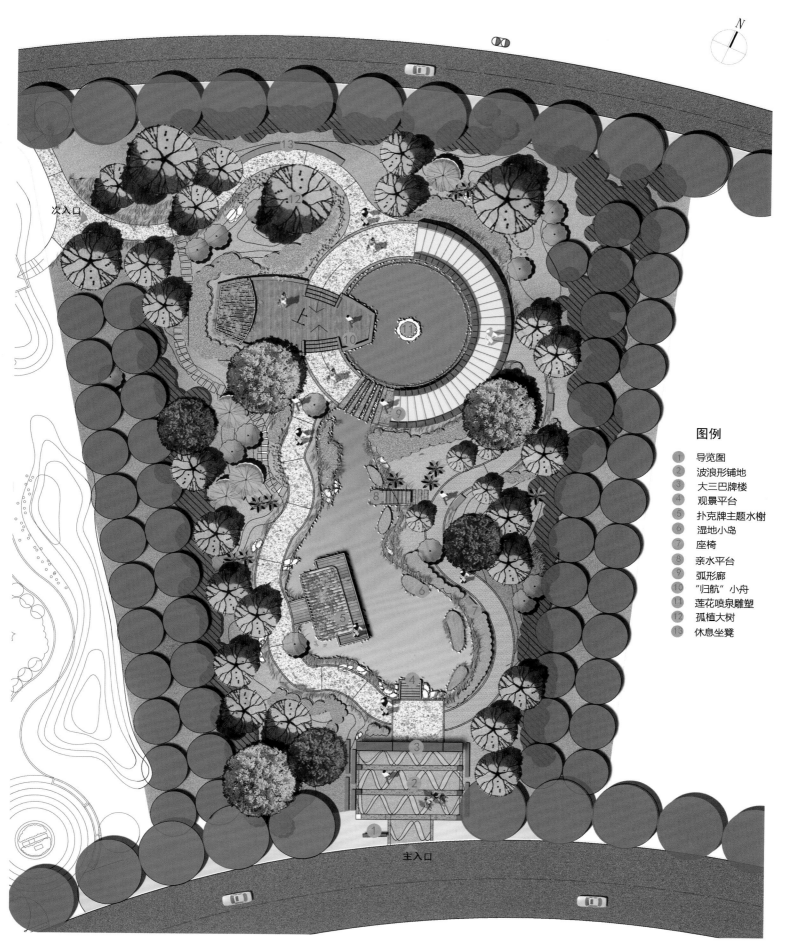

N

图例

1 导览图
2 波浪形铺地
3 大三巴牌楼
4 观景平台
5 扑克牌主题水榭
6 湿地小岛
7 座椅
8 亲水平台
9 弧形廊
10 "归航"小舟
11 莲花喷泉雕塑
12 孤植大树
13 休息坐凳

次入口

主入口

总平面图

入口广场

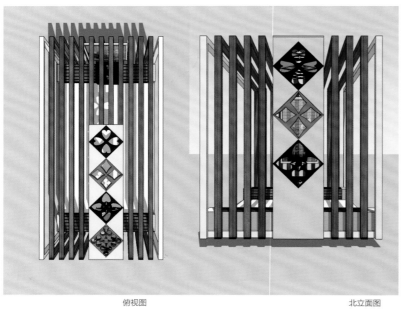

俯视图　　　　　　　　　　　北立面图

扑克牌主题水榭效果图

弧形廊效果图

展园实景

抚顺大学校园景观设计
Fushun University Campus Landscape Design

单位名称：天津大学建筑学院、天津大学建筑设计研究院。委托单位：抚顺地方大学搬迁改造领导小组办公室 。主创姓名：刘庭风。成员姓名：刘永安、孙增林、刘燕、郭菲、刘妍、邓海波、罗佳静、黎永慧、张薇、陈晨。设计时间：2013.4。建成时间：2015.6。项目地点：辽宁省沈阳市望花区。项目规模：景观面积 31 万 m²。

设计说明：

抚顺大学新校区选址于沈阳市与抚顺市交界的沈抚经济开发区。基地原为东北平原的耕地，周边道路竖向高差约为 7 m。一条 20 m 宽的河流穿越校园，河床下切，距岸顶高差约 6 m。行洪和亲水成为此次设计的一对主要矛盾，已有一处水坝可供利用。在规划上，教学区与生活区隔岸相望，临水形成以图书馆为中心，干道为环状的格局。

依据上述现状，构筑一轴一带一片区的景观规划格局。从大门到图书馆形成一条以道路广场为主线的景观轴；以河道为依托形成一条以水系和绿化为特征的景观带；在图书馆东南形成以疏林草地为特征的生态片区。

坚持保障校园安全，确立行洪第一、景观第二为原则，最大限度利用河道，形成两岸林带、水带、色带交织的景观效果。在河道中利用原来水坝形成瀑布跌水，在下游新建一座橡胶坝，形成常年河道水景；在水上兴建交通和景观功能兼具的飞白桥和以景观为主的曲桥；在河道北岸形成杏坛、花带，在河道南岸形成杏花谷、蹬道、栈道、观景台等景观。

坚持重生态、少人工的原则，减少资金投入，减少人工干预，利用地形变化，发挥植物功能，营造具有多样植物群落、不同线性意象、不同活动场所的多样化生态空间。开展以杏花为主的节庆活动是本次设计的亮点。杏树是抚顺地区的乡土树种，在当地有十多个品种，花期长，花色多，树形优美，是当地百姓最为喜爱的本土树种。在乔木比例上，杏花数量达到 30%，确保了花期校园各处赏花的均一性，不会造成人流拥挤现象。在杏花季，校方可举办各项活动，形成花季师生齐赏景、校友齐返校、学术研讨会和学生歌咏会交相辉映的人文景观。

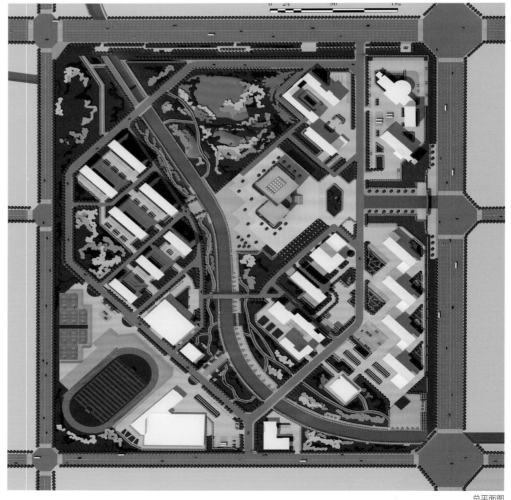

总平面图

图书广场效果图

杏花堤效果图

年度优秀景观设计

勾山国际商务中心景观设计
Goushan International Bussiness Center

单位名称：上海川璞建筑环境设计有限公司。委托单位：杭州涌金置业投资有限公司。主创姓名：蔡蓬。成员姓名：高蒙蒙、范传虎、刘家平。设计时间：2014。
项目地点：杭州市上城区。项目规模：1.2 ha。项目类别：办公园区设计。容积率：1.2。

设计说明：

勾山国际商务中心位于杭州市上城区涌金门，地理区位极佳：东至荷花池头，西至南山路，北至广福里，南至河坊街。西向西湖，与柳浪闻莺隔南山路而望。建筑风格上延续了南山路上明末清初典型的杭州民居风格。

项目设计理念：尊重历史，保留历史风貌，延续城市记忆，结合现代元素打造有艺术文化底蕴的金融商圈。

鉴于青砖黛瓦的建筑风格，空间稍显多变局促，因此景观设计上追求"至精归于至简"。

为体现勾山项目地段的独特性，提升每栋楼的私密性，营造独门独栋的感受，在园区设计了前庭后院的空间布局，"前庭"即每栋楼的入口，入口前设置具有现代与传统相结合意味的"金属屏风"，呼应传统建筑中的照壁，与楼号标识结合。在相邻两栋楼间种植高大的常绿乔木，从视觉感受上强调"独门独栋"。"后院"则用实墙与虚墙（即垂直绿化）的结合进行围合，给予每栋楼独立的庭院空间，通过精致的植栽，形成小中见大的空间效果。在地块中，因势利导将勾山樵舍遗址（此处为清代"再生缘"弹词作者陈瑞生的故居）山坡维护挡墙作为基础，建造传统与现代结合的跌落式水景，成为园内一大亮点。项目中遵循适度设计、大道至简的设计法则，利用场地内原有材料，如砖瓦重新设计归置于铺装、围墙用材。除就地取材外，还保留场地原有大乔木，部分建筑立面采用垂直绿化，选用乡土植物，为降低太阳辐射利用常绿大乔木的树冠来遮挡高耗能的玻璃体建筑等生态环保措施。

广福里人行入口透视图

广福里人行入口透视图

勾山樵舍景观鸟瞰图

勾山樵舍景观效果图

广福里入口水景效果图

年度优秀景观设计

广州市水博苑景观规划设计
Guangzhou Shui Boyuan Engineering

单位名称：广州市集美设计工程有限公司。设计师：王润强、梁锐、杨斌平。

设计说明：

广州水博苑是一个集全球水科普展示、岭南水文化普及、城市水治理示范、现代都市休闲生态旅游示范、科研交流于一体的文化场所，未来将成为广州生态文明建设中新型城市化建设的重要组成部分。

景观规划以"设计高品质水文化景观，打造具有独特魅力的南国水苑"为目标，构建三组景观。"水景揽胜"：在景观中，浓缩"两河流域"、"黄河流域"、"尼罗河流域"和"印度河、恒河文明"。"岭南水韵"：选取如南越国水井、东汉陶船、南越国木构水闸遗址等典型岭南水文化景观，突出海珠石、浮丘石、海印石等意象景观，展现岭南悠久水韵文化。"水印塔影"：糅合琶洲塔与黄埔古港景观，再现古港印象。三组景观，共同组合成一条景观轴线，形成人文与自然协调的景观公共空间。在景观轴线中，突出展示系统的"三水"概念，在构筑"水利"文化景观的同时，也融入"净水技术"与"污水处理技术"等虚拟展示，完整阐述水利与水务的互动共生关系。

广州水博苑，浓缩古今水利智慧，展示人类水文明。通过水的相关展示，提高人们"亲水"、"爱水"、"节水"的意识，体现人与自然和谐共生的崇高理念。

1. 世界水博览景观雕塑
2. 疍家棚
3. 水乡埠头
4. 生蚝墙
5. 西关小筑
6. 司南
7. 西关小筑
8. 羊城三石之（海印石）
9. 羊城三石之（浮丘石）
10. 羊城三石之（海珠石）
11. 漩涡水盘
12. 龙骨水车
13. 水帘景观
14. 水车景观
15. 水链景观
16. 丝绸之路（茶印象）
17. 丝绸之路（瓷印象）
18. 微缩净水景观
19. 琶洲塔

总平面索引图

总平面索引图

丝绸之路（瓷印象）意向图

丝绸之路（茶印象）意向图

西关小筑意向图

西关小筑意向图

生蚝墙

水乡埠头

鸟瞰图

年度优秀景观设计

安徽省舒城师范新校区景观设计
Landscape Design of the New Campus of Shucheng Normal University in Anhui Province

单位名称：安徽瀚一景观规划设计院有限公司。委托单位：安徽省舒城师范学校。主创姓名：徐德培。成员姓名：汪锡超、刘敬伟、王家骏、邓冠如、冀凤全。
设计时间：2014.12。项目地点：安徽舒城。项目规模：26.6 ha。项目类别：园区景观设计。造价：21 280 万元。容积率：0.8。

设计说明：

本项目位于舒城县，安徽省中部，大别山东麓，巢湖之滨，江淮之间。悠久的历史，众多的名人，灿烂的文化，给舒城留下了丰富的文化遗产。

设计场地为不规则的长方形，总用地面积为 266 277 m²。基地南邻陈三堰路，交通便利，三里河横穿整个基地，景观效果良好。整个场地地势平坦，便于校园集中式布局。

以"寓教于乐、寓德于风、寓文于景、寓情于人"为主题，在尊重、延续、补充和完善总体规划的前提下，应用现代景观空间形态结合传统造园手法，利用山水植被等自然景观特征，充分反映中国悠久的历史文脉，体现中国教育文化的博大精深及人与自然景观、与情感、科技与文化的交融。

以"两轴，四区，四园，八庭院"为主要景观结构。

"两轴"：指图书馆东西走向与南北走向两个方向的景观轴。

"四区"：指的是校园中的四个大的功能分区，分别以"文"、"雅"、"闲"、"体"为核心概念，依次为文化体验区、雅居生活区、景山休闲区、体育运动区。

"四园"：指的是校园中的四个主要的休闲园区，分别为德艺园和双馨园、文思园和敏捷园。

"十二庭院"：指的是整个校园景观设计中八个主要的建筑围和空间，分别是：春夏秋冬四季园，竹韵生趣，桃李芬芳，寒梅暗香，梧竹幽居。

校园景观设计要充分考虑使用功能的问题，不能一味地强调艺术性，同时要考虑造价成本，用最淳朴的景观设计，满足基本的生活学习需求。设计师在设计校园景观时，要以"以人为本"、"生态性"、"多样统一"、"体现校园文化特色，突出教书育人的气氛"、"体现时代特色，突出时代精神"为原则，创造出优雅高调舒适、和谐统一的校园环境。

中心庭院效果图

艺术中心鸟瞰图

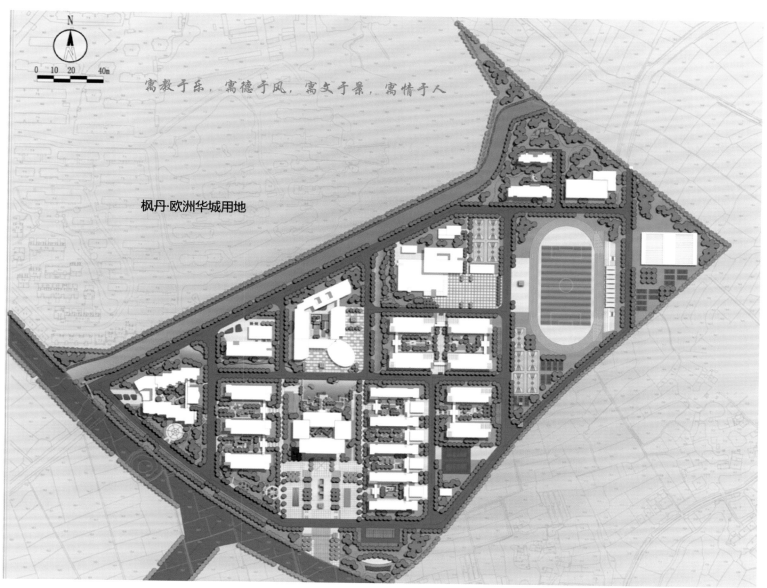

寓教于乐，寓德于风，寓文于景，寓情于人

枫丹·欧洲华城用地

总平面图

主广场鸟瞰图

年度优秀景观设计

庄园·亲子农庄
Nature Share

单位名称：上海怡仁景观规划设计有限公司。委托单位：上海淡蓝文化传播有限公司。主创姓名：蓝海瑞。成员姓名：石鸿、曹畅、徐凤。设计时间：2014。项目地点：上海市浦东新区。项目规模：2.8 ha。项目类别：园区设计。

材料利用可持续：收集庄园废弃材料组织游戏与艺术创作活动，培养儿童动手能力和可持续意识；利用可持续材料制作农产品包装，并可二次利用包装作装饰品。

针对当下中国传统农村儿童活动场地单调、亲子无园可游的现状，"庄园"融入乡村居民生活，为其提供亲子互动存于游戏和教育的可持续场地，维持其代际关系健康持续，让儿童茁壮成长。

设计说明：

"庄园"属于上海怡仁"掌园儿"创意亲子小花园系列的亲子农庄项目。

基地位于上海市浦东新区近海郊区，面积约为 2.8 ha。轻轨 2 号线高架从基地一角穿过，基地受噪声影响较大；周边场地空旷，以农田为主，建筑较少，呈现典型的乡村风貌；周边居民中青壮年多进城务工，老人与儿童缺乏交流，代际关系难以健康持续……基于场地现状分析，方案的设计尽可能扩大现有优势，规避场地劣势，且试将劣转优。融入可持续的理念，将"庄园"打造成一处具有特色的亲子庄园。

农事可持续：农田采用轮耕制，休耕时利用空闲的场地组织活动；农业废弃物用于儿童游戏活动，活动垃圾用于堆肥。

建筑可持续：保留并改造活动板房，用结构处理和绿化覆层方式提高使用舒适度。

游戏项目可持续：利用高架列车噪声而设计"T-RAIN"游戏装置与声控喷泉，增加儿童活动趣味性。

	摸高：169	身高：130
	摸高：153	身高：117
	摸高：135	身高：104
	摸高：115	身高：89
	摸高：99	身高：77

身高互动装置立面效果

	摸高：135	身高：104
	摸高：113	身高：45
	摸高：99	身高：77

1岁　2岁　4岁　6岁　8岁

材料利用　农业废膜　编扎成束　简单染色

儿童身高互动装置设计

现场试验照片

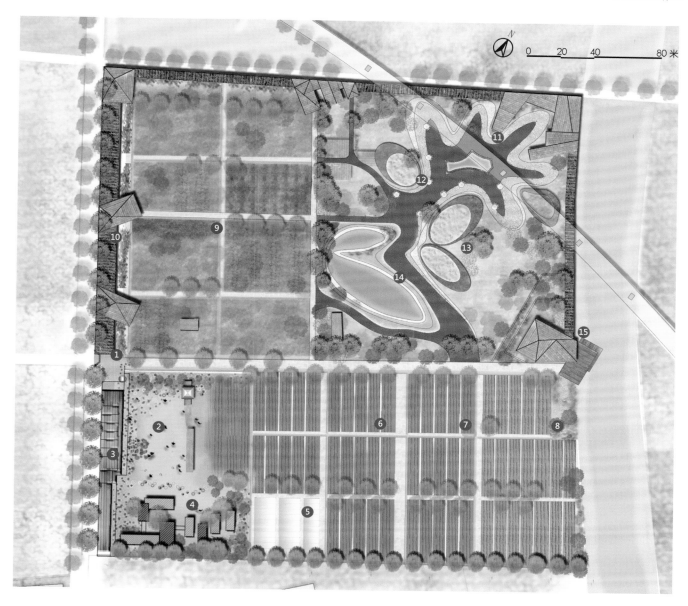

1 大门
2 游戏活动区
3 活动板房
4 集装箱屋舍
5 大棚
6 葡萄园
7 果林
8 水稻田
9 菜地
10 竹廊
11 波纹池
12 声控喷泉
13 沙坑
14 景观池
15 动物之家

总平面图

我要多摘点桃子，带回去给爸爸妈妈吃！

农田活动效果图

年度优秀景观设计

珠海粉洲生态农业观光园区概念性规划设计
Fenzhou Eco-Agricultural Resort , Zhuhai

单位名称：上海天华城市规划设计有限公司。委托单位：珠海西江生态农业发展有限公司。主创姓名：张荔。成员姓名：郑科、王欣、翁李明、赵磊磊。
设计时间：2015.04-2015.07。项目地点：珠海市斗门区莲洲镇。项目规模：153.75 ha。项目类别：园区景观设计。容积率：0.23。

设计说明：

项目位于珠海市斗门区莲洲镇粉洲村内村场以南，包含新围、三角围两大地块，面积 153.75 ha。在斗门区建设乡村风情的大背景下，规划充分挖掘基地水网纵横的空间格局优势以及丰富的农业产业资源，以生态农业示范为基础，以休闲观光体验为提升，打造"粉庄乐园"生态观光园区。

在斗门区建设乡村风情的大背景下，粉洲村规划依托丰富的农业产业资源，以生态示范农业为基础，充分挖掘基地水网纵横的空间格局优势，提升休闲观光体验，打造"粉庄乐田"生态观光园区。规划借鉴"生产、生活、生意"三生一体的建设模式，意图以园区建设带动村居发展，形成以农田为核心、农田——村庄相互关联的乡村生态圈。

"以小见大、五脏俱全"，这八个字可以概括本次规划设计。在常人眼中，园区面积规模很小，建设用地指标也很少，甚至基地本身资源性质也极为一般，但在团队的努力下，我们充分挖掘了"生态农业观光园"的属性要素，从生态场地设计、可持续农业模式与多样化观光活动三大角度出发，对园区进行合理的布局规划与设计。小项目展示了生态学、游憩学等学科的大原理，并对各个专项做出设计考量。同时，设计表达推陈出新，用有趣的图标代替文字，直观明了地展示设计特色。

规划用地		
用地名称	用地面积（ha）	比例（%）
道路用地	1.63	1.06
其他建设用地	6.84	4.45
农林用地	81.73	53.16
水域	63.55	41.33
总计	153.75	100

① 主入口　　② 游船码头　　③ 乐然居　　④ 悠然居　　⑤ 陶然居　　⑥ 乐湖
⑦ 自在亭　　⑧ 亲水平台　　⑨ 乐湖小筑　　⑩ 沙田小筑　　⑪ 水田钓所　　⑫ 次入口
⑬ 平车驿站　　⑭ 乐田大桥　　⑮ 平田小学　　⑯ 莲田小筑　　⑰ 三角台　　⑱ 河口瞭望塔

总平面图

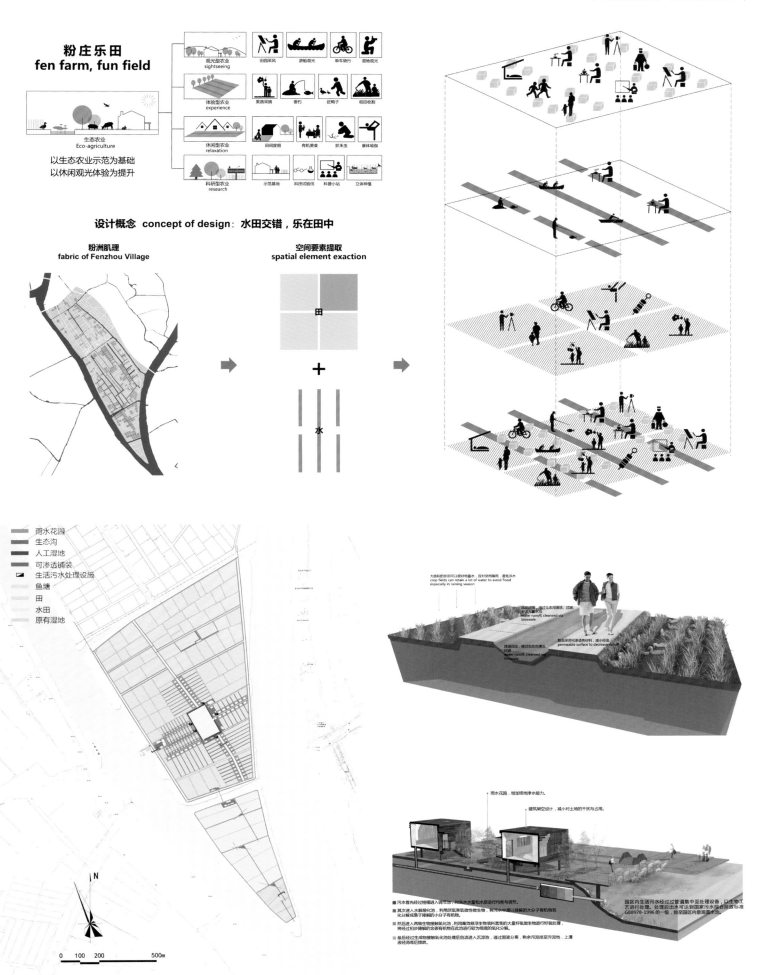

粉庄乐田
fen farm, fun field

生态农业
Eco-agriculture
以生态农业示范为基础
以休闲观光体验为提升

观光型农业 sightseeing：田园采风　游船观光　单车骑行　湿地观光
体验型农业 experience：果蔬采摘　垂钓　赶鸭子　稻田收割
休闲型农业 relaxation：田间度假　有机美食　抓虫　肢体瑜伽
科研型农业 research：示范基地　科技试验田　科普小站　立体种植

设计概念 concept of design：水田交错，乐在田中

粉洲肌理
fabric of Fenzhou Village

空间要素提取
spatial element exaction

田

＋

水

雨水花园
生态沟
人工湿地
可渗透铺装
生活污水处理设施
鱼塘
田
水田
原有湿地

N

0　100　200　　　500m

年度优秀景观设计

"窗"——太湖新城公立小学景观设计

Taihu New City Primary School Landscape Design

单位名称：江苏东珠景观股份有限公司。委托单位：苏州太湖新城吴中管委会。主创姓名：王佳俊。成员姓名：李笑乐、柳俊、葛逸飞。设计时间：2015。项目地点：苏州市太湖新城吴中区。项目规模：4.8 ha。项目类别：园区景观。造价：1 500 万元。

设计说明：

项目坐落于苏州市吴中区南部的太湖新城，距离太湖仅1 km，交通便利，环境宜人。太湖新城是苏州市政府"一核四城"城市发展战略的重要组成部分，太湖新城公立小学应运而生，将承担起新城居民子女教育的重要社会责任。

优质的景观建筑环境是新时代校园必须具备的特质，设计希望通过打造现代化、生态化、多元化、互动化的校园景观，为新城的小朋友们带来优质的成长学习环境。

首先，在功能优先的原则下，团队研究了各个建筑单体的功能布局、不同场地可达性分析，以及不同时段的人流模拟，梳理出了交通空间与活动空间的最佳布局方案。

其次，通过提取出直线与圆角方块这两个基本建筑设计元素，在景观设计中经过变化与重组演绎出了丰富的空间形态与小品样式，使得景观与建筑既相互融合又各显特色，再结合四季变换且生态宜人的植物设计，营造出园林式的校园绿化空间。

另外，通过研究小学生群体的心理特色与成长节奏，针对不同年级组团，设计出由活泼性到纪律性、由感性到理性的教学庭院；针对不同专业楼，设计出寓教于乐、人景互动的科普花园。

还值得一提的是，设计将生态可持续的景观设计理念贯穿整个项目，通过屋顶花园、透水铺装以及雨水花园这三种基本策略，将屋顶及地表的雨水做到净化排放和收集利用，形成可持续的校园水循环，营造出环境友好型的生态景观示范园区。尤其是屋顶花园的设计，设计师创造性地利用了建筑结构上的风雨廊，配植低维护且生长适应性强的佛甲草等，其含水量极高，叶、茎表皮的角质层具有超常的防止水分蒸发的特性，绿色小叶宛如翡翠，整齐美观，具有良好的抗旱性、降温和节水效果。

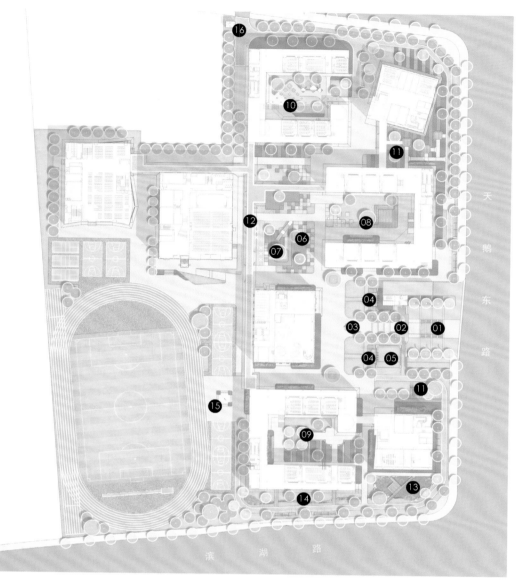

01 主入口广场
02 特色大门
03 主题雕塑
04 休憩廊架
05 阳光草阶
06 中心花园
07 下沉花园
08 高年级庭院
09 中年级庭院
10 低年级庭院
11 特色花园
12 特色风雨廊
13 生态水花园
14 雨水花园
15 旗台广场
16 校园次入口

N

石家庄市滹沱河生态绿廊
Hutuo River Ecological Corridor,Shijiazhuang,China

单位名称：河北润衡水利景观设计研究有限公司。委托单位：石家庄市园林局。主创姓名：吕敏、甘亚曼。成员姓名：孙秀华、张宇、赵心杰、张玉芬、宋敏哲、邓菁石。
设计时间：2014。项目地点：石家庄市中华大街至太行大街滹沱河段。项目规模：2 219.8 ha。项目类别：园区景观设计。造价：4.5 亿元。

设计说明：

　　项目位于河北省石家庄市，范围西起中华大街北线，东到太行大街朱河橡胶坝，全长约 16 km，总面积约 3903 ha（含水面）。其中滹沱河水面 921 ha（含河心岛），项目规划面积 2982 ha，包括保留现状用地 762.2 ha，绿化建设用地 2219.8 ha。

　　以"为城市留白、让自然做功"为设计理念，以建设"生活、生产、生态式绿廊，节水、节能、节约型景观"为宗旨，对现状滹沱河两岸防护林区进行生态修复和开发利用，改善市区周边生态环境，提升滹沱河林区防护功能，丰富区域生物多样性，增加市民休闲锻炼的活动场所。使其成为集防护、景区、观赏、休闲、健身于一体的生态绿廊。

　　设计在利用现有防护林和道路体系的基础上重新规划绿化体系和游览道路，以"低成本、大面积"增加生态绿化为前提，进行"大尺度、厚绿量"的绿化建设，以乡土树种为主，考虑季相景观，大尺度厚绿量打造林地、花海种植效果。在生态修复以及沙化土壤改良上结合国内外先进技术和经验大胆创新，同时与整体环境相协调来设计，体现现代景观低碳环保的生态环境之美。

　　结合海绵城市的理念使用雨水收集、生态过滤的方式构建地表水汇流下渗系统提升水质，使用植物改良技术改造滨河的沙化土壤，减少水土流失，增加滨水湿地空间，对单一品种防护林进行生态防护林改造，增强防护林的防火抗灾能力，丰富生物多样化，为动植物提供理想栖息地。规划苗圃用地，使其既有景观效果又能为城市建设提供苗木储备。通过构建生态林网敏感系统规划人为活动空间，减少人为活动对生态环境的干扰和破坏，实现人与自然和谐共处。

　　建设后的滹沱河生态绿廊将会是城市可持续发展和滨水绿地生态修复的典范。

滨河防护林改造及雨水收集改造

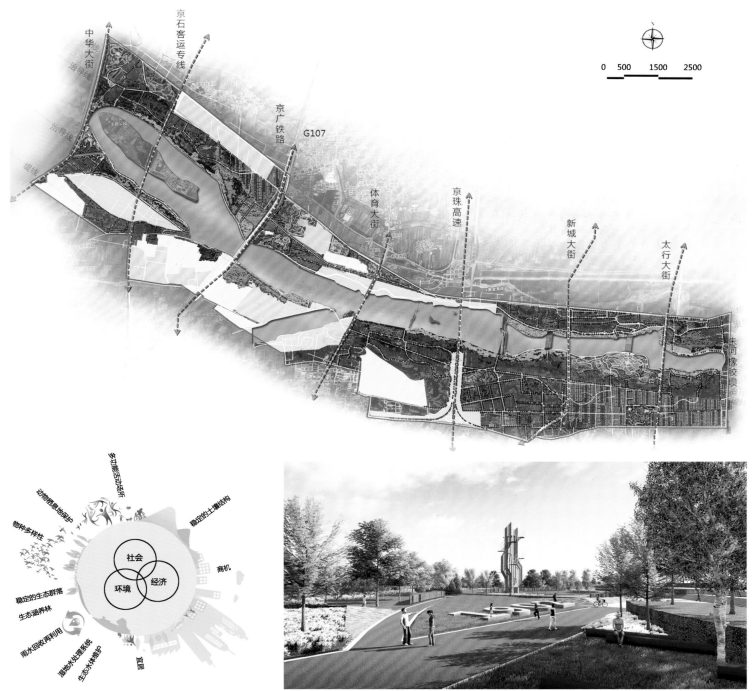

滨河花带景观与散步道结合

带有文化元素的公园节点

结合周边正定古文化元素

年度优秀景观设计

贵州·绥阳现代农业观光园修建性详细规划

Modern Agriculture Sightseeing Garden Construction of Detailed Planning Guizhou, Suiyang

单位名称：北京京林联合景观规划设计院有限公司。委托单位：遵义市人民政府。主创姓名：周浩、葛湃飞。成员姓名：董亮、高振国、谭琪、王超、薛慧敏。
设计时间：2014。项目地点：贵州绥阳。项目规模：133 ha。项目类别：园区景观设计。造价：1.09亿元。

设计说明：

本项目位于贵州省绥阳县县城西南部风华镇，占地面积约133 ha，总投资约1.09亿元。

规划坚持以原生林田景观为基底，结合现状农业结构体系，将以金河为流动轴线的单一生态区域转变为以生态经济苗木为核心的新型综合农业观光系统。规划采集建筑风貌、道路河流网络系统等基本信息，并通过严谨科学的数据分析，得出有效的解决方案。

① 构建多样性生态群落模型——借用梯田的高差关系，结合现状生境，利用本土水生植物及抗性强、观赏价值高的植物，对局部场地进行保育种植；通过科学引导，最终形成多样性生态群落模型，产生示范引导效应。同时协调水体与腹地关系，保护并建立稳定的生态多样化景观。

② 建立多功能交通系统——利用现状水网、路网的流向延伸趋势，完善各级道路连接，建立新道路系统；提高局域节点可达性，为辅助设施的完善提供通行基础。通过道路系统串接功能分区，将原生态自然景观介入综合观光农业系统，最终形成可持续、可循环的综合农业景观模式。

③ 创建地域文化引导机制——挖掘具有文化价值的本土元素，对规划区域内除自然生态之外的文化要素形态进行广泛的收集与采样，并通过分析得出文化精髓，加以创新利用，建立规划区内文化传播机制，为丰富园区文化内涵提供研究基础。

最终，项目规划在结合场地性质、植物群落生境、人文因素的基础上，试图建立一项以"农业"为主题，具有综合意义的观光体系，并通过该体系对生物多样性、农业文化、本土文化进行有效的引导与传播，将优势资源控制在可再生、可循环的健康模式中。

上图核心示范区 | 下图生态湿地体验区

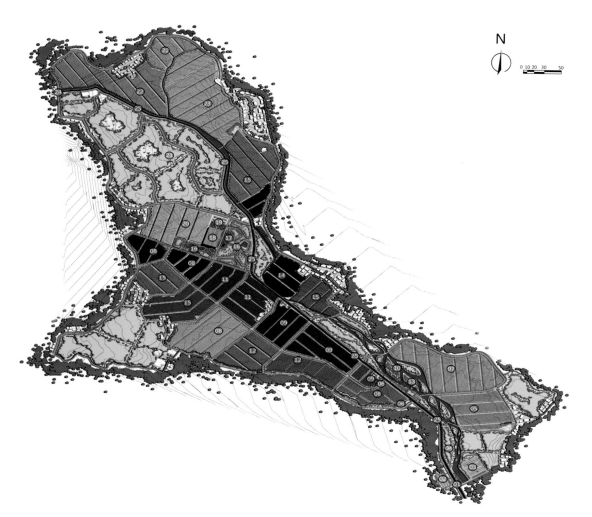

N

图例：
① 主入口
② 综合服务中心
③ 车辆管理中心
④ 日本晚樱种植区
⑤ 黄果树种植区
⑥ 生态蓄水池
⑦ 枇杷种植区
⑧ 银杏种植区
⑨ 生态蓄水池
⑩ 国学体验中心
⑪ 羊蹄甲种植区
⑫ 桂花种植区
⑬ 文昌亭
⑭ 香樟种植区
⑮ 广玉兰种植区
⑯ 生态湿地栈道
⑰ 成品苗木展示区
⑱ 大棚体验中心
⑲ 生态停车场
⑳ 桂花林
㉑ 未来规划预留林地
㉒ 红叶石楠种植区
㉓ 天竺桂种植区
㉔ 北侧入口
㉕ 滨河观光大道

主题文化体验区

年度优秀景观设计

包钢新体系景观绿化工程
Landscape Design for Baogang New System

单位名称：中冶京诚工程技术有限公司。委托单位：包头钢铁集团有限责任公司。主创姓名：吕文雅 。成员姓名：谭军、盛超、周方潮、木拉提、王寅。
设计时间：2013。项目地点：内蒙古包头市。项目规模：460 ha。项目类别：园区景观设计。造价：19772 万元。绿化率：35%。

一号路效果图

设计说明：

设计概况：包钢新体系隶属于包钢集团新建厂区，位于包钢集团西南，全厂占地460 ha，景观占地面积 158 ha，绿化率达 35%。

设计主题和特色：景观设计在概念上，提出古树新花的主题，打造特殊景观主线并串联创新生态点。传承包钢精神与文化，融入稀土特色元素。以主路网的绿地为载体，运用景观的手法打造全厂景观主线；发展的设计管理，使景观专业提前介入前期钢铁企业的规划，提出景观规划原则，提前预留景观空间，为后期景观设计打下良好基础；技术的创新、材料的创新、设计理念的创新为本项目的景观设计奠定了坚实的基础。如创新理念节点的打造，植物在特殊环境合理的运用，节能环保材料的运用，景观阶段性实施理念打造企业规划预留用地等。

设计感悟：

针对钢厂景观设计，笔者有以下四点感悟：

1. 钢厂景观与人文历史关系

随着社会的发展和科技的进步，人们越来越注重对人文精神的追求，一个环境优美、花木繁荫的工厂既体现了现代化大企业的雄厚实力，也是企业精神和文化的象征。

2. 钢厂景观与植物种植关系

今后，更多优良抗污树种的选择与合理的绿化布局是钢铁企业绿化研究的主要方向，特别在一些抗污综合能力强的树种上要投入更大的精力。针对厂况污染严重的特点，对植物品种精心选择，并进行科学合理配置，每一处绿化布局与生产结合体现了不同的特点、不同的植物景观特色。

3. 钢厂景观与前期规划关系

之前，钢厂总图设计更注重主体设施的布置，但和景观之间的关系处理也略显简单化；建议今后要加大景观在其中的参与性，在厂区布局上，保证景观设计空间，用可持续的、发展的眼光进行景观设计。

4. 钢厂景观与生态材料、技术关系

在景观设计中，景观设计的生态技术工程手段也是非常重要的一个环节，在设计中一项好的生态技术能够为设计带来许多便利之处，使得设计更加人性化，以人为本，实现可持续发展。

新老体系桥涵效果图

三号服务区鸟瞰图

职工林鸟瞰图

iDEA-KING ®

艾景奖

陈俊愉书 时年九十有五

年度设计机构

IDEA-KING ®

艾景奖

陈佐洐書時年九十有五 [印]

年度十佳景观设计机构
云南云投生态环境科技股份有限公司
Yunnan Yuntou Ecology

企业二维码

公司简介

云南云投生态环境科技股份有限公司（简称"云投生态公司"）前身为"云南绿大地生物科技股份有限公司"，是国内绿化行业第一家上市公司，具有国家园林绿化施工一级资质、风景园林工程设计专项乙级、市政公用工程施工总承包三级、园林古建筑工程专业承包三级、环保工程专业承包三级、城市及道路照明工程专业承包三级资质、云南省环境保护行业污染治理乙级等资质，是云南省最大的园林绿化企业。公司拥有"品种研发——种苗培育——苗木种植基地——工程设计及施工"完整产业链，致力于为绿化环境和生态建设提供服务。2012 年 2 月 14 日，云投集团成为公司第一大股东。云投集团是云南省最大的综合性投资控股集团，下属有 10 余家控股公司，涉及能源、交通、旅游、林竹浆纸、金融、房地产、燃气、医疗、文化等领域。

公司先后承建的重庆酉阳桃花源广场扩建建设工程及桃花源景区改造、昆明北京路道路绿化恢复及景观提升改造工程，充分结合地域文化和特色苗木花卉，营造出优美、舒适的景观空间，被誉为当地的"城市名片"，展现了现代生态环境建设的新高度。今后，公司将结合十八大提出的"建设美丽中国"、实施"城镇化"建设等国家战略，秉承诚信、务实、一流的企业精神，围绕现有业务向生态公园建设、生态治理、生态修复方面实施业务拓展，积极在工程服务、生态建设、区域生态环境打造、苗木花卉资源培育、特色生物资源开发等方面增强能力，提升公司可持续发展能力和竞争力，创建优质品牌，实现健康、持续发展，更好地回报社会、回报投资者。

主要项目（五年内）

景东天鹅湖湿地公园概念规划

景东县南部新城小河桥湿地公园及黑冠长臂猿主题广场景观工程方案设计

昆明金城财郡商业中心景观工程设计

通海古城水系修复规划设计

贵州省六盘水外国语实验学校景观设计

重庆酉阳土家八千工程景观优化

元谋县城人居环境提升改造工程一期工程项目规划设计

西双版纳"傣"温泉生态度假泉养区——样板区景观设计

丽江温德姆一期景观设计

所获荣誉

第五届艾景奖国际景观设计大奖年度优秀景观设计机构

年度十佳景观设计机构

北京易地斯埃东方环境景观设计研究院有限公司
EDSA Orient

企业二维码

公司简介

　　EDSA 是世界景观规划设计行业的领袖企业。创始于 1960 年的 EDSA 以总部罗德岱堡为辐射中心，在北京、洛杉矶、奥兰多、巴尔的摩建立起全球经营网络，业务遍及五大洲。经过 40 余年的发展，其在大型综合开发项目、旅游度假项目、居住社区项目、城市设计项目及主题公园与娱乐项目的规划设计方面所展现出的无与伦比的创造能力得到了广泛的认可。

　　EDSA Orient 是 EDSA 在亚洲地区的分支机构，由李建伟先生出任执行总裁兼首席设计师，领导着一个由多专业、多层次设计师组成的卓越团队；能够提供从规划、设计至现场指导的全程服务。EDSA Orient 有足够的资源来胜任来自各个领域、各种类型的规划设计项目。业务遍布全国各地，涉及不同的地域环境和不同的文化背景，致力于每一个项目、每一个客户的长期利益，帮助客户取得成功。

　　EDSA is one of the world's leading planning, landscape and architecture design firms since founded in l960. With the six offices in Fort Lauderdale; Los Angeles, Orlando, Baltimore and Beijing, we have the resources to provide pre-development project management, complete planning and design, and field supervision services all over the world. EDSA Orient, a joint venture company in Beijing, China, now employs over 100 professionals. Jianwei Li is the president and chief designer of the company, and is responsible for the management and design standards for the portfolios of projects.

主要项目（五年内）

徐汇滨江共空间（上海）

中央新台址公园（北京）

保利心语（四川）

红玺台（北京）

南宁五象湖公园（广西）

欢乐谷（北京）

南昆山生态旅游度假区（广东）

张北风电基地（河北）

清水湾旅游度假区（海南）

博鳌千舟湾（海南）

香格里拉饭店（北京）

保利皇冠假日酒店（四川）

所获荣誉

第五届国际景观规划设计大会评 EDSA Orient 为 2015 年度十佳景观设计机构

第四届国际景观规划设计大会评 EDSA Orient 为 2014 年度十大最具影响力设计机构

第三届国际景观规划设计大会评 EDSA Orient 为 2013 年度十佳景观设计机构

第二届国际景观规划设计大会评 EDSA Orient 为 2012 年度十大最具影响力设计机构

住房和城乡建设部科学技术委员会评 EDSA Orient 为"2008 中国景观设计突出贡献院所"

中国世界贸易组织研究会、中国社会科学院、香港理工大学亚洲品牌管理中心联合授予 EDSA Orient "全球化人居生活方式最具影响力景观设计品牌"

全球地标联盟、国际城市文化交流协会、中国社科院授予 EDSA Orient "中国地标建筑卓越景观设计机构十强"称号

年度十佳景观设计机构

深圳市铁汉生态环境股份有限公司
Shenzhen Techand Ecology & Environment Co., LTD.

企业二维码

公司简介

　　深圳市铁汉生态环境股份有限公司（以下简称"铁汉生态"）成立于 2001 年，是国家级高新技术企业、中国环保产业骨干企业、中国生态修复和环境建设领军企业。2011 年在深交所上市，为创业板首家生态环境建设上市公司。铁汉生态主营生态环境建设与运营，业务涵盖生态修复与环境治理、生态景观、生态旅游、资源循环利用、苗木电商、家庭园艺等领域。目前已形成了集策划、规划、设计、研发、施工、苗木生产、资源循环利用，以及生态旅游运营、旅游综合体运营和城市环境设施运营等为一体的完整产业链，能够为客户提供一揽子生态环境建设与运营的整体解决方案。

　　Shenzhen Techand Ecology & Environment Co., LTD (Techand) is a national level high tech corporation and key player in ecology and environment engineering industry. Techand established in 2001 and listed in Shenzhen Stock Exchange in 2011, becoming the first listed company in the field of ecological environment construction on the GEM., Techand devotes to the construction and operation of eco-environmental protection & landscaping tourism. Our business line covers ecological restoration, environmental modification, ecological landscaping, ecotourism, resource recycling, seedlings of electric commerce and household gardening. For now the company integrates planning, design, R&D, construction, nursery stock producing and resource recycling into a complete industrial chain and is able to provide comprehensive construction and operation solutions for the clients.

主要项目（五年内）

珠海 2013—2014 年生态绿廊及生态节点提升与营建

广东梅县（新城）生态文化教育产业园及配套工程（广东·梅县外国语学校）投融资建设项目

西河湿地公园及治理、林邑公园及配套工程设计

东莞桥头铁汉生态现代农业示范园设计

新疆伊宁后滩湿地棚户区改造项目

所获荣誉

西河湿地公园及治理、林邑公园及配套工程设计获第四届艾景奖"公园设计——年度十佳设计奖"

珠海市城市绿化景观提升工程获深圳市勘察设计行业协会"深圳市第十六届优秀工程勘察设计（园林景观设计）二等奖"、第四届艾景奖"道路景观设计——年度十佳设计奖"

广东梅县（新城）生态文化教育产业园及配套工程（广东·梅县外国语学校）投融资建设项目获第五届艾景奖"园区景观设计——年度十佳景观设计奖"

青岛东方影都公共绿地总体（柏果树河）方案设计获第五届艾景奖"绿地系统规划 – 年度杰出景观设计奖"

年度十佳景观设计机构

北京天一博观城市规划设计院
Beijing TYBG City Planning &Design Institute

企业二维码

公司简介

北京天一博观城市规划设计院及北京天一和恒景观规划设计院以综合规划设计为服务领域，致力于提高中国旅游资源开发及相关产业开发的水平和质量，致力于提高中国城镇建设、商业地产发展及相关产业开发的水平和质量，为各级政府、开发商及运营企业等提供全方位智力支持。

规划院以规划设计总包为服务模式，提供贯穿项目全过程的总体规划、详细规划以及建筑和景观设计等，并以咨询顾问、可行性研究、商业模式设计等为补充。主要规划设计领域包括：①旅游目的地（区域）、旅游景区景点、旅游度假区和旅游城镇（房地产）、旅游服务设施及相关项目；②城镇与公共空间、建筑与景观以及综合土地开发和园区开发等。

公司与政府主要部门、行业协会、研究机构建立广泛的联系，担任多家政府和企业的旅游发展顾问和投资顾问，包括担任国家旅游局5A级旅游景区评审验收专家和亚太旅游联合会副秘书长等。公司具有大中型企业高层管理经验和旅游投资开发、运营管理以及市场营销实践经验，承接和参与国内数十个旅游项目规划设计和操作实施，为国内若干大型景区、企业集团和各级政府提供过相应服务。

Beijing TYBG City Planning &Design Institute(Grade A Tourism Planning & Design Certificate Holder from CNTA)is one of the largest professional tourism planning, urban and rural planning, tourism landscape and architectural design companies.

With profound knowledge, professional experiences, and technical support,TYBG is dedicated to providing customers with one-stop planning and design solutions, including general planning, specific construction planning, landscape and architectural design, consulting, feasibility research and business model design, etc.

主要项目（五年内）

四川罗江国际旅游度假区	上海青西郊野公园规划设计项目
北京未来科技城中央公园景观及水处理规划设计方案	河北兴隆县旅游产业发展总体规划
山东马踏湖旅游度假区修建性详细规划	辽宁开原古城修建性详细规划
北京龙湾国际露营公园	四川北川西羌故园
青海青海湖旅游景区控制性详细规划	内蒙古准格尔召度假区修建性详细规划
云南石林景区战略提升规划	西藏雅砻文化园修建性详细规划
吉林长白山旅游景区战略提升规划与设计	重庆金佛山旅游景区设计
山西壶口瀑布风景区规划设计项目	

所获荣誉

中国旅游度假地产最佳设计院

首届山东旅游产业创新奖

艾景年度十佳景观设计奖

年度十佳景观设计机构
河北润衡水利景观设计研究有限公司
Runheng Landscape Design

企业二维码

公司简介

　　润衡集团旗下拥有北京润衡景观规划设计研究有限公司、河北润衡水利景观设计研究有限公司、石家庄市润泽水利景观工程有限公司和北京润衡生态环境治理有限责任公司。目前具备风景园林工程设计甲级资质和施工一级资质，并加入了英国国家景观行业协会。公司支持为各县市创建园林城市提供咨询、辅导、规划、设计等多项服务。曾多次荣获省、市级景观设计优秀创意及优秀工程奖，参加多起省市的重点工程，2014年受邀设计并施工了青岛世界园艺博览会"论道"展园。

　　集团发展立足景观行业，创造全水设计理念，形成"规划、设计、工程、苗木、生态"无缝对接一体化模式，打造精致润衡、品牌润衡。润衡集团期待与您合作，联手创造美丽家园。

Run Heng Group, which owns Beijing Run Heng Landscape Planning and Design Research Ltd, Hebei Run-value water conservancy Landscape Design Research Ltd, Shijiazhuang City moisturizes water conservancy Landscape Engineering Co, Ltd. and Beijing Run-value ecological environment limited liability company. Currently has landscape engineering design and construction quality Class A qualification and joined the British National Landscape Association.

Run-value group look forward to your cooperation, join hands to create a beautiful home.

主要项目（五年内）

大连市碧流河水库坝下门户区景观规划设计

山东龙口市绛水河综合治理规划设计

承德狮子沟古旱河恢复方案

临西县玉河公园景观设计与工程

石家庄市滹沱河生态绿廊工程景观设计

江西省青岚湖旅游度假区景观规划设计

石家庄市环城水系景观工程

承德围场县伊逊河滨水景观设计

青岛世园会"论道"展园景观设计

河北园博园"和合园"景观工程

安国药用植物公园景观设计与工程

承德县南山公园景观设计

邢台大峡谷长嘴峡至大瀑布地段景观设计

陕西西安天玺居住景观设计

山东滨州滨海公馆居住区景观设计

北京怀柔青春广场景观规划设计

所获荣誉

中国景观园林绿化协会颁发"2014年度全国园林绿化十佳诚信单位"

河北第一届园林博览会"企业展览奖"一等奖

河北省住房和城乡建设厅授予"河北省建设行业技术能手"称号

河北省第二届园林绿化快速设计竞赛第一名

年度十佳景观设计机构

华艺生态园林股份有限公司

公司简介

　　华艺生态园林股份有限公司成立于1997年，具有国家城市园林绿化施工一级、旅游规划设计乙级、风景园林规划设计乙级、市政公用施工总承包二级、古建园林施工总承包二级、城市及道路照明工程专业承包三级资质。十八年来，已成长为集风景园林、生态复绿、市政、古建、造林绿化、环境治理、节水灌溉的设计、施工、养护、监理、投资、技术研发、咨询培训等于一体的现代化生态园林企业，是安徽省综合实力最强、全国50强园林施工企业及中国城市园林绿化综合竞争力百强企业，全国十大徽商最具成长力品牌企业，同时是国家级高新技术企业和中国园林行业新三板挂牌企业第一股。股票简称：华艺园林，股份代码：430459。

　　Hua Yi Ecological Landscape Architecture Co., Ltd.,founded in 1997, has been qualified in many fields, including Landscape Construction Enterprises Qualification Certificate Level I, Tourism Designing and Planning Level B, Landscape Designing and Planning Level B, Municipal Utilities Construction General Contracting Level II, Antique Garden Construction General Contracting Level II, and Urban Road Lighting Engineering Specialized Contracting Level III. With the efforts of all the staff in the past 18 years, the company has developed as a modernized ecological landscape enterprise, specializing in landscape architecture, ecological restoration, municipal engineering, antique garden construction, afforestation, environmental improvement, water saving irrigation designing, the project organization, conservation and supervision, investigation, technology research and development, and consultation. The company has ranked the first in enterprise synthetically strength in Anhui Province, and is in the list of the top 50 landscape engineering companies in China and the top 100 landscape construction enterprises with strongest integrated competition ability in China. It is also included in the Ten Huishang Enterprises with the Most Potential Brand, has awarded the National High-tech Enterprise and has become the first share in the New Third Market (an over-the-counter market for growth enterprises).Stock Abbreviation：Hua Yi Yuan Lin，Ticker Symbol： 430459

主要项目（五年内）

灵璧县现代农业博览园园林景观工程设计	瑶海区滨河公园景观绿化设计
铜陵铜芜路景观设计方案	滨湖渡江战役总前委参谋处旧址仿建项目设计
怀远县S307（禹都大道）道路景观设计	六安徽盐湖公馆景观设计
灵璧钟灵行政文化广场景观工程设计	中国工商银行（合肥）后台服务中心景观绿化设计
滨湖公园二期工程设计方案	安徽名人馆内庭景观设计方案
灵璧县钟灵广场延续段（南段）景观工程设计	

所获荣誉

滨湖公园二期工程设计方案获2013年优秀园林设计奖

中国工商银行（合肥）后台服务中心景观绿化设计获第四届国际园林景观规划设计大赛年度优秀设计奖

铜陵市铜芜路景观设计方案获第五届国际园林景观规划设计大赛年度优秀设计奖

六安徽盐湖公馆景观设计获第四届国际园林景观规划设计大赛年度十佳景观设计奖

安徽名人馆内庭景观设计方案获第五届国际园林景观规划设计大赛年度十佳景观设计奖

年度十佳景观设计机构

中国中元国际工程有限公司
CHINA IPPR INTERNATIONAL ENIGINEERING CO.,LTD.

企业二维码

公司简介

　　中国中元国际工程有限公司是以中元国际工程设计研究院（原机械工业部设计研究总院）为核心，与中国机械工业电脑应用技术开发公司、机械工业规划研究院联合重组的集工程咨询、工程设计、工程总承包、项目管理、设备成套和技工贸为一体的工程公司。景观设计以医疗景观为主，涉及酒店、商业、办公、文体教育、驻外使馆等多个领域，始终追求独特的设计思想和理念。

　　China IPPR International Engineering Company Limited is an engineering corporation which integrates engineering consultation, engineering design, project contracting,project management, complete equipment as well as technology, industry and trade. It has been reorganized by taking IPPR Engineering International (theformer Institute of Project Planning & Research under the Ministry of Machinery Industry) as the core. Medical landscape projects act as the main field of our landscape design projects. At the same time, we also aim at the hotel, commercial, business, education, embassies and other fields of the landscape design projects. We always pursue the unique design idea and concept.

主要项目（五年内）

黑龙江鹤岗龙腾公园景观规划设计

中国——白俄罗斯工业园区总体规划

柬埔寨德大花园景观规划设计

坦桑尼亚姆旺扎 NSSF 旅行者酒店景观设计

南京军区总医院院区景观设计

北京大学人民医院院区景观设计

江西九江禧徕乐大型商业广场景观

唐山中德医疗景观设计

沈阳北站广场景观设计

江西省肿瘤医院景观设计改造

兰州大学第二医院景观设计

中新天津生态城医院景观设计

唐山市妇幼保健院景观设计

翠湖科技园授权地块城市设计

江苏出入境检疫局景观设计

中国食品药品检定研究院景观设计

北京市生物医药产业园景观设计

所获荣誉

南京军区总医院院区景观设计获中国建筑设计奖二等奖

援马耳他中国园维修和改扩建项目获北京市第十八届优秀工程设计奖

河海大学清凉山校区景观规划设计获第三届国际园林景观规划设计大赛年度十佳设计奖

北京市怀柔区汤河口镇东帽湾村村域景观规划获北京市第十三届优秀工程奖

城市规划与村镇规划设计二等奖

 年度杰出景观设计机构
无锡乾晟景观设计有限公司

企业二维码

公司简介

　　无锡乾晟景观设计有限公司创始于 2006 年，是一家以高端品牌景观设计为核心的专业设计机构。无锡乾晟景观设计有限公司是无锡首家在上交所成功挂牌的设计企业（股权代码：201159），江苏省民营科技企业，具有国家风景园林设计乙级资质和园林绿化施工资质。2015 年初公司成立了江苏省首家园林景观设计艺术中心，形成景观艺术研究、景观设计、绿化施工的完整产业链。

　　乾晟景观坚持"原创设计、品质至上"的设计理念，在园林风景的研究和设计上有着独特的风格底蕴，荣获雕塑、小品、灯具、桥梁外观等设计专利 70 余项。近十年公司完成了城市公共空间、城市大型综合体、精品居住区、大型滨河带、城市景观、综合性城市公园、高新园区、高档写字楼的景观设计、改造工程等省、市重点项目数百个。

Established in 2006, Wuxi Qiansheng Landscape Design Co., Ltd is a professional design agency with the core business of high-end brand landscape design. As the first design enterprise successfully listed in Shanghai Stock Exchange in Wuxi (Stock Code：201159), the Company is a private-run technology enterprise with National Class B qualification for landscape garden design and construction qualification for landscaping works. Along with the establishment of the first Landscape Architecture Design Art Center in Jiangsu at the beginning of 2015, the Company successfully creates the complete industrial chain covering landscape art research, landscape design and green construction.

With constant insistence on the design idea of "original design and quality first", Qiansheng has unique deposits for landscape garden on both research and design and wins more than 70 design patents on the aspect of sculpture, parergon, bridge appearance and etc. In recent years, the Company completed several hundreds of provincial and municipal key landscape design and reconstruction works for urban public areas, large urban complexes, model human settlements, large riverside greenbelts, urban landscape, comprehensive urban parks, high-tech zone, high-class office building.

主要项目（五年内）

惠山新城科技创业服务外包基地核心景观设计　　　　无锡新地假日广场景观设计

无锡新区前进路伯渎港滨水公园景观设计　　　　　　无锡新区联心小区景观设计

无锡新区东风家园景观设计　　　　　　　　　　　　无锡锡北镇紫金苑小区景观设计

无锡新区欧典家园景观设计　　　　　　　　　　　　无锡·中国微纳国际创新园景观设计

所获荣誉

江苏省民营科技企业

江苏省优秀诚信创新企业

2014 年度优秀景观设计机构（艾景奖）

各项外观专利 70 多项

年度杰出景观设计机构

福建永前园林有限公司

FUJIAN YONGQIAN LANDSCAPE CO., LTD

公司简介

1983年，"永前"诞生于中国古代海上丝绸之路的起点、世界多元文化展示中心——泉州。三十多年来，公司一直致力于生态园林景观的研究与开发，系行业首家集规划设计与施工、生态环境修复、景观生态材料研发与生产、景观资材互联平台建设与运营为一体的城市景观生态系统运营商。福建永前园林有限公司现为风景园林工程设计乙级资质与城市园林绿化二级资质企业，拥有"农业产业化省级重点龙头企业"、"福建省生态文化示范企业"等多个荣誉称号，并作为主要单位参与《泉州市村庄环境整治指南》的编著和出版工作。企业始终秉承"追求卓越、争创一流、快速服务、客户至上"的企业核心价值观，以建设基于生态设计的城市景观为核心思想，努力打造艺术、人文、科技、自然相和谐的人居环境。

1983, " YONGQIAN " was born in the beginning of the Silk Road in ancient China, the world's multicultural display center – Quanzhou. Over the past thirty years, the company has been committed to the research and development of the ecological landscape, city landscape ecosystem industry's first set of ecological environment design and construction planning, repair, materials and production, R & D landscape ecological landscape materials interconnection platform construction and operation as one of the operators. Fujian Yong Qian Garden Co. Ltd. is a landscape engineering design qualification B and the city landscaping two qualified enterprises, with the focus of the provincial agricultural industrialization leading enterprise "," Fujian Province ecological culture demonstration enterprise "and other honorary titles, and as the main units and the" Quanzhou City Guide "the village environment, and publishing work. The enterprise has always been adhering to the "enterprise core value of the pursuit of excellence, striving for excellence, fast service, customer first" concept, to build based on the ecological design of city landscape as the core idea, to create art, humanities, science and technology, the natural harmony of the living environment.

主要项目（五年内）

厦门鲁能•领秀城景观绿化工程

泉州清源山5A风景区齐云路绿化工程

安徽宿州首钢住宅小区景观工程

百信•御江帝景月亮湾

福建师范大学旗山校区景观绿化工程

天津滨海假日花园景观设计

永宁中学校友文化广场景观设计

南安市金淘镇金淘流域景观规划设计

深沪镇海丝文化公园整体景观方案设计

永春县蓬壶镇后溪流域景观规划设计

永春县蓬壶现代农业（花卉苗木）产业园概念规划设计

马院人家乡村游"跑马场"景观设计工程

厦门丽斯海景酒店房车公园设计

泉州洛江虹山乡石龙谷生态园规划

金海湾财富中心全案策划设计

沈阳北站广场景观设计

所获荣誉

农业产业化省级重点龙头企业

福建省生态文化示范企业

厦门"鲁能•领秀城景观绿化工程"荣获福建省"园林杯"优秀绿化工程金奖

2009法国巴黎国际发明博览会银奖

 **年度优秀景观设计机构**

福州中道景观设计有限公司
Golden Mean Internation Limited

企业二维码

公司简介

行有道，思无疆——中道国际。

香港·中道国际机构是集地产策划、营销、景观设计、施工为一体的多元化地产服务机构，2005年进入大陆，在福州注册成立福州中道景观设计有限公司，本着"从社会中来、服务社会"的服务理念，主要从事景观工程、展览展示工程的设计。凭借自有营销策划团队的优势，长期致力于"高水准、全方位、系统化、个性化"的经营模式，以"人本为主、尊重自然，实现人与自然高度和谐"为专业目标，是现今少数具备全方位策略服务能力的综合机构之一。

公司以"大易尊大作，中庸致中和"为精神理念，旨在与员工、委托方共同进步，共创繁荣的创业理想，专注于景观规划设计、施工，力争为委托方提供专业对口的解决方案。自2005年机构创建至今，已拥有市场部、方案部、图像部、施工图部等五个部门。

秉承"从设计中来，回设计中去"的原则，适时地派驻设计师到施工现场，感受设计表现，把控景观效果，提高实践水平。同时不断加强国际交流与合作，参观前沿城市设计手法，吸收国外设计师先进的设计理念和设计管理体系，提高综合设计实力。

公司在"尊重自然，共享空间，优质高效"的原则下，用艺术化景观的表现形式，体现人类乐观积极的态度，弘扬人与自然和谐共存的精神。注重充分发挥人才资源优势，紧跟国际前沿设计潮流和施工新技术，结合当地的市场需求，提供高尚的设计服务。公司发展至今，业务遍及福建、广东、江西、安徽、湖北、东北、新疆等各地，并在各省市设立了办事机构，赢得了社会各界的高度评价与广泛称赞。

主要项目（五年内）

安徽省宿州市"龙汇·学源居"景观规划设计

江西省瑞金市"上宾公馆"景观规划设计

河南省洛宁县"洛宁·公园一号"景观规划设计

福建省建阳市"云谷小区"景观规划设计

广西壮族自治区钦州市"天元·翰林尊府"景观规划设计

福建省福安市"赛江·世纪新城"景观规划设计

江西省九江市"万诚·中央公馆"景观规划设计

福建省建阳市"滨江壹号"景观规划设计

安徽省宿州市"龙登·和城"景观规划设计

安徽省六安市"信德·时代广场"景观规划设计

安徽省池州市"龙登·凤凰城"景观规划设计

福建省福州市"永兴摩卡小镇"景观规划设计

江西省瑞金市"汉昇·榕郡"景观规划设计

江苏省镇江市"紫金香郡"景观规划设计

福建省三明市"沙县一中"校园景观规划设计

广西壮族自治区钦州市"海润·百利尊品"景观规划设计

福建省福州市"F·公馆"景观规划设计

福建省古田县"湖滨佳景"景观规划设计

江西省瑞金市"港龙·上宾首府"景观规划设计

安徽省铜陵市"东晖·万锦新城"景观规划设计

福建省武夷山市"武夷印象"景观规划设计

福建省福州市"三嘉·闽都星城"景观规划设计

福建省福州市"领秀新城"景观规划设计

湖北省宜城市"嘉豪城市花园"景观规划设计

所获荣誉

第五届艾景奖国际景观设计大奖年度优秀景观设计机构

年度优秀景观设计机构

杭州现代旅游规划设计有限公司

企业二维码

公司简介

　　成立于 1993 年的现工集团始终立足于设计最前沿，以其开拓创新的精神，构建设计专业化体系；用超过 20 年的专业经验，为每个客户提供高品质的服务。现工集团业务涵盖旅游地产规划、风景区规划、景观设计、温泉设计、养老产业、绿色建材、文化传媒等多项领域。集团成立至今，始终贯彻"专业的服务，成就客户价值"这一宗旨，赢得了广大客户的赞誉和信任。先后与新加坡仁恒置地、中粮地产集团、华润置地、香港路劲地产集团、上海世博百联集团、青岛城投集团等国内外一线地产企业结为战略合作同盟；并为地方各级政府的生态化城市建设，及绿色城市的可持续性发展战略，提供工程咨询服务。

　　Founded in 1993, MEDG has always been at the leading edge of design, with its pioneering and innovative spirit, constructing professional design system and with more than 20 years of professional experience, providing highquality service for each client. Business of MEDG covers tourism real estate planning, scenic areaplanning, landscape design, spring design, the pension industry, green building materials, culture, media and manyother fields. Since its establishment,MEDG has always persisted in the aim of accomplishing value for our clientswith professional service, which has won praise and trust among a large number of clients.

主要项目（五年内）

山东青岛奥帆中心休闲度假规划	江苏大丰港温泉假日酒店
福建厦门园博园温泉旅游度假村	福建泉州安溪世界温泉山庄
大连常江湾国际运动中心	浙江湖州太湖阳光雷迪森度假酒店
浙江千岛湖萨版纳温泉度假村	山东省威海天润温泉度假村总体规划
大连仁禾农博园	广东大汉三墩旅游景区
山东东营市东八路湿地公园	湖北宜城市鲤鱼湖新区
江西庐山世外桃源温泉度假村	山西张壁古堡温泉度假区
福州海峡文化原乡温泉度假村	江苏徐州国际鲜花港

所获荣誉

2006 中国最具竞争力旅游规划设计单位 20 强

2006 中国主流地产"金冠奖"最受尊敬景观规划设计公司

2007 年度中国旅游知名品牌

2014 年度浙江省优秀创意设计作品：湖州太湖雷迪森温泉度假酒店

年度优秀景观设计机构

思朴（北京）国际城市规划设计 有限公司

公司简介

　　思朴（北京）国际规划设计有限公司以创造高质量的生活和工作场所为宗旨，以可持续发展为理念，融合经济市场、城市规划、城市设计、建筑设计、景观设计和市政工程等专业，强调精确的项目定位和富有创意的个性化设计，为各级城市政府、公私开发商和研究机构提供高效、优质的专业咨询服务。思朴国际立足中国城镇化发展的前沿，针对中国蓬勃城镇化发展过程中的机遇和挑战，公司的责任和使命是针对生态环境恶化、交通拥挤、土地低效、公共空间雷同、文化个性丧失等普遍问题，通过专业、系统、理性、量化的智慧型新思维，遵循自然、传承文明、关注人性，提供最具价值和特色的城市规划设计和环境设计，为中国新型城镇化提供物质财富的同时，创造生态环境优良、生活品质高雅的公共场所，打造人类文化和精神文明的时代记忆。

　　Upholding the tenet of creating high-quality living and working spaces, and the concept of sustainable development, and by integrating market economy, urban planning, urban design, architectural design, landscape design, municipal works and other fields, SPD emphasizes the exact project positioning and creative personalized design, providing efficient, high-quality professional consulting services for governments of cities at all levels, public and private developers and research institutions.

主要项目（五年内）

西安汉溪湖公园景观规划设计　　　　　　　　　　新绛龙湖金港小区景观设计

河北保定古北岳生态农业示范区景观设计　　　　　郑州滨河国际新城中央滨水商业区设计

北京山水大道公共空间设计　　　　　　　　　　　新绛天地庙旅游区规划设计

北京 CBD 地区公共空间艺术设计　　　　　　　　　临沂天府苑小区景观设计

天津中盈房车乐园总体设计　　　　　　　　　　　东营海宁路两侧城市设计

湖北恩施金马水库景观设计　　　　　　　　　　　凤凰岭公园景观设计

通辽市明仁公园景观设计　　　　　　　　　　　　新绛龙湖公园景观设计

保定唐县三园三镇规划设计　　　　　　　　　　　通辽市城东新区概念性城市设计

所获荣誉

通辽市城东新区概念性城市设计获内蒙古自治区优秀城市规划编制二等奖

郑州滨河国际新城中央滨水商业区设计获艾景奖年度优秀景观设计奖（城市公共空间类）

年度优秀景观设计机构
深圳市水体景观环境艺术有限公司

企业二维码

公司简介

深圳市水体景观环境艺术有限公司致力于住宅、商业、酒店、旅游、公共空间等诸多领域的景观规划、设计与施工。拥有环境艺术设计甲级资质、施工（总承包）一级资质，是 ISO9001 质量管理体系认证企业，并入选为"中国建设文化艺术协会环境艺术专业委员会"常务理事单位。

1996 年至今，深圳水体以前沿的设计理念、丰富的项目经验、多元的文化精粹立足于行业内，并在国内外大型项目中取得了骄人的业绩。

公司拥有专业的设计团队，成熟的施工队伍，规范的管理制度。多元的设计精英让项目更具别样性，丰富的营建经验令项目更具长远性，完善的管理制度使项目更具实践性。

为项目提升综合价值是我们的目标，给客户提供全程专业服务是我们的宗旨。每一个项目都是新视野与文化结合的产物，作为生态复兴的基石一块一块堆砌，最终成就城市的绿意繁华。

公司不但重视设计与实践，努力在项目中积累经验探寻新奇，而且还注重交流与合作，不断与国内外专业院校、专业公司、设计院所进行专业交流、技术切磋及友情合作。

主要项目（五年内）

中铁海南诺德丽胡半岛二期景观设计

湖南金鑫嘉园小区商业综合体景观设计

贵州北部印象商业综合体景观设计

广西白石湖公园景观规划设计

青岛万达广场景观设计

湖南尚宇学校景观规划设计

湖南常德老西门景观设计

广西田阳城市财富广场景观设计

江西九江市青少年科普教育基地景观设计

广东河源泰华酒店景观设计

深圳华侨城君悦酒店景观设计

深圳西乡河景观规划设计

所获荣誉

中国风景园林行业"重合同、守信用知名品牌"企业

2012 年设计施工行业质量诚信双优单位

全国风景园林行业优质工程设计一等奖

企业信用评价 AAA 级信用企业

BOSA

年度优秀景观设计机构
深圳博纳景观设计有限公司

公司简介

深圳博纳景观设计有限公司是一家立足于香港，面向亚洲及太平洋地区，乃至全世界的一家国际性著名设计机构，也是一家在景观设计、城市规划及设计领域具有丰富经验的国际性公司。积累了包括酒店及度假村、办公区、城市综合体、高层住宅、别墅区、城市公园及广场等多种景观规划设计类型的设计经验。博纳设计有限公司总部位于香港，并在泰国曼谷，中国深圳开立设计分部，拥有来自于美国、加拿大、英国、法国、香港、中国内地、新加坡、台湾、泰国以及菲律宾等地的不同文化、不同背景的顶尖精英设计师超过 80 名。在过去数十年的景观设计生涯之中，这些优秀的设计师曾效力于西方顶尖的景观设计机构，比如：美国 SWA 设计集团、美国 AECOM 设计集团、贝尔高林国际设计公司（Belt Collins International）等公司，亦曾参与"英国 2012 年奥林匹克公园"、"2010 年上海世博园"、"香港西九龙滨海项目"等国际著名项目。博纳设计的核心设计团队全部拥有海外留学及著名境外设计公司工作之经验，并曾担任设计总监、主创设计师等重要职务。自进入中国内地市场以来，博纳设计的精英设计团队，亦曾主创并完成的项目遍布中国许多大中型城市，例如：上海、深圳、青岛、武汉、福建、海南等地，亦对中国内地的设计规范以及条例十分了解。故可以遵循着国际化设计标准以及符合大中华区及东南亚地区当地规范，从总体规划，概念设计，到扩初设计，施工图设计，乃至到后期的施工指导，全程化地为客户把控作品质量。每个完美的设计有赖于完美的服务素质。博纳设计以其全球化的视野和宏观的市场策略，提供给业主的，不仅仅是独具一格的创意设计，同时，也包括了项目市场定位，经济预算及性价比方面的意见，文化源头的思考，概念性陈述，创意设计，施工质量把控以及后期配合之服务，为业主打造出了一个又一个的高性价比的卓越标杆项目。

BOSA is a professional firm with international operations and projects ,and has rich experience in the fileld of landscape design,urban plan,etc. The goal of BOSA is integrating international advanced design concept and thought with local actual situation, understanding fully about the requirment of the market,respecting historic context.Through unremitting effort and strict quality requirement, we are committed to applying our professional skill and care in a consistent and demonstrable way. Every perfect design depends on perfect service quality. BOSA has grown to employ design professionals in offices in Hong kong, Shenzhen, Bangkok. Following international standard as well as local specification in Mainland China, Hong Kong and South East Asia, we get the whole course of the control to the customers from master planning, conceptual design, development design and construction drawings , as well as the construction guidance. The company's object and ethos is integrity, professional, innovation, and responsibility. Through collaboration and communition of the team, responbilty to the natural enviroment and historic culture, and design passion for infinite originality, we are committed to design harmony, organic, and humanized space.

主要项目（五年内）

北京中国国际商品交易中心规划	深圳福永科技商业综合体
上海康桥中邦大都会	深圳龙华华盛观澜城市综合体
深圳光明光电企业产业园	青岛广电传媒科技产业园
深圳正大时代华庭	常州黑牡丹科技产业园

所获荣誉

第五届艾景奖国际景观设计大奖年度优秀景观设计机构

造源设计
ZYEEN 源 / 生活 · 造 / 美 / 好

年度优秀景观设计机构

深圳市造源景观规划设计有限公司
Shenzhen Zyeen Landscape Planning&Design co.,Ltd.

企业二维码

公司简介

造源成立于 2006 年，原名都市佳境，公司主要创始人均毕业于北京林业大学，办公地点位于深圳设计产业园。现有专业景观设计师 80 余人，办公面积 1200 m²，是国内较早的一家专业化景观设计机构。造源专注景观设计 10 年，获得了一大批实力客户，很多经典案例都分别获得客户及行业认可。主要与百强地产及全国各地政府合作为主，服务内容设计：住宅小区、别墅、酒店、商业综合体、市政道路、河道整治、山体公园、旅游、生态修复、古建民居等各方面的景观设计。

公司通过了 ISO9001 等体系认证，国家认证的风景园林设计专项乙级证书，美国 ASLA 景观设计协会会员单位。

设计师作品多次荣获深圳市规划局颁发的"优秀工程勘察设计和优秀规划设计"、"优秀园林景观设计奖"、"深圳市优秀规划设计奖"等称号。

Founded in 2006 made the source, the city formerly known as nirvana, the company founder were graduated from Beijing Forestry University, design offices in Shenzhen Industrial Park. Existing professional landscape designers of more than 80 people, the office area of 1,200 square meters. It is the earlier of a group of professional landscape design agency, specializing landscape design for 10 years, also received a large number of power customers, many of the classic cases are respectively customers and industry recognition. Cooperation mainly with the hundred major real estate and government throughout the country, services design: residential areas, villas, hotels, commercial complexes, municipal roads, river training, Mountain Park, tourism, ecological restoration, ancient houses and other aspects of landscape design .

The company passed the ISO9001 system certification, the state certified landscape design of special Class B certificate, US ASLA Landscape Architecture Association.

主要项目（五年内）

北京金科王府景观设计	莆田绥溪公园景观设计
合肥深业华府景观设计	佛山夏北中心公园景观设计
海南陵水土福湾景观设计	佛山里水展旗峰公园景观设计
福建泉州津汇·红树湾项目方案设计	佛山三水区西南涌景观设计
安阳华强城住宅区景观设计	莆田中心城区荔枝林带景观设计
莆田富邦学苑景观设计	佛山南海桂城一环东涌景观设计
清远嘉美花园景观设计	佛山南海桂城怡海路滨江绿地景观设计
清远天美小岛景观设计	深圳软件园二期景观设计
深圳华南城环球物流中心景观设计	佛山三水西南水都饮料基地景观设计
佛山九龙国际广场景观设计	深圳滨海大道景观设计
广州丽山酒店景观设计	佛山三水广海大道景观设计
惠州凯悦酒店景观设计	莆田迎宾大道绿化景观设计
安阳华强大厦酒店景观设计	福建省武夷山市齐云峰生态度假区旅游总体规划
莆田九华大酒店项目环境景观设计	莆田市木雕文化生态主题公园旅游总体规划
深圳滨海生态公园景观设计	

所获荣誉

第五届艾景奖国际景观设计大奖年度优秀景观设计机构

年度优秀景观设计机构
上海印派森园林景观股份有限公司
Impression

公司简介

　　上海印派森园林景观股份有限公司是一家专业从事景观规划与设计的公司，公司注册资金 3000 万元，致力为亚太地区提供综合土地规划及环境设计服务。公司拥有风景园林设计专项乙级资质，设计团队来自中国及海外各地，并拥有相关专业资格。公司外籍设计师均具有国际顶尖设计公司的执业背景，经手过重大国际项目。旨在为亚洲及中国客户提供优质的景观设计服务，不断提升人居环境及社区生活素质。

　　公司设计业务遍布全国，对各地植物应用、材料选择经验丰富，并且能够在景观施工过程中为业主方提供设计师驻场指导施工服务。当前公司客户群主要为万科集团、中房集团、名城集团、元一集团、中联集团、中发集团、新田置业、名门置业、新合鑫置业等大型地产开发机构及各地政府部门。

Shanghai Impression Landscape Corporation Limited specializes in the provision of comprehensive landscape, environmental design and planning services within the Asia-Pacific region. Companies registered capital of 30 million yuan. The company has a landscape design special Class B qualification, design teams from China and overseas, and have relevant professional qualifications. The company has international top foreign designers design practice background, we experienced a major international projects. It aims to provide high-quality landscape design services for Asian and Chinese customers and improve the living environment and the quality of community life.

The company design business throughout the country, to apply throughout the plant, rich experience in material selection, and can provide guidance resident designer and construction services for the owner in landscape construction. Our company client are mainly Vanke Group , Zhongfang Group, Greattown Group , Yuanyi Group , Zhonglian Group , Zhongfa Group , Xintian Real Estate Company , Mingmen Real Estate Company , Xinhexin Real Estate Company and other large real estate development agencies and local government departments.

主要项目（五年内）

常州大名城	黄山元一希尔顿酒店
兰州大名城	郑州 360 商业广场
江山大名城	郑州新田美居温泉酒店
无锡万科洋溪公园城	郑州石佛艺术公社
上海唐镇大名城	兰州城市综合体
河南名门悦峰苑	南京鼓楼广场
长乐大名城	中科院兰州分院中学小学
福州名城私人会所	福建永泰温泉

所获荣誉

兰州大名城荣获 2014 年全国人居经典环境金奖

兰州大名城荣获第四届国际园林景观规划设计大赛年度十佳设计奖

郑州 360 商业广场荣获第五届国际园林景观规划设计大赛年度十佳景观设计

上海印派森园林景观股份有限公司荣获第五届国际园林景观规划设计大会年度优秀景观设计机构

年度优秀景观设计机构
北京夏岩园林文化艺术集团有限公司
Beijing Xiayan Garden Culture & Arts Construction Group

公司简介

夏岩园林文化艺术集团，中国顶尖园林景观建造企业，1997年成立于中国沈阳。公司横跨生态主题酒店、温泉水城、主题公园三大业务领域，提供策划——设计——建造——管理咨询一体化解决方案，并进军实业投资、旅游开发、酒店管理、园林景观人才教育培训等多个领域，构建文化旅游大产业链格局。2013年夏岩集团签约俄罗斯国家形象工程海参崴城市海洋公园项目，并与上海迪士尼达成技术输出协议，夏岩集团9名高级工艺师被特聘为上海迪士尼现场艺术总监理，自此夏岩集团步入国际舞台。集团希望运用我们独特的文化解读力和独创的景观施工艺术，为全球景观建造商们提供优质杰出的服务！

Xiayan Garden Culture & Arts Construction Group is established in 1997 in Shenyang of China, The biggest construction enterprise of garden landscape in China. Our group is mainly involved in three major business scope including ecological theme hotel, SPA watertown, and theme park providing integration solution refer to planning, design, construction and management consulting. As well, we are developing different field involved industrial investment, tourism development, hotel management, educational training of garden landscape talents, to build cultural tourism industrial structure. In 2013, Xiayan Garden Culture & Arts Construction Group sign a contract of Vladivostok Ocean Park, which is the Russia image project, and also come to an technical export agreement with Shanghai Disneyland Park. Specially, 9 senior artists in Xiayan Garden Culture & Arts Construction Group were invited for general supervisor of live art in Shanghai Disneyland Park. Since then, Xiayan Garden Culture & Arts Construction Group steps into a international stage. We awfully hope our unique cultural interpretation and creative landscape construction arts will successfully serve for global landscape constructors.

主要项目（五年内）

上海迪士尼乐园	青岛万达水乐园
俄罗斯海参崴城市海洋公园	合肥万达水乐园
西安乐华欢乐世界	北京温都水城
淹城诸子百家园	天津龙达温泉生态城
杭州宋城	沧州盛泰名人高尔夫温泉
三亚千古情	开封银基水上大世界
丽江千古情	祁县千朝生态休闲庄园
天津华侨城欢乐谷	赤峰大漠绿都生态园
苏州儿童乐园	宿迁世界之窗生态园
新疆丝绸之路文化产业园	北京温都水城"汉风唐韵"生态餐厅

所获荣誉

2015 最佳温泉服务商	2013 北京市高新技术企业
2015 文化产业（中国）协作体理事单位	2013 中国旅游协会温泉旅游分会常务理事单位
2015 艾景奖年度优秀景观设计机构	2013 年度优秀文化创意景观服务商
2014 北京市科委北京市设计创新中心	2011 "中国营造"全国环境艺术设计大展金奖（诸子百家园）

IDEA-KING ®

艾景奖

陈俊愉书时年九十有五

年度设计人物

个人简介

陆伟宏，同济大学建筑设计研究院（集团）有限公司景观工程设计院院长，1992年毕业于同济大学风景园林专业，之后任职于同济大学建筑设计研究院（集团）有限公司。

2011年起担任景观工程设计院院长一职。带领设计团队完成了道路绿化、小区景观、滨河景观、城市广场、商业办公、度假酒店、规划景观、公园景观等大批规划设计项目。其中，直接参与设计项目数百个，并主持设计了许多省、市重点项目。如上海市安亭市民广场、长风公园公共绿地设计、南园滨江绿地（公园）改扩建工程、长春伊通河南溪湿地设计、上海闵行滨江景观工程、上海迪士尼度假区项目梦幻世界园区园林景观工程初步设计和施工图设计、2011西安世界园艺博览会景观设计、新华滨江公共绿地工程设计、鲁迅公园改造、爱思儿童公园改造等，景观效果显著，赢得了业内和社会的好评，取得了较大的生态效益和社会效益。本人主持设计的重大建设项目，获得市一、二、三等奖多达15项。多次受邀担任了众多全国大型景观设计招标项目的评委。

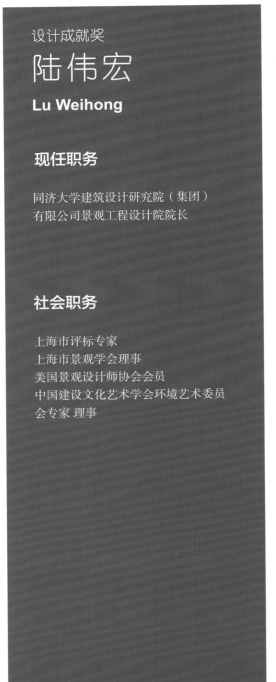

设计成就奖

陆伟宏

Lu Weihong

现任职务

同济大学建筑设计研究院（集团）
有限公司景观工程设计院院长

社会职务

上海市评标专家
上海市景观学会理事
美国景观设计师协会会员
中国建设文化艺术学会环境艺术委员
会专家 理事

主要设计项目

上海梦幻世界园区园林景观工程初步设计和施工图设计
西安2011世界园艺博览会景观设计
上海南园滨江绿地（公园）改扩建工程
河南洛阳新区伊滨公园生态绿地景观工程设计
吉林长春市伊通河南溪公园
青岛胶南市河道综合整治工程设计第一标段
云南昆明呈贡白龙潭水系入滇河道整治工程下段工程设计
鄂尔多斯市城市核心区高层区道路两侧绿化带设计
上海新华滨江公共绿地工程设计
安徽亳州郑店子河心洲地块设计项目
湖南长沙松雅湖南部园林景观设计
上海鲁迅公园改造
河南省郑州市郑东新区龙湖沿湖园林景观设计
上海爱思儿童公园改造
天津南开大学新校区（津南校区）一期景观工程
郑州市郑东新区石武客专西侧商都路以南地块施工图设计
贵州民族大学花溪新校区建设工程一期景观工程设计
郑州航空港经济综合实验区（郑州新郑综合保税区）
双鹤湖片区水系两侧绿化景观方案设计及施工图设计
青岛中学周边水系景观及公共配套项目

获奖情况

上海长寿公园获2005年度上海市优秀设计一等奖
南园滨江绿地获2013年度上海市优秀设计景观一等奖
西安世博会获2013年度教育部优秀设计景观一等奖
云南师范大学呈贡校区获2013年度教育部优秀设计景观三等奖
新华滨江公共绿地设计获中国环境艺术奖
鲁迅公园改造获2015年度上海市优秀设计一等奖

个人简介

周正明，1955 年生，江苏省无锡市人，2002 年至 2009 年起担任无锡市政设计院（甲级院）专业副总工程师，2010 年至今受聘于无锡乾晟景观设计有限公司，担任总经理、设计总监。2004 年 7 月被上海海粟美术设计院聘为客座教授。多年以来担任过省、市重点建设项目的评审专家、顾问、评委，并多次被聘为市、区多家专业单位的技术顾问。

几十年来主持设计的无锡市重大建设的景观项目，获得省、市一、二、三等奖多达 17 项，获得桥梁、雕塑、小品、灯具等 70 余项实用和外观发明专利。

设计贡献奖

周正明

Zhou Zhengming

现任职务

无锡乾晟景观设计有限公司总经理、总工程师

社会职务

2004 年 7 月被上海海粟美术设计院聘为客座教授
省、市重点建设项目的评审专家、顾问、评委，并多次被聘为市、区多家专业单位的技术顾问

主要设计项目

无锡锡东高铁商务区胶阳路景观设计
无锡新区前进路伯渎港滨水公园景观设计
无锡锡东新城胶山公园景观规划
无锡锡东新城慢行系统二期景观设计（凤凰山—李湾里—胶阳路）
无锡吴博园梁鸿路景观设计
无锡新区梅里新街口广场景观设计
无锡新区泰伯大道景观设计
无锡新区伯渎莲香湖公园景观设计
无锡锡东高铁商务区九里河景观设计
无锡锡东新城吼山北路景观设计等

获奖情况

几十年来主持设计的无锡市重大建设的景观项目，获得省、市一、二、三等奖多达 17 项
获得桥梁、雕塑、小品、灯具等 70 余项实用和外观发明专利
2008 年荣获无锡市人民政府颁发的"2007—2009 年度无锡市突出贡献高级技师"荣誉称号
2009 年荣获中共无锡市委、无锡市人民政府颁发的"2007—2008 年度无锡市高技能人才成就奖"

个人简介

杨兰菊，2006 年 6 月毕业于安徽农业大学园林专业，2010 年至今，在华艺生态园林股份有限公司工作。工作 9 年间，在公司多个部门任职，从项目基层做起，不断学习，积累经验，现已具备园林专业工程师职称。通过 9 年的项目设计和设计管理等方面工作的锻炼，拓展了设计思维，在一定程度上提高了设计专业知识，设计作品 1 次获得优秀园林设计奖，2 次获得国际园林景观规划设计大赛年度优秀设计奖。发表论文《合肥市城市绿化中的地被植物应用调查》、《合肥市瑶海区滨河公园规划设计探讨》等。

设计新秀奖

杨兰菊
Yang Lanju

现任职务

华艺生态园林股份有限公司艺术总监

主要设计项目

怀远县 S307（禹都大道）道路景观设计
滨湖公园二期工程设计方案
瑶海区滨河公园景观绿化设计
中国工商银行（合肥）后台服务中心景观绿化设计
灵璧奥泰克中央广场小区景观设计
铜陵铜芜路景观设计方案
合肥国轩 K 西嘉居住区景观设计
马鞍山荷塘月色一期景观设计
安徽农业大学农业生态园景观设计
合肥滨湖牛角大圩生态园规划设计
合肥现代农业示范园旅游规划设计
合肥义城大张圩森林公园旅游规划

获奖情况

滨湖公园二期工程设计方案获 2013 年优秀园林设计奖
中国工商银行（合肥）后台服务中心景观绿化设计获第四届国际园林景观规划设计大赛 年度优秀设计奖
铜陵市铜芜路景观设计方案获第四届国际园林景观规划设计大赛 年度优秀设计奖

个人简介

党春红，1983 年毕业于同济大学建筑系城市规划专业、学士学位，曾赴中国香港及新加坡、西欧、北欧、日本、俄罗斯、英国等地考察学习，30 年来一直从事总体规划设计、园林景观设计实践与研究，完成了数百项工程设计，获得国家、省、市级各类奖项 40 余项，主编了《民用建筑场地设计》，参编了《建筑工程设计文件编制深度规定》、《建筑设计资料集》、《陕西省居住建筑绿色设计标准》、《陕西省公共建筑绿色设计标准》等规范标准。

资深景观规划师

党春红
Dang Chunhong

现任职务

中国建筑西北设计研究院规划景观设计所所长、总规划师、教授级高级规划师、注册城市规划师

社会职务

西安建筑科技大学硕士研究生导师，长安大学硕士研究生导师

主要设计项目

2014 青岛世界园艺博览会陕西展园
曲江池遗址公园
运城禹都公园
西安秦岭野生动物园
大明宫国家遗址公园
江苏乾隆下江南大观园
渭南卤阳湖国家湿地公园
江苏汉皇祖陵景区
西安钟鼓楼广场
西安大雁塔南广场
西安市新行政中心
邯郸串城街
陕西省人民政府办公区
陕西科技大学西安校区景观绿化提升
西安白桦林居兰溪园
秦郑国渠遗址保护与发展规划
延安新区北区控规
运城东部生态新区控规
西安高新区软件新城控规

获奖情况

群贤庄小区获全国第十一届优秀工程设计金质奖
大唐芙蓉园获 2005 年度全国优秀规划设计一等奖、2008 年度全国优秀工程勘察设计奖银奖、2009 中国环境艺术奖—最佳范例奖
嘉峪关中华龙文化景区获第五届国际园林景观规划设计大赛公园类十佳设计奖
中国佛学院教育学院获 2011 年度全国优秀城乡规划设计一等奖
陕西省图书馆、美术馆获陕西省第十二次优秀工程设计一等奖
陕西省自然博物馆获陕西省第十五次优秀工程设计一等奖
西安国际会议中心·曲江宾馆获陕西省第十二次优秀工程设计一等奖
陕西省自然博物馆获陕西省第十五次优秀工程设计一等奖
西安市行政中心获 2014 中国建筑优秀勘察设计一等奖
北川老县城地震遗址文物保护规划获中国建筑优秀勘察设计二等奖

个人简介

白鸣，高级环境艺术师，从事园林景观工作 30 余载，伴随房地产发展几十年，厚积薄发，深蕴地产项目园林景观打造之道。中国社区"坡式园林"造景艺术创始人、中国著名设计泰斗，通过百余个房地产项目的实战，特别在高端楼盘、住宅小区现场造景上总结出一套独有的白氏现场造园手法，取得了巨大成功！追求"虽为人作、宛自天开"的自然园林景观。

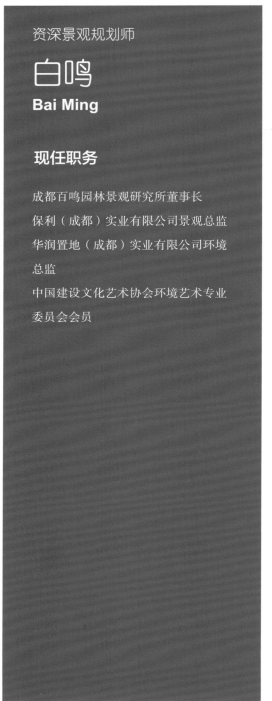

资深景观规划师

白鸣
Bai Ming

现任职务

成都百鸣园林景观研究所董事长
保利（成都）实业有限公司景观总监
华润置地（成都）实业有限公司环境总监
中国建设文化艺术协会环境艺术专业委员会会员

主要设计项目

保利 198 公园
华润凤凰城、二十四城
城南逸家别墅社区
腊山河岸景观
龙湾庄园别墅社区
麓山国际社区社区
春天大道高档社区
龙城一号高档社区
邛海湿地公园六期
若巴国际温泉酒店
水韵丽都
亚东山水御苑
卓信龙岭景观
金楠天街园林
南阳锦城等

获奖情况

麓山国际社区数次获得美国最有声誉的年度 Gold Nugget 最佳国际住宅优异奖
南阳锦城获得 2005 詹天佑优秀住宅社区金奖
城南逸家，在 2011 年广州《时代杂志》主办的第六届金盘奖评选中，一举获得 2011 年金盘奖"年度最佳别墅"
华润·二十四城荣获 2013 中国土木工程詹天佑优秀住宅社区金奖

个人简介

刘定华，男，1971 年生，园林高级工程师，上海市景观学会会员、中国风景园林学会会员，1994 年毕业于华中农业大学观赏园艺专业，从事景观设计与技术管理工作 22 年。历任上海凌云园林设计有限公司项目经理、上海市园林设计院设计一所所长，现任上海天夏城市景观工程设计有限公司副总经理、总工程师。

先后于 2004 年、2005 年参加第七届、第八届中日韩风景园林学术研讨会，并在《Journal of the Korean Institute of Landscape Architecture》国际刊物上发表论文，同时于 2011 年 10 月参加中国风景园林规划设计交流会，并作了题为"上海辰山植物园规划设计"的主题发言，除此之外，还在《中国园林》、《上海建设科技》、《国际新景观》、《理想空间》、《浙江建筑》等刊物上发表了多篇学术论文。

资深景观规划师

刘定华
Liu Dinghua

现任职务

上海天夏景观规划设计有限公司副总经理兼总工程师

社会职务

中国风景园林学会会员
上海市景观学会会员

主要设计项目

上海辰山植物园（207 ha）
上海顾村公园二期工程（187 ha）
上海临港新城城市公园（141 ha）
武汉市江夏区中央大公园（100 ha）
青岛市蓝色硅谷河道治理工程（108 ha）
湖北襄阳小清河河道治理工程（145 ha）
湖南衡阳湘江西岸风光带景观（62 ha）
格尔木新区生态公园（210 ha）
张家港环城河景观设计（约 21 ha）
格尔木小岛湿地生态公园工程设计（约 93 ha）
吉林四平东南生态新城中心绿地（约 67 ha）
湖南蒸水河风光带设计（约 44 ha）

获奖情况

2015 年度全国风景园林学会优秀规划设计奖
2011 年度全国优秀工程勘察设计行业市政公用工程一等奖
2009 年度全国优秀工程勘察设计行业市政公用工程一等奖
2007 年度上海市重大工程建设功臣称号
2005 年度上海市重大工程立功竞赛活动中成绩突出，给予记功
2001 年度获湖北省优秀工程设计一等奖

个人简介

朱宗华，1983年起开始涉足叠山理水之路。为了完善这门独特的优秀技艺，朱宗华有机会就到古代现存的假山去观摩，研究它们的布局与堆砌方法，同时阅读了许多对叠石理水著述的古今文献，以此来提高自身的理论水平。假山是从模仿真山而逐渐发展起来的，因此闲暇之余，朱宗华就游览名山大川和江湖河海，为叠山理水创造了良好的条件。30多年来自主设计和参与设计及施工的叠石理水工程项目众多，深受客户的好评。并于2015年国际园林景观规划设计大赛中荣获"资深景观规划师"奖项。

资深景观规划师

朱宗华
Zhu Zonghua

现任职务

安徽省灵璧增华山水园艺中心总工程师

主要设计项目

南京大唐金香草谷
郑州鸿园
常州恒绿花木公司会所
山西汾河源头绿道工程（宁武）
西安周至沙河公园
连云港青年公园
济宁北湖公园
菏泽新河公园
永城明湖公园
太原得一集团
黄山厚海
上海煤电公司（大屯矿）
厦门阳光海岸
北京英才会所
长沙英伦山庄
合肥和一花园
青岛前海花园
徐州维维集团
江苏盱眙老子山温泉
南京创业园

获奖情况

第五届艾景奖国际景观设计大奖年度优秀景观设计人物

个人简介

方可，1998 年 7 月至 1992 年 9 月，在柳州市园林规划建筑设计院（乙级）工作

1992 年 10 月至 1995 年底，在东莞厚街城市建设规划办公室工作

1996 年，在柳州市建筑设计院（双甲）工作

1996 年底，调到江苏省张家港市园林建设工程公司工作

1998 年底至 1999 年 9 月，在深圳市德港公司（外资）从事环境景观设计工作

1999 年 10 月至 2004 年初，在深圳市园林设计装饰公司（园林甲级）从事环境景观设计工作（同时兼任项目经理，负责所设计项目的施工）

2004 年 4 月起，在杭州园林景观设计有限公司（现为杭州园林院镇江分院），从事环境景观设计工作，任五所所长

2010 年 5 月起，在苏州市园区园林景观设计研究院（园林甲级）从事管理工作，先担任设计总监，后任院长

2014 年 12 月起，在悉地（苏州）勘察设计顾问有限公司园林总监办公室，担任主任一职。

资深景观规划师

方可
Fang Ke

现任职务

悉地（苏州）勘察设计顾问有限公司
主任

主要设计项目

海天一色雅居

会峰公园

南京苗木基地

长寿公园

两河一江环境整治工程

江山领袖

获奖情况

瑶族谷仓亭、马鞍山入口山门分获广西壮族自治区优秀建筑设计小品一等奖、二等奖

个人简介

史佩元，1961 年生，当过多年美术教师，就读于深圳大学、苏州大学研究生，在国内外重大景观园林展览中屡次获奖，经常参加国际景观园林比赛及文化交流，对现代景观园林艺术理论有较深的研究，对中国传统文化的继承有独特的见解，擅把盆景艺术运用到景观园林的创作之中。

长期从事艺术设计、室内设计、建筑装饰设计、景观园林设计。

资深景观规划师

史佩元
Shi Peiyuan

现任职务

设计总监，高级盆景师
CCDI 悉地国际景观园林设计院

社会职务

悉地（苏州）勘察设计顾问有限公司 景观园林院设计总监，高级盆景师
CCDI 悉地国际景观园林设计院
中国风景园林协会副秘书长
WBFF 世界盆景友好联盟中国区执委
BCI 世界盆景协会副秘书长
中国盆景艺术家协会副会长
苏州园林花卉盆景协会常务理事
森道景观园林设计工作室总设计师
苏州虎丘万景山庄艺术顾问
苏州留园艺术顾问

主要设计项目

2012.9 至 2014.9，太湖湿地公园周边鱼塘整治工程
2012.6 至 2013.7，苏州市政工程设计院大楼景观绿化工程

获奖情况

2014 年 5 月，苏州市城乡建设系统优秀勘察设计二等奖

个人简介

俞昌斌，易亚源境首席设计师，易亚源境董事。

在近 15 年的景观设计实践中，俞昌斌亲历中国景观设计的起步和发展阶段，期间考察全国各地市及欧美多个国家，参与百来个楼盘、公园绿地、道路、滨水区等景观的规划设计，研究各地的景观设计趋势，与万科、龙湖、绿城、仁恒、保利、华润、绿地、世茂、金地等一流的国内外房产集团亲密合作，并参与了如上海外滩源、中新天津生态城、中新南京生态岛这样国家级的重点城市规划及景观规划项目。

资深景观规划师

俞昌斌
Yu Changbin

现任职务

上海易亚源境董事
上海易亚源境首席设计师

迄今为止，俞昌斌先生的微博（http：//weibo.com/ycb）已有6万多粉丝量；博客（http：//blog.sina.com.cn/ycb）访问量150万；他本人创建的微信公众平台"源于中国的现代景观设计研究平台"，目前已有数万人粉丝量。

主要设计项目

南京龙湖春江紫宸示范区
苏州龙湖时代天街示范区
上海大宁金茂府
苏州姑苏金茂府
上海徐汇万科中心
上海万科绿轴公园
上海仁恒公园世纪
上海黄浦滩名苑
温州华润万象城
上海华润万象城
上海外滩源核心区域
上海保利广场
南京银城白马澜山
天津泰达格调竹境
天津泰达格调林泉
天津蓟县曲院风荷

获奖情况

格调竹境荣获 2008 年中国人居典范建筑规划设计奖规划金奖、环境金奖
格调竹境荣获 2009 年建国 60 周年国宅典范大奖
格调竹境荣获 2010 年詹天佑土木工程居住小区规划景观设计大奖

个人简介

2000.9—2003.6 任职于郑州华信学院

2006.9—2008.6 任职于南京环境艺术学院

2003.7—2006.10 任职于苏州艺泓景观设计顾问有限公司

2006.10 至今任职于悉地（苏州）勘察设计顾问有限公司

李娟从开始工作至今一直致力于景观规划及设计专业。对景观生态设计的研究颇感兴趣。提倡景观设计要做到生态、节能环保，随着我国近几年的园林建设的快速发展，屋顶花园及建筑的外立面景观装饰也快速地被重视起来。

年度杰出景观规划师

李娟
li Juan

现任职务

悉地（苏州）勘察设计顾问有限公司
副院长

主要设计项目

已发表相关论文有：《小议屋顶景观绿化设计的意义及原则》、《试述节能环保型风景园林建设的策略及方向》、《浅析节约理念下的园林景观》等

获奖情况

2014.7 苏州市市政工程设计院屋顶花园及办公楼景观工程荣获 2014 年度苏州市城乡建设系统优秀勘察设计二等奖

个人简介

广东工业大学建筑与城市规划学院讲师。
广东工业大学低碳生态城乡规划与建设研究中心国家一级注册建筑师。
教育经历（按时间倒排序）：
1994.09—1997.07，重庆建筑大学，建筑设计专业，硕士，导师：刘建荣
1987.09—1991.07，长春建筑工程学院，* 建筑学专业，学士
工作经历（科研与学术工作经历，按时间倒序排序）：
1997.07 至今，广东工业大学，建筑与城市规划学院，讲师
1994—1997，重庆建筑大学成教学院，助教
1991—1994，江西宜春综合设计院，助理工程师

年度杰出景观规划师

梁锐
Liang Rui

现任职务

广东工业大学建筑与城市规划学院讲师

主要设计项目

南京龙湖春江紫宸示范区
苏州龙湖时代天街示范区
上海大宁金茂府
苏州姑苏金茂府
上海徐汇万科中心
上海万科绿轴公园
上海仁恒公园世纪
上海黄浦滩名苑
温州华润万象城
上海华润万象城
上海外滩源核心区域
上海保利广场
南京银城白马澜山
天津泰达格调竹境
天津泰达格调林泉
天津蓟县曲院风荷

获奖情况

2014 年获广州市琶洲公园水博苑室内及环艺设计竞赛第一名，现已实施
2010 年株洲市湘江风光带景观设计设计获株洲市设计竞赛一等奖，获 2014 年全国美术展览（环艺）入选奖，广东省美术展览（环艺）一等奖
2006 年塘厦歌剧院（演艺馆）获东莞优秀工程设计方案一等奖
2008 年黄江体育场设计获东莞优秀工程设计方案三等奖
2003 年腾龙大厦设计获东莞标志性建筑奖
1994—1997 年，重庆建筑大学成教学院，协助刘建荣老师编著全国优秀教材《建筑构造》，参与设计重庆市重点项目三优大厦等数个项目
1991—1994 年，江西宜春综合设计院，宜春师专礼堂设计获 1994 年江西省建筑工程设计一等奖、建设部三等奖
1993 年温汤邮政疗养院设计获江西省建筑工程设计三等奖

个人简介

郭俊青，郑州丘禾景观设计有限公司总经理、设计总监、负责人。河南大青园林工程有限公司总经理、国家职业景观设计师、国家高级室内建筑师、国家绿色建筑高级工程师、国际园林景观 2005 年度杰出规划师、国际绿色建筑高级工程师、河南园林网培训中心特邀讲师，多所建筑设计院景观设计技术负责人。自幼跟著名画家习画，1997—2001 年在河南省工艺美术学校室内设计专业学习，2006 年郑州轻工业学院艺术设计系本科，后多个相关专业硕士攻读，2008 年国庆 60 周年大型文献《创意中国》以特邀编委入编，受多专业书籍邀稿及专业门户网站及行业采访，比如，《搜房网》、《河南园林网》、《环球经济报》、《建筑畅言网》等，艾景奖人物奖获得年度杰出景观规划师、作品优秀奖。

年度杰出景观规划师

郭俊青
Guo Junqing

现任职务

郑州丘禾景观设计有限公司总经理 &
设计师
河南大青园林工程有限公司总经理

社会职务

河南园林网培训中心特邀讲师
多所建筑景观设计院景观设计项目负
责人

主要设计项目

郑州中华职业技术专修学院昂立幼儿园校区
河南省（郑州）森林公安指挥中心室外景观
许昌王府庄园，王府院子
贵州榕江寨蒿高叛瀑布山庄规划
贵州榕江原始森林猎场
济源市济渎区域 C 区安置房
河南省农村信用合作联社（周口新区）室外景观
中牟万滩新市镇社区十里店村
周口格林绿色港湾小区景观
周口维也纳公园 A 区设计及施工
郑州东区高铁站贵宾接待区
智恒·爱丁堡小区景观、售楼部景观、西侧游园景观
河南新帅克制药厂新区
安徽亳州会馆大门景观
淮阳易学文化研究应用中心景观规划
南阳社旗宏江西侧公园
71823 部队新建营区

获奖情况

中华职业技术专修学院昂立幼儿园校园荣获 2005 年艾景奖国际园林景观优秀奖
人物奖年度杰出景观规划师
王府庄园，院子荣获 2004 年艾景奖国际园林景观人物奖年度新锐景观规划师
干杯河南，天府火锅荣获 2008 年中国大型文献《创意中国》以特邀编委入编
创意中国荣获 2009 年首届照明周刊杯优胜奖
格林绿色港湾获优秀设计奖

个人简介

自 2002 年参加工作以来，先后在广东知名景观设计公司工作，于 2008 年就职上海天夏景观规划设计有限公司广州分公司（前身为上海天夏城市景观工程设计有限公司广州分公司），从事风景园林设计及管理工作，至今已有 13 年的风景园林设计和设计管理工作经历。在风景园林设计及管理工作中具有严谨的工作态度和满腔的工作热情，是一位具备扎实专业基础、独立设计能力、施工现场处理能力的兼具丰富设计生产组织管理经验及公司运作的综合性人才。

年度杰出景观规划师

何泉
He Quan

现任职务

上海天夏景观规划设计有限公司副总经理

华南农业大学风景园林硕士研究生
园林设计高级工程师

主要设计项目

花都山清水秀花园一期景观设计
同天绿岸三期景观环境设计
美丽城体育公园景观设计
兰州天庆莱茵小镇景观设计
格林木市政府区域改造景观工程
格尔木市儿童公园景观设计
成都恒大山水城项目 C3 区山体公园景观园林工程
曼哈顿公园景观项目
美林湖国际社区商业街景观设计
美林湖国际社区美汇半岛景观设计
文昌鲁能希尔顿二期

获奖情况

海南国际康体养生中心湿地公园景观工程设计荣获第二届中国风景园林学会优秀风景园林规划设计奖三等奖
南京富力麒麟生态科技创新园项目荣获第二届中国风景园林学会优秀额风景园林规划设计奖表扬奖
兰州天庆莱茵小镇环境工程荣获中国风景园林学会"优秀园林绿化工程奖"金奖
格尔木市政府区域改造景观工程荣获中国风景园林学会"优秀园林绿化工程奖"银奖

个人简介

张建林，西南大学园艺园林学院副院长、副教授、风景园林学科负责人。重庆市一级注册风景园林规划师，重庆市风景园林学会理事，重庆市风景园林学会教育专委会主任，重庆市建设委员会评聘专家，四川省攀枝花市人民政府特聘专家。

1988 年在原西南农业大学园林专业获得学士学位，1992 年 2 月—1993 年 1 月在北京林业大学风景园林系进修，2011 年获四川农业大学林学院森林培育园林植物运用方向博士学位。近年来主持了 50 余项大中型园林规划设计项目。先后在《中国园林》、《世界园林》、《中外景观》、《中外建筑》等期刊发表专业论文多篇；主编和副主编教材 4 部；以第一和通信作者公开发表专业论文 50 余篇。

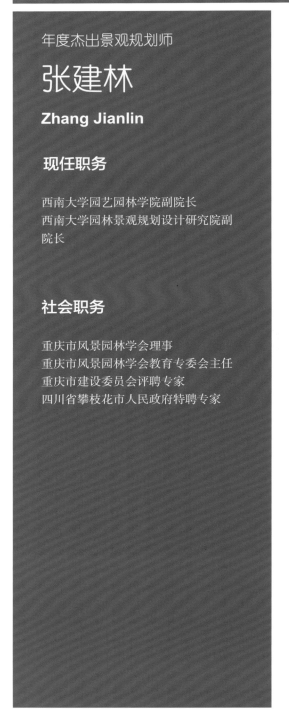

年度杰出景观规划师

张建林

Zhang Jianlin

现任职务

西南大学园艺园林学院副院长
西南大学园林景观规划设计研究院副院长

社会职务

重庆市风景园林学会理事
重庆市风景园林学会教育专委会主任
重庆市建设委员会评聘专家
四川省攀枝花市人民政府特聘专家

主要设计项目

自贡市城市绿地系统规划
自贡市釜溪河复合绿道规划设计
自贡市迎宾大道绿化景观设计
攀枝花市金沙江大道东段景观改造设计
攀枝花市机场路景观方案设计
重庆彩云湖国家湿地公园规划设计
自贡市彩灯公园规划设计
自贡世界地质公园主碑广场设计
北京园博会"镜园"设计
武汉园博会"生园"设计
重庆广播电视大学合川校区环境景观规划与设计
西南大学校园外环境景观设计
重庆交通大学校园景观改造设计
乐山市乐山植物园规划设计
重庆市恒态源微生态精品农庄规划设计
攀枝花市金沙江干热河谷生态脆弱区典型地段生态修复工程

获奖情况

攀枝花市金沙江大道东段景观改造设计获得 ILIA 第五届国际园林景观设计大赛年度优秀景观设计奖

自贡市城市绿地系统规划获得 2015 年第三届中国风景园林学会优秀风景园林规划设计二等奖

生园 The Regrowth Garden 荣获 2014 年第十届中国（武汉）国际园林博览会创意花园国际赛一等奖

重庆彩云湖国家湿地公园规划设计获得 2013 年第二届中国风景园林学会优秀风景园林规划设计二等奖

自贡世界地质公园主碑广场设计获得 ILIA 第三届国际园林景观设计大赛年度十佳设计奖

个人简介

李晓东，北京巅峰智业旅游文化创意股份有限公司副总裁，旅游区与城市规划事业部总经理。

国家一级注册建筑师，同济大学建筑城规学院建筑学硕士，一直从事城市规划及建筑设计工作，主持过数十项大型城市规划项目，对不同阶段的规划方法有深入研究和丰富的经验，擅长总体规划、控制性详细规划和城市设计，熟悉房地产市场动态。完成过大量大中型民用及工业建筑项目的设计工作，基本功扎实，熟悉建设程序的各个环节及项目运作的全过程，能准确把握不同用途性质建筑设计项目，协调各专业工种，具有全面的项目管理经验。

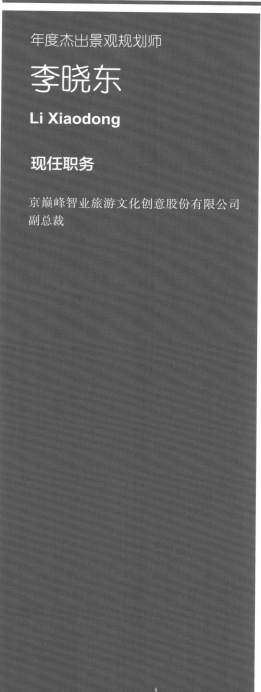

年度杰出景观规划师

李晓东

Li Xiaodong

现任职务

京巅峰智业旅游文化创意股份有限公司
副总裁

主要设计项目

江西省赣州市章贡区宋城文化创新区发展规划

齐岳山国际旅游度假区总体策划、控制性规划

庐山西海一期岛屿系列规划、设计

大陈岛核心景区建筑设计及景观设计

汉唐阙台专项研究及设计方案、旅游设施部分设计方案

昆明市海口镇总体开发策略研究项目

江苏省江阴市徐霞客国家湿地公园规划

安徽省江南集中区产业新城概念规划与城市设计

湖北省郧县郧阳岛游艇城规划设计

宁波梅山岛保税区渔乐园城市设计

江苏省昆山市艺术中心建筑设计

浙江省杭州市临江新城概念性规划

浙江省杭州市萧山江东新城概念性规划

重庆市江津北部新城城市设计

浙江省宁波市长丰片区城市设计及开发策略

北京市通州国际创意文化产业区城市设计

辽宁省沈阳市和平区南湖中心区城市设计

成都市南部新区城市副中心城市设计及地下空间规划

获奖情况

第五届艾景奖国际景观设计大奖年度优秀景观设计人物

个人简介

方春辉，中国美术学院风景建筑设计院第十建筑设计所所长，美国 LIM 建筑师事务所资深合伙人，在商业地产风云变幻的几年中，为不同需求的地产客户提供量身定制的创新型设计理念，成就了一个又一个销售与运营奇迹，合作伙伴遍及大江南北，是业界为数不多的以创作见长的资深规划与建筑设计师。

年度杰出景观规划师

方春辉

Fang Chunhui

现任职务

中国美术学院风景建筑设计院第十建筑设计所所长
美国 LIM 建筑师事务所资深合伙人

社会职务

浙江工业大学校友会副会长

主要设计项目

杭州闲林老年康复中心
金华市人民医院
临平办公楼
苏州岱湖山庄
黄山徽府
台州滨水住宅
湖州星际广场
江苏商业广场
长沙城市综合体
瓯海城市综合体
杭州汽车南站

获奖情况

第五届"艾景奖"作品组专业组十佳作品
第五届"艾景奖"人物组年度杰出景观规划师

个人简介

潘一逍，杭州丽尚景观设计有限公司项目负责人、主创设计师，中国风景园林学会会员。

2010年毕业于中国美术学院环境艺术设计系，参与作品钱江源花卉苗木产业园——花卉苗木观赏区景观工程获得艾景奖2015国际园林景观设计大赛年度十佳景观设计奖——公园与花园设计。经过多年的实践摸索，现主要从事风景园林规划、环境景观设计、传统村落及历史街区保护整治设计等方面工作。

年度新锐景观规划师

潘一逍

Pan yixiao

现任职务

杭州丽尚景观设计有限公司主创设计师

社会职务

中国风景园林学会会员

主要设计项目

义乌市幸福里——创意园景观设计
福建莆阳新城整体景观规划设计
福建莆阳新城——御园景观设计
南京武家嘴现代温室观光园景观设计
山东——济宁游乐园景观规划设计
陕西省西咸新区泾河湿地花卉公园景观规划设计
安徽省全椒县神山别墅区景观设计
常熟昆承湖东岸南部新城核心区景观规划设计
昆山国家农业示范区游客接待中心景观设计
开化县桃溪村总体景观规划设计及建筑改造设计
开化县马金溪生态修复与绿化彩化设计
西渠历史街区景观提升整治工程
衢州市蓝庭爱湾温泉度假酒店景观设计
云和县仙宫大道两侧绿化提升工程
江西石城花海温泉度假区概念规划设计
钱江源花卉苗木产业园——花卉苗木观赏区景观工程
松州文苑——松阳老县委景观改造工程

获奖情况

艾景奖2015年度新锐景观规划师
钱江源花卉苗木产业园——花卉苗木观赏区景观工程获得艾景奖2015国际园林景观设计大赛年度十佳景观设计奖——公园与花园设计